盆地火山地层学导论与应用

唐华风　王璞珺 等　著

科学出版社

北　京

内 容 简 介

本书从火山地层成因入手，系统介绍以火山地层界面、火山地层单元和火山地层架构三要素为核心的火山地层学理论体系；结合实例分析火山地层界面、单元和架构的地质地球物理刻画方法；基于火山地层的成因分析指出储层分布规律及其地震响应特征；总结适合火山地层特征的储层分布规律和地质地震综合研究方法；为火山地层勘探早期阶段的地震相地质解译和油气开发阶段的储层精细刻画提供新的解决路径。

本书兼顾理论阐述和实例解剖，易于阅读和快速掌握。既可用作资源勘查工程和地质学专业的研究生教材，也可用作油气勘探和地质调查人员的参考书。

图书在版编目(CIP)数据

盆地火山地层学导论与应用 / 唐华风等著．—北京：科学出版社，2024.6

ISBN 978-7-03-077564-1

Ⅰ. ①盆…　Ⅱ. ①唐…　Ⅲ. ①火山岩-地层学　Ⅳ. ①P588．14

中国国家版本馆 CIP 数据核字（2024）第 013891 号

责任编辑：焦　健　韩　鹏　李亚佩 / 责任校对：何艳萍
责任印制：肖　兴 / 封面设计：无极书装

科学出版社 出版
北京东黄城根北街 16 号
邮政编码：100717
http://www.sciencep.com

北京建宏印刷有限公司印刷
科学出版社发行　各地新华书店经销
*
2024 年 6 月第　一　版　开本：787×1092　1/16
2024 年 6 月第一次印刷　印张：14 1/2
字数：344 000

定价：198.00 元

（如有印装质量问题，我社负责调换）

作 者 名 单

唐华风　王璞珺　李瑞磊　边伟华　邓守伟

高有峰　丁日新　黄玉龙　屈卫华　张　艳

杨　光　张元高　王　颖　张　斌　朱建峰

裴明波　胡　佳　冯晓辉

开拓油气勘探的新领域（代序）

在传统观念中，火成岩（包括火山岩）曾是寻找油气藏的禁区，但研究发现，在一定的地质背景下，火成岩，特别是火山岩，可以成为油气的储层，形成油气田，使之前的禁区变成靶区，从而开拓了油气勘探的新领域。

吉林大学火山岩储层及其油气藏地质–地球物理创新团队在我国较早地开展了火山地层学研究（王璞珺等，2011），得到了国家重点基础研究发展计划（973 计划）、国家自然科学基金和企业等多渠道项目的资助。

通过撰写的《盆地火山地层学导论与应用》一书，对国内外火山岩勘探研究现状进行了回顾，系统总结了我国火山岩勘探的研究成果，厘定了火山地层界面和地层单元的类型、特征和识别标志；建立了熔岩流、熔岩穹丘、侵入体和碎屑崩塌等典型堆积单元的储层分布模式和高精度火山地层格架的地质–地球物理综合刻画方法；明确了界面控制风化型储层和堆积单元控制内幕储层的宏观分布规律，指出喷发间断不整合界面之下 0 到 150m 的范围是有利储层集中分布带和油气富集区；对火山岩储集空间的类型、控制因素和形成机理进行了全面系统的论述和总结；形成了以火山地层界面、火山地层单元和火山地层架构三要素为主要概念框架的理论体系，大大提升了我国火山岩油气勘探的理论和技术水平，进一步明确了火山岩油气勘探目标，开拓了油气勘探的新领域，为解决我国油气能源短缺开辟了新路径。具有重要的科学意义和应用价值。希望这部专著早日面世。

中国科学院院士 刘嘉麒

2024 年 5 月 2 日

前　　言

在全球13个国家的40个盆地的火山岩中获得了工业性油气流和大规模的储量，火山岩油气藏已成为全球油气资源勘探开发的重要领域。从分布范围来看，火山岩油气藏在环太平洋构造域的比例较高。从时代属性来看，全球火山岩油气藏多集中在中—新生代（约占70%），古生代次之。近年来，在中国多个盆地的火山岩中也发现了高产油气藏（Chang et al.，2019；Feng，2008；文龙 等，2019；邹才能 等，2008）。截至2019年，在火山岩中累计探明约6亿方石油和5800亿方天然气储量（谢继容 等，2021），证实了火山岩储层的良好含烃能力。从勘探发现来看，我国已成为全球火山岩油气藏勘探实践的主体；从论文发表数量来看，也产出了大量有关火山岩油气藏的科研成果，特别是在2007年之后呈现快速发展趋势。

地质理论的深化和工程技术的进步是促进火山岩油气藏勘探开发突破的重要基础。如20世纪末认识到火山岩可以作为储层，改变了之前勘探避开火山岩的认识，将火山岩作为勘探目标，才有了近20年的火山岩勘探的良好局面。火山岩勘探的突破过程是曲折的，一个区块火山岩油气藏的勘探历程整体上可划分为4个阶段，如在松辽盆地为：①兼探发现阶段（1985年之前）；②有针对性的探索阶段（1985~2000年）；③勘探重大突破阶段（2000~2004年）；④勘探大发展阶段（2004年至今）（赵文智 等，2008）。其他区块的火山岩勘探也具有相似的经历，只是在时间节点上存在差别（何琰 等，1999）。

各个盆地或区块的储层物性变化较大，同一盆地或区块的储层物性变化也很大。火山岩属于中低孔、中低渗、小孔喉储层，局部可发育高孔、中高渗储层；在一些盆地内也称作致密储层（Zou et al.，2013；孟元林 等，2014；王京红 等，2011a；王璞珺 等，2007a）。火山岩的孔渗随埋深的增大而减少，通常在3km之上（沉）火山碎屑岩孔渗高于熔岩类，在3km之下则相反。钻井揭示的火山岩种类丰富，从各区块揭示的情况来看，熔岩类储层最发育，占54%；其次为火山碎屑岩类，占38%；火山碎屑熔岩类储层最不发育，只占8%。各种成分和成岩方式的火山岩均可发育储层，但在具体的区块中只能有特定的岩性成为有利岩性。采用5相15亚相的分类方案，通过岩相的识别及其与储层关系的分析，可知火山通道相火山颈亚相、爆发相热碎屑流亚相/空落亚相、喷溢相上部亚相、侵出相内带亚相、火山沉积相含外碎屑火山沉积亚相，共5相6亚相为有利相带。钻井揭示火山机构中心相带是有利储层和油气藏富集的主要场所，普遍适用于松辽、海拉尔、准噶尔和渤海湾等盆地（李启涛，2012；刘国平 等，2016；孙中春 等，2013；于洪洲，2019；张藜 等，2018）。上述研究成果为火山岩油气藏的勘探、开发和评价提供了理论支撑。

在火山岩油气藏勘探开发过程中出现预探井、评价井、水平井目的层段的储层符合率低的问题，在储层层数、厚度和分布部位等方面与预测相距甚远，在密井网开发时500m的井距依然不能全面有效预测储层和油气层的分布。造成这种局面的根本原因是火山地层单位认识不清、刻画精度不够和基本地层单位的储层分布规律不清晰，对火山地层的储层分布规律认识不全面。本书的研究正是在这样的背景下开展的。本书从火山地层的成因入手，结合现代火山喷发记录，采用将今论古的方式，分析火山地层的时间属性和空间属性，据此进行地层单位的厘定，明确地层单位的类型和特征。探讨火山地层格架建立的要点，以期为建立合理的火山地层格架提供理论依据。希望以这样抛砖引玉的方式促进我国盆地火山地层的理论创新和技术进步。

近年来，作者所在的吉林大学火山岩储层及其油气藏地质–地球物理创新团队和吉林大学首批“碳中和”研究团队完成了“中新生代火山岩储层控制因素和形成机理”（国家重点基础研究发展计划）、“松辽盆地及邻区晚中生代火山事件与沉积古环境研究”（国家重点基础研究发展计划）、“长白山地区火山地层和火山架构及其与次生灾害和喷发趋势的关系”（国家自然科学基金面上项目）、“长白山天池火山地质结构演变与外因触发次生灾害风险评估”（吉林省科技发展计划项目）、“玄武岩孔隙结构特征及其对储层渗透性的影响研究”（国家自然科学基金青年科学基金项目）、“火山岩气藏储层流动单元地质属性刻画与三维量化表征”（国家自然科学基金青年科学基金项目）、“长岭断陷营城组火山岩储层模式”（中石化科技攻关项目）、“松南深层营城组火山岩储层评价”（中石油科技攻关项目）等一系列有关盆地火山地层、储层和油气藏研究的各级各类项目。这些工作都是与油田研究院及相关部门的专家学者密切合作共同完成的。

多年来，逾百人参加上述科研工作并做出实质性技术贡献，本书所列作者只是他们中的持续研究者和各个研究阶段的代表人物。在此，首先感谢对相关研究做出贡献的所有同仁。大庆油田有限责任公司冯志强、徐正顺、王玉华、陈树民、蒙启安、任延广、冯子辉、黄薇、门广田、朱德丰、张尔华、邵锐、印长海、舒萍、齐景顺和姜传金等直接参与或指导了盆缘野外和松辽盆地北部火山岩地层方面的研究，中国石油天然气股份有限公司吉林油田分公司赵志魁、王立武、赵占银、宋立忠、邵明礼、修立军、王丽丽、白连德、孙红、孙文铁、贾可心和苗蒙等直接参与或指导了盆缘野外和松辽盆地南部火山岩地层方面的研究，中国石油化工股份有限公司东北油气分公司张育明、陈玉魁、赵春满、李明、赵密福、徐宏节、张玺、任宪军、冯晓辉和钟畅等直接参与或指导了盆缘野外和松辽盆地南部火山岩地层方面的研究，中国石油天然气股份有限公司辽河油田分公司孟卫工、陈振岩、李晓光、蔡国钢、单俊峰、顾国忠、胡英杰、刘兴周等直接参与或指导了盆缘野外和辽河盆地火山岩地层方面的研究，中海石油（中国）有限公司上海分公司胡森清、刘金水、蒋一鸣、邹伟、张涛、徐春明、王晖等直接参与或指导了东海盆地火山岩地层方面的研究，吉林大学杨宝俊、程日辉、孙晓猛、刘财、许文良、单玄龙、潘葆芝、冯晅、张丽华、张彦龙、李晓波、王旖旎和王春光等直接参与或指导了盆缘野外和盆内火山岩地层方面的研究。课题组培养的博士、硕士研究生和本科生毕业生数十人先后参加了该项研究工作，其中许多同学做出了重要学术贡献，如衣健、赵然磊、陈崇阳、代晓娟、尹永康、冯玉辉、孙昂、袁伟、杨帝、张彦玲、吴艳辉、姚瑞士、白冰、孙海波、孔坦、余太极、李建华、杨迪、赵欣颖、赵鹏九、刘子林、许垣寅、朱晨曦、郭天婵、陶鹏、户景松、武海超、柏佳伟、陆国超、刘仲兰、姜佳琦和彭旭等。感谢武海超、柏佳伟、陆国超和张津铭在稿件图件和编辑方面的辛勤付出。

感谢新西兰导师 Andrew Nicol 教授和 Ben Kennedy 副教授在现代火山和盆地埋藏火山研究中的指导，感谢坎特伯雷大学 Alan Patrick Bischoff、王寒非、Marcos Rossetti 在科拉火山和利特尔顿火山研究中的帮助。本书为吉林大学研究生立项教材，在撰写和出版中得到“吉林大学研究生精品教材建设项目”和“吉林大学研究生精品程建设项目”资助。

最后特别感谢刘嘉麒院士为本书作序。

唐华风

2023 年 8 月 18 日于长春鸽子楼

目　　录

1 绪　　论

火山地层广泛分布于各类盆地中，是盆地充填的重要组成部分（Einsele，2000）。盆地火山岩受到盆地成因和地层年代研究的关注；同时盆地内火山地层富含油气，受到了油气行业的广泛关注。火山地层具有如下显著特征：建造短暂和剥蚀长久的时间属性，受喷发方式和古地形控制的空间属性，地层产状变化规律与喷出口相关。从时间属性和空间属性来看，火山地层发育众多喷发（不）整合界面，地层单元叠置关系复杂，形成似层状、层状和块状地层结构，以似层状结构为主。上述特征应是火山地层显著区别于沉积地层之处。

1.1 火山岩储层研究进展

在全球50多个国家/地区的300余个盆地/区块内发现火成岩油气藏或在火成岩层段发现油气显示（Schutter，2003；顿铁军，1995；刘嘉麒 等，2010；唐华风 等，2020a），其中在13个国家的40个盆地的火山岩中获得了工业性油气流和大规模的储量（唐华风 等，2020a）。储层分布规律根据时间顺序可划分为两个阶段：①建立起储层与岩性、岩相、埋深的关系；②结合火山地层特征建立储层与地层单元、地层界面的关系。这两个阶段呈递进关系，第一阶段是先开展的工作，第二阶段是后开展的工作。第二阶段是本书重点介绍的内容。

1.1.1 储层物性特征

各个盆地/区块的储层物性变化较大，同一盆地/区块的储层物性变化也很大（图1.1）。火山岩属于中低孔、中低渗、小孔喉储层，局部可发育高孔、中高渗储层；在一些盆地内火山岩也称作致密储层（Zou et al.，2013；孟元林 等，2014；王京红 等，2011b；王璞珺 等，2007a），火山岩储层的非均质性强，这与岩石组构、岩石的矿物成分以及孔隙结构密切相关（陈欢庆，2012；甘学启 等，2013；刘为付 等，1999）；平均喉道半径与渗透率有很好的相关关系，火山岩孔喉比大、束缚水饱和度高，存在启动压力梯度（庞彦明 等，2007）。火山岩储层物性下限较低，如新疆克拉玛依九区凝灰岩类孔隙度下限为5.0%，熔岩类孔隙度下限为4.5%，均低于相同层位的沉积岩（汤小燕，2011），说明火山岩作为有效储层具有良好潜力。

火山岩孔隙度、渗透率和孔喉随围压增大而减小（Heap et al.，2018；彭彩珍 等，2004），当围压撤去时渗透率不能恢复到原始值（Fan et al.，2018）。初始孔隙度大的样品随着围压增大，孔隙度和渗透率减少的量越大（Entwisle et al.，2005）。当孔隙度小于20%时，随着孔隙度增大，产生裂缝的门槛压力迅速变小；当孔隙度大于20%时，产生裂

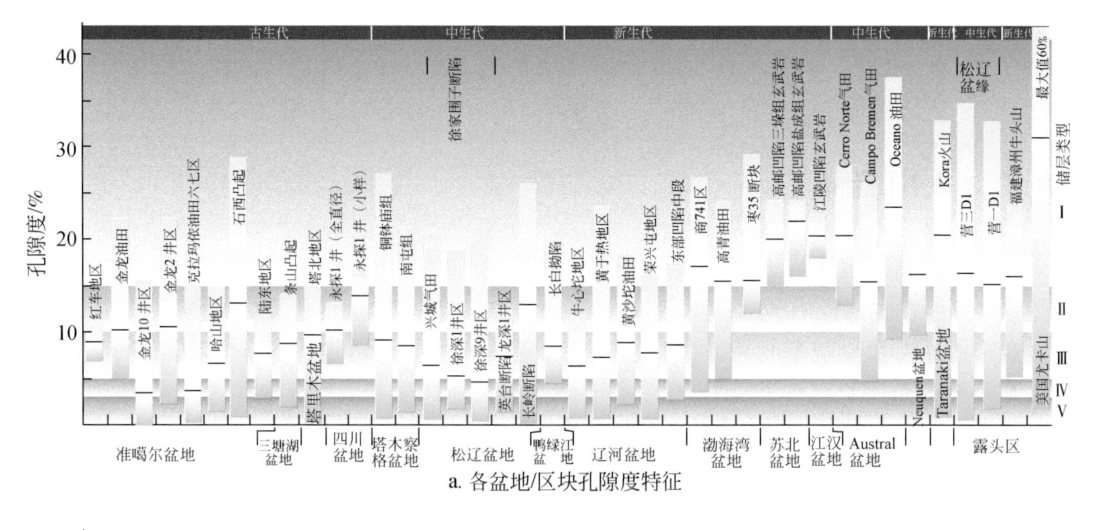

a. 各盆地/区块孔隙度特征

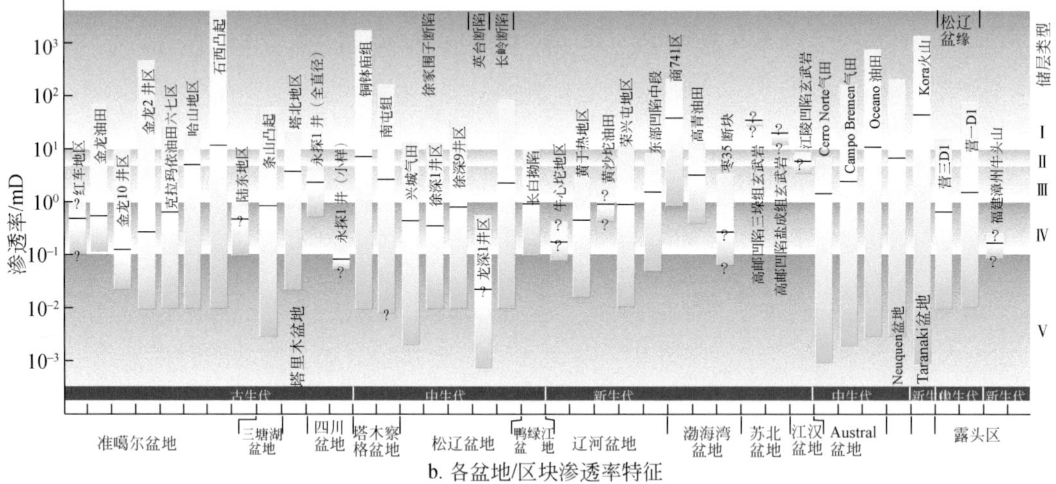

b. 各盆地/区块渗透率特征

图 1.1　火山岩储层孔隙度和渗透率特征（据唐华风 等，2020a）

Fig. 1.1　Porosity and permeability characteristics of volcanic rocks

黄色、浅蓝色的长方形顶、底分别代表孔隙度和渗透率的最大值、最小值，黑色横线代表平均值；孔隙度和渗透率分类标准据《油气储层评价方法》（SY/T 6285—2011）；1mD≈0.986×10^{-3}μm^2

缝的门槛压力没有明显下降（Spieler et al.，2004）。对于以孔隙为主的样品，当围压升高时渗透性减少率小（Cant et al.，2018）；对于裂缝型储层，裂缝越发育，应力敏感性越强，含水岩样的渗透率随有效压力增大而降低的幅度要大于干燥的岩样（胡勇 等，2006）；低压段受压后，裂缝产生闭合，渗透率下降较快，高压段下降速率减缓（朱华银 等，2007）。

储层评价需要将储集空间类型及组合、储层物性和微观孔隙结构特征等参数综合起来才可能建立起与产能的合理关系（Huang et al.，2019；陈欢庆 等，2016；金成志 等，2007；马尚伟 等，2017；闫伟林 等，2011）。而储层对比则应该在高精度地层格架的约束下进行研究（陈欢庆，2012；唐华风 等，2010）。对于岩石润湿性，可能受原油的酸值控制，阿莫特（Amott）水指数随酸值的增加呈指数下降，从而影响油的流动性和采收率（Xie et al.，2010）。

1.1.2 火山岩储层与埋深的关系

岩心实测结果表明，火山岩储层的孔隙度、渗透率随着埋深的增加具有减少的趋势（图1.2），但在深层还有较多的原生孔隙得到保存，可具有物性上的优势效果。随着埋深增大熔岩孔隙度和渗透率的减少幅度小于火山碎屑岩和沉火山碎屑岩；熔岩的孔隙度、渗

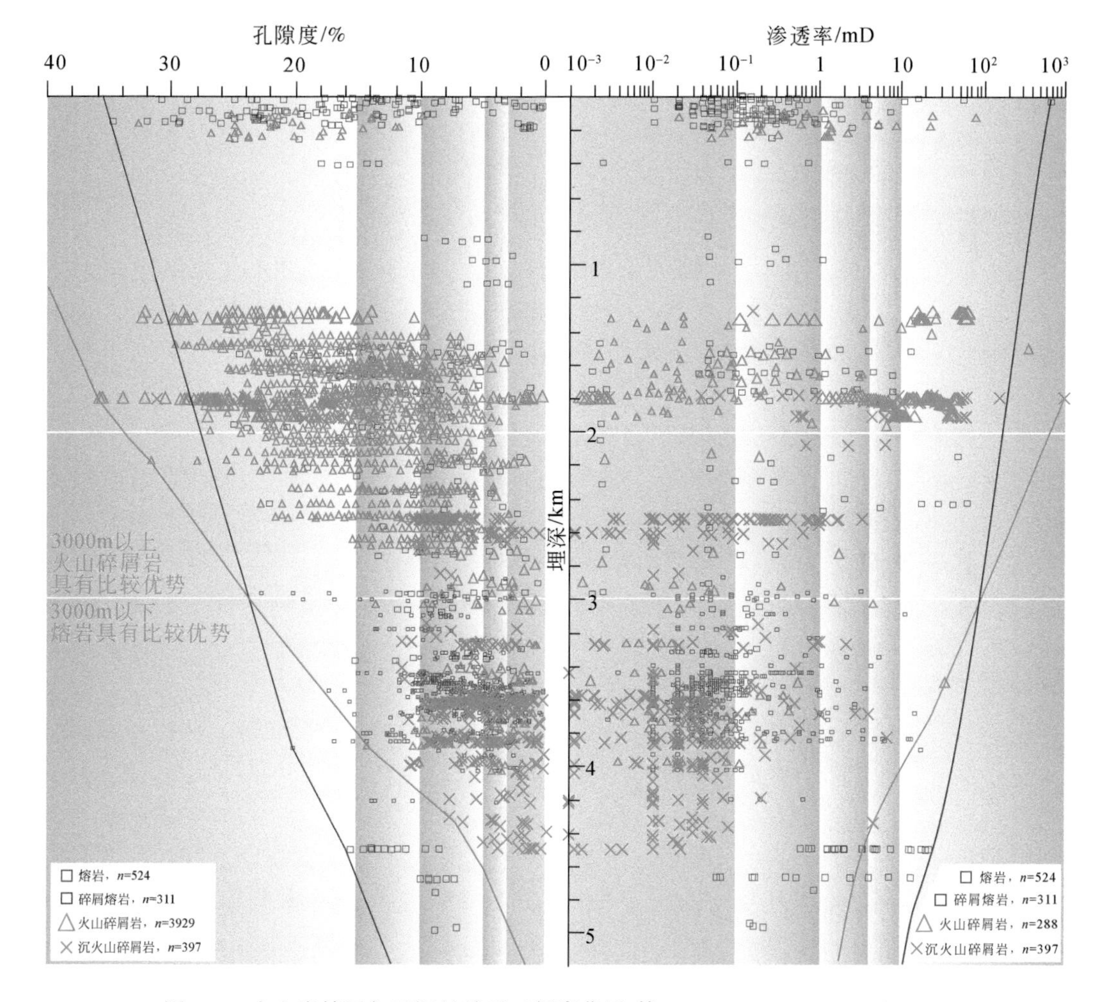

图1.2 火山岩储层与埋深的关系（据唐华风 等，2020a；Wang et al.，2015）

Fig. 1.2 Relationship between volcanic reservoir parameters and burial depth

熔岩样品源于松辽盆地（共349个）、三塘湖盆地（共155个）和塔里木盆地（共20个），碎屑熔岩样品源于松辽盆地（共311个），火山碎屑岩样品源于松辽盆地（共94个）、海拉尔盆地（共3641个）、三塘湖盆地（共53个）和新西兰（共141个），沉火山碎屑岩样品源于松辽盆地（共357个）、新西兰（共40个）

透率最大值在深部大于火山碎屑岩和沉火山碎屑岩；通常埋深在3km之上时火山碎屑岩和沉火山碎屑岩可具有较高的储层物性，埋深在3km之下时熔岩仍可能有高孔隙带存在，具有相对好的物性优势（唐华风 等，2020a）。塔木察格盆地和海拉尔盆地的火山碎屑岩在1.4～2.8km的埋深范围为有利储层（张丽媛 等，2012）；火山碎屑岩和沉火山碎屑岩的孔隙度变化可能还与颗粒的直径大小相关；从沉火山碎屑岩来看，沉角砾岩/沉集块岩的孔隙度变化幅度较沉凝灰岩小，所以相比之下沉角砾岩/沉集块岩在深层更具有物性优势（修立君 等，2016）。

1.1.3　岩性与储层的关系

目前钻井揭示的火山岩种类丰富。根据成分可划分为基性、中性和酸性火山岩；根据成岩方式可划分为熔岩、碎屑熔岩和火山碎屑岩，其中熔岩为冷凝固结成岩，火山碎屑岩为压实固结成岩，碎屑熔岩为过渡类型；各类岩石根据组构特征又可划分出细类（王璞珺 等，2006）。从各区块揭示的情况来看，各种成分和成岩方式的火山岩均可发育储层；但在具体的区块中只能有特定的岩性成为有利岩性。流纹岩类在松辽盆地徐家围子断陷（赵海玲 等，2009）和长岭断陷、渤海湾盆地南堡凹陷（夏景生 等，2017）、准噶尔盆地陆东—五彩湾地区（范存辉 等，2014）、阿根廷南部巴塔哥尼亚南国盆地（Sruoga et al.，2004）等地区为有利岩性带。粗面岩类在松辽盆地徐家围子断陷（黄玉龙 等，2017）和王府断陷（Tang et al.，2020）、辽河盆地欧北—大湾地区（张洪 等，2002）等地区为有利岩性带。玄武岩类在松辽盆地徐家围子断陷（黄玉龙 等，2010）和德惠断陷（杜金虎 等，2012）、辽河盆地（史艳丽和侯贵廷，2005）、准噶尔盆地北三台地区（王鹏 等，2010）、三塘湖盆地牛东地区（李兰斌 等，2014）等地区为有利岩性带。玻璃质熔岩在松辽盆地（王璞珺 等，2006）和阿根廷南部盆地海洋油田（Sruoga et al.，2004）为有利岩性带。火山碎屑熔岩在四川盆地（文龙 等，2019）、阿根廷南部盆地坎普不来梅（Campo Bremen）气田（Sruoga et al.，2004）为有利岩性带，且物性与熔结程度成反比关系。角砾岩在渤海湾盆地临商地区（王金友 等，2003）/南堡凹陷5号构造带（夏景生 等，2017），准噶尔盆地克百地区（袁晓光 等，2015）、哈山地区（张震 等，2013）、金龙油田（王小军 等，2017）、克拉美丽气田（林向洋 等，2011），新西兰科拉火山等地区为有利岩性带。凝灰岩在准噶尔盆地北三台地区（王鹏 等，2010）、克百地区（袁晓光 等，2015）为有利岩性带。沉火山碎屑岩在准噶尔盆地陆西地区（马晓峰 等，2012）、海拉尔盆地贝尔凹陷苏德尔特构造带（肖莹莹 等，2011）、松辽盆地英台断陷和王府断陷（唐华风 等，2016）为有利岩性带。

1.2　火山地层研究进展

火山地层的研究首先主要针对现代火山的研究和火山岩出露区的地质填图工作。其起源可追溯到莱伊尔在1830～1866年间对维苏威等欧洲第四纪火山的研究。火山地层（volcanostratigraphy）是指地下岩浆从火山口或裂隙口喷发出来经运移侵位堆积形成的火山物质；其搬运和分散方式有熔岩流、碎屑流、空落堆积及其改造和再搬运。火山地层的建造时间相对于喷发间隙期是十分短暂的（Sigurdsson et al.，2000）；火山地层的堆积厚度与喷发方式、喷发烈度和古地貌关系密切（Sturkell et al.，2013）；有学者认为火山地层属于“异化地层”（Planke et al.，2000；王璞珺 等，2011）；火山地层建造也具有旋回性（蒲仁海 等，2011）。这些特征表明火山地层建造过程与沉积地层建造过程既有相似性，也存在明显差别。

火山地层是盆地充填的重要组成部分，火山地层的存在可对盆地的生烃、成储和成藏有促进作用（何斌 等，2006；金强，2001），主要表现在如下方面。一是火山地层就位环境对储层的约束，如水下喷发火山地层的顶底界面发育丰富的裂缝（操应长 等，1999）；二是火山地层充填后，处于隆起区往往发育风化壳型储层（黄志龙 等，2012）；三是靠近烃源岩区有利于有机酸溶蚀作用发生，产生次生孔隙（罗静兰 等，2013）；四是如果与烃源岩存在良好的组合关系可形成火山岩油气藏（卢双舫 等，2010），而处于盆地不同构造位置可发育不同类型的油气藏（汤良杰 等，2012）。这需要从成因角度研究火山地层的产生和发展。所以火山地层的精细刻画和成因研究，对于明确盆地充填规律和油气勘探具有显著理论和实际应用意义，从而推动了盆地火山地层的研究。在火山地层界面、火山地层单元和叠置关系等方面取得了丰富的成果。

1.2.1 火山地层界面

火山地层界面主要有喷发（不）整合、喷发间断不整合、侵入接触等类型。喷发（不）整合界面的识别标志主要是岩石组构特征和岩石序列，喷发间断不整合界面的识别标志主要是沉积岩夹层和风化壳等。将野外露头和盆内钻井取心建立地质标志，通过岩石物性变化、岩心与测井对应分析建立测井响应特征和识别标志，进而实现钻井的识别。首先是利用钻井资料来划分，重点关注火山岩段内的沉积岩层和风化壳、火山岩岩性变化等界面。沉积岩和风化壳均表示有喷发间断，对应的是喷发间断不整合界面。火山岩岩性变化界面通常对应喷发方式的变化或源区的变化，形成的是喷发整合/不整合界面。其次是地震识别，利用声波和密度测井资料制作合成记录，建立起地震资料的时深关系，将识别的喷发间断不整合界面和喷发不整合界面标定到地震资料上，根据界面同相轴特征进行追踪。喷发间断不整合界面多为强振幅、连续性好、中低频的特征；喷发不整合界面难以识别，其连续性差、振幅弱。在多数地区可以实现喷发间断不整合界面的识别。

1.2.2 火山地层单元

火山地层单元的类型主要依据现代火山和露头古火山识别的各类单元进行分析，在厘定单元类型时，主要依据各单元的时间和空间属性进行划分，可划分出层、堆积单元、火山机构、段和组等，其中堆积单元是火山层的基本成因单元。根据喷发方式和就位环境可将火山岩堆积单元划分为熔岩穹丘、熔岩流、火山碎屑流和再搬运火山碎屑流 4 类。熔岩流可细分为简单熔岩流（还要细分为中酸性和基性）和辫状熔岩流，火山碎屑流可细分为热碎屑流和热基浪，再搬运火山碎屑流可细分为火山泥石流和崩塌堆积单元（唐华风 等，2017）。堆积单元的识别，首先是在单井中识别，主要是在单井界面识别的基础上，根据岩心和录井识别的岩性资料、测井曲线资料进行相结构分析，再根据相结构划分堆积单元；然后是在地震资料中识别，将单井的堆积单元识别结果通过井震标定，根据界面系统和地震相次级单元的叠置特征进行井旁识别。

在界面的约束下盆地火山地层格架可建立起高精度的地层格架，在无钻井的情况下可以建立火山机构一级的地层格架，在有密井网的情况下可建立堆积单元一级的地层格架。堆积单元和火山机构内幕的解释可以在地质模式的约束下开展解释工作。

1.2.3 地震火山地层

盆地火山地层的研究起步晚于露头火山地层，还受限于钻井数量、取心长度和地震资料精度，需要利用露头火山地层建立的火山地层界面和充填单元模式指导盆地火山地层的研究，这也促进了火山地层学向地震火山地层学的发展。

地震火山地层学主要基于地震相分析，即依据地震成像资料进行反射界面和地震相单元的地质解译。然而，火山成因序列通常用地震反射资料难以成像，因为它们在地震上很不均匀，岩石单元内的反射多半是干扰现象或相干噪声，如转换波和多次波。因此按照常规方法难以直接解释火山岩系内部反射的地质含义。但地震相单元的反射轮廓能够在某种程度上提供成像地质体地质属性的内部信息。地震火山地层学就是力图通过建立火山成因堆积单元与地震相单元的响应关系，然后基于地震相单元的反射轮廓进行地震-地质解译，从而在一定程度上规避火山岩系内部成像差的问题。在理想状况下，通过钻探特征地震相单元，就能够逐一建立各类火山成因岩系的地震-地质属性关系，以此为解释模板就能建立起全区的火山成因序列等时地层格架和对比关系。然而，无论盆地的勘探程度如何，都不可能把所需要的地震相单元有效钻穿。因此实际研究中，需要运用火山岩系发生和发展的过程分析（包括现代火山知识）、露头剖面和区域研究等相关结果，以提高成像单元的火山地层学解译精度。

通过多年的研究，逐渐形成火山地层学，成为地层学的一个分支学科。火山地层学注重火山地层界、火山地层单元（填图单元）和火山地层架构的研究。

2　地层学简介

2.1　地层学的定义

地层学（stratigraphy）是地质学的基础学科之一。术语源自拉丁文“stratum”（岩层）和希腊文“graphia”（描述、写实），由两个词联合形成，从字面来看是指岩层描述的科学。地层学的定义也在随研究进程发生变化。葛利普（A. W. Grabau，1870—1946）在其所著的《地层学原理》（1913 年出版）的开卷第一段，给地层学所下的定义是“历史地质学的无机方面，或在连续不断的地质时期中地球的岩石格局或岩石圈的演化”。同时也强调生物过程和生物因素对地层研究的作用，进一步扩大了地层学的内涵。20 世纪 90 年代的《国际地层指南》（第二版，1994 年出版）认为“从广义上讲，整个地球都是层状的，因此所有各类岩石——沉积岩、岩浆岩和变质岩，固结的和未固结的岩石，都属于地层学和地层划分的研究范畴”。现代地层学（modern stratigraphy）是指研究层状岩石及其相关地质体形成的先后顺序、地质年代、时空分布规律及其物理化学性质和形成环境条件的科学。概括起来，地层学是研究岩层的物质特征及其属性的四维时空分布和变化的科学。综上，地层学从原来的“岩层描述科学”发展为“岩层的科学”（张守信，2006）。

2.2　地层学在地质学中的位置和任务

地质学的研究对象是具有历史性的，重建历史和解释历史就成了它的主要任务，而这个任务的重要部分是由地层学承担的。地层学是地质学的重要基础学科，地质学离不开地层学。

随着研究对象的不断扩展、研究方法手段的不断更新和优化，地层学的研究内容和任务也在不断更新。地层学的核心任务是为地质作用、地质过程和地质产物建立时间坐标。狭义地层学主要从宏观的露头以岩石地层学和生物地层学为主要方法手段建立地质学研究的时间坐标，所能达到的时间分辨率通常小于或等于 10^6 a 级。现代地层学则是在狭义地层学构建的地质学时间坐标的基础上，通过综合的地层学方法手段，构建高精度的地质学时间坐标，最终使地质学的时间坐标与人类社会使用的时间坐标在一定程度上接轨（龚一鸣和张克信，2016）。

2.3 经典地层学原理在火山地层的适用性简述

2.3.1 原始水平原理

斯泰诺（Steno）称原始水平原理为地层的水平性（horizontality），指沉积地层形成时的初始产状都是近于水平的。这是最早被人们认识的地层形成方式，主要是在地球重力作用下沉积介质自上而下的降落和堆积的垂向加积方式，形成“千层糕式”的水平地层记录（图 2.1）。现今野外出露的地层，如果产状不是水平的，如倾斜的或是直立的，则表示已不是形成之初的原始状态，而是地层经受了后期褶皱或者掀斜等作用，使地层产状变化。

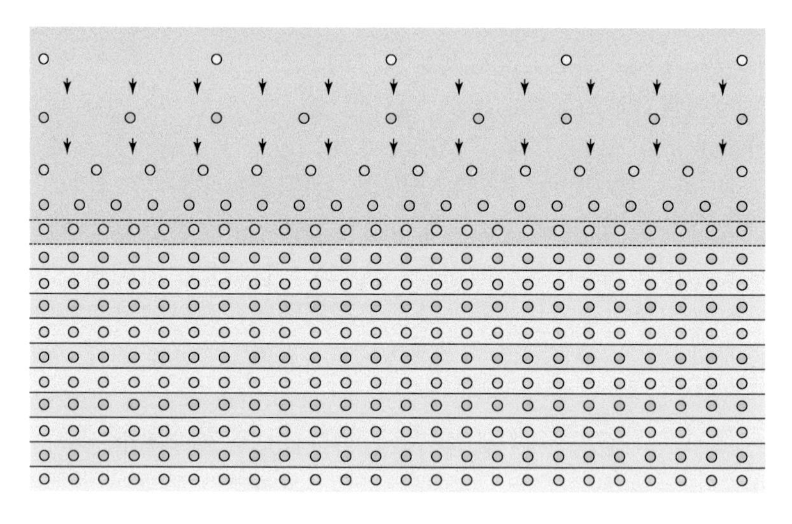

图 2.1　地层原始水平原理示意图（张守信，2006）

Fig. 2.1　Schematic diagram of the stratigraphic principle of original horizontality

根据现代沉积物的观察，深（静）水海洋盆地、潟湖、深湖、普林尼型火山沉积区和大气降尘区等地区是重力作用产生垂向加积的主要场所。但地层产状还受下伏地形的影响，当下伏地形具有一定的坡度时，如当大陆架坡度小于 1°，大陆坡的坡度就可以达到 3°，使得地层产状向海倾斜并具有小角度的倾角。所以原始水平原理在实际运用时需要考虑适当放宽原始产状的倾角。根据经验，对角度差不超过 5°的地层接触关系解释时，不要简单地运用原始水平原理把它们解释成是由于微弱的区域构造运动造成的。

多数火山地层的产状受地形的影响较为明显，如在喷出口附近产状可以较大，在远离喷出口的平坦地方就可以达到近似水平。所以远离火山口的火山地层多数情况下只能服从近似原始水平原理，在火山口区域的火山地层可能不满足原始水平原理。

2.3.2　原始侧向连续原理

斯泰诺称原始侧向连续原理为地层的连续性（continuity）。他认为岩层可以是全球规模的延伸，也可以是延伸一定的距离就尖灭。在野外没有看见岩层尖灭现象就突然中断了，说明中断不是原来沉积形成的，而是后来构造变动造成的。如在一个河谷两岸出露的地层，应该把它们看作是与被切割掉的河谷处的地层本来是连续的。根据经验，对于范围不大的地区，原始侧向连续原理应用起来很有效。但对于一个大的地理区域，甚至全球，应用原始侧向连续原理受到限制。特别是在碳酸盐台地前缘斜坡、生物礁和三角洲等环境中形成的地层，侧向延伸不远，在一些时空尺度上可能就不服从该原理。

火山地层的原始侧向连续原理应该只能在较小的区域应用，因为火山建造受控于喷出口，只有同一喷出口的同一层产物在产状上才是连续变化的，具有可对比性，不是同一喷出口的产物的侧向连续原理就受到明显的限制。

2.3.3　叠覆原理

叠覆原理又叫层序律。岩层序列自下而上具有先后或老新的顺序关系，把这种关系称为叠覆原理。叠覆原理是1669年斯泰诺同时宣布的三个古老地层原理中最著名且最有影响的一个原理。结合岩层的水平性和连续性，在托斯卡纳识别出了六期地质事件：A期，托斯卡纳和整个地球被水体覆盖，沉积了第一期原始岩层（不含化石）；B期，水体退去，地表出露，由于大气水和地下水的侵蚀作用形成空洞；C期，空洞上面的岩层遭到破坏向下塌陷，形成起伏不平的地表；D期，水体再次普遍泛滥，覆盖整个地区，沉积了第二期岩层（含化石）；E期，水体再次退去，河流和地下水冲蚀先存地层；F期，岩层遭到新的破坏，形成山脉和沟谷，形成现今的地形。这就是根据叠覆原理恢复了托斯卡纳地区地质事件的发生顺序。

叠覆原理说明了根据岩层相对上下位置的关系确定岩层的相对年龄的合理性，长期以来被人们视为地质年代分析的一般原理。地质学家建立了岩层的层序反映相对时间的概念。火山地层中也有丰富的叠覆顺序，满足了叠覆原理应用的要求。

火山地层中岩层存在垂向、侧向加积，形成的地层结构有层状、似层状和块状3种类型，前两者满足叠覆原理应用的要求，块状结构可能难以找到明确的叠覆关系，叠覆原理应用受到限制。

2.3.4　穿切关系原理

穿切关系原理由赫顿（Hutton）提出，指岩层被岩浆侵入体穿入或断层切割，岩层年龄必然老于侵入体年龄或产生断层的时间。火山地层中发育丰富的浅层岩脉、同火山喷发期断裂和后期断裂，满足穿切关系原理应用的要求。岩脉侵入时往往伴生有地层掀斜作用，此外，由于边部快速冷却作用会产生冷收缩缝和结晶程度变差，同时边部与中部岩浆流动速度不一致产生剪切力，从而发育流面构造（图 2.2），上述构造和组构特征是识别穿切关系的重要标志。

2.3.5　包含物原理

包含物原理由莱伊尔（Lyell）提出，指相接触的两个岩层或岩体，包含着另一个岩层的岩石碎屑的岩层，是二者中年轻的。例如，在砂岩的底部，砂岩中的花岗岩砾石的年龄要老于砂岩；另一种情况是花岗岩侵入砂岩时冲碎了砂岩，砂岩被包在花岗岩内，则被包含在花岗岩内的砂岩老于包含它的花岗岩。

在火山地层中，火山岩往往含有岩浆源区的包体和岩浆上升通道的围岩捕虏体，不论是包体还是捕虏体，其形成年代均老于火山岩（图 2.2a）。另外，当火山岩形成后可作为后期沉积岩的物源，沉积岩中会包含较为丰富的火山岩岩屑，岩屑的年代就老于沉积岩年龄（图 2.2b）。

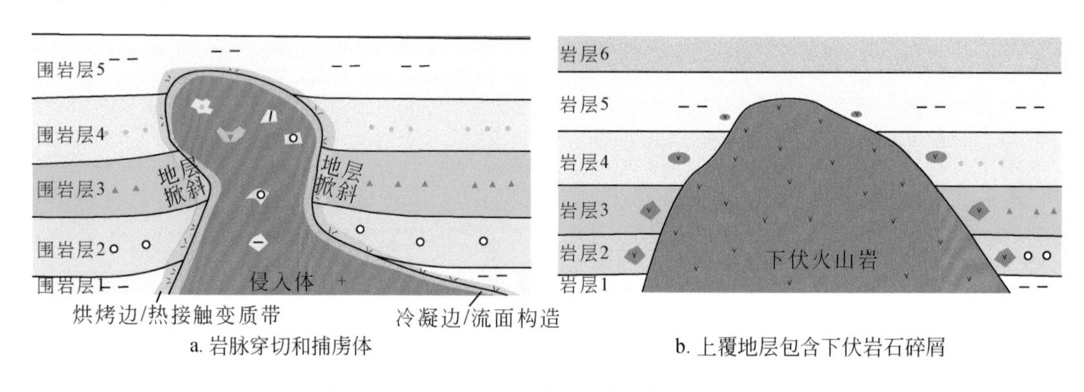

图 2.2　穿切关系原理和包含物原理示意图

Fig. 2.2　Schematic diagram of stratigraphic principles of cross-cutting relationship and inclusion

2.3.6　化石对比原理

化石对比原理由胡克（R. Hooke，1635—1703）在 1688 年完成的著作中提出，在他去世后两年（1705 年）发表。他在著作中指出“用化石作为地质年代学的工具或标准，鉴定化石和建立年代学虽然困难、但有可能”。法国学者吉罗苏拉维（Giraud-Soulavie）在 1777 年发现了根据动物化石建立地层的动物化石年代学。文章在 1779 年巴黎科学院宣读，1780 ~ 1784 年发表于《法国南部自然历史》一书的第六章第一部分。史密斯（Smith）在不知道胡克和吉罗苏拉维的研究和发现的情况下，通过在英国地层研究的实践（1794 ~ 1799 年）中总结出了同样的原理，1815 ~ 1819 年正式出版了《生物化石的地层系：根据生物化石鉴定地层》。

史密斯在工作和旅行过程中测量过大量的道路、沟渠、采石场和矿山的沉积地层。他发现相同岩层总是沿同一叠覆顺序排列，且每个连续岩层都含有其特有化石。利用这些化石可以把不同时期的岩层进行区分。并且通过化石方法，完成了用物理标志难以鉴定地层的地区的地层对比。史密斯将该方法称为“用化石鉴定地层”，于1796年整理出该方法的原理，即后人所称的动物群顺序原理。动物群顺序原理说的是“不同的地质时代有不同的化石，居下的地层与居上的地层所含的化石是不相同的。植物群或动物群以一定的顺序相互演替，也就是说含有相同化石的地层属于同一时代”。1799年，他编出英国的地层系统表，应用他自己的方法于1815年绘出第一张英格兰、威尔士和部分苏格兰的地质图。史密斯通过地层所含化石进行地层时间鉴定，使不同地区地层的“时间”对比变得可行。这是一种利用古生物鉴定对比地层的方法，这种方法在古生物而不是岩石的基础上校正地层的时间对比方面向前迈了一大步。由于它改正了根据岩石进行时间对比的不正确途径，对地质系的形成起了关键性的作用。史密斯的最大贡献是证明在一定地理范围内，地质组的规则剖面不变，任何组都向侧向延续并能制图。

火山地层中也保存了化石，但化石的记录可能都是火山喷发期的，由于火山喷发期均是较为短暂的，化石的连续性方面可能显得不是十分充足，利用化石对比原理可能受限。实际上火山岩的同位素测年可得到地层形成的精确年代，往往为化石提供精确的绝对年龄标定。

2.3.7　灾变论

法国著名动物学家居维叶（G. Cuvier，1769—1832）梳理出巴黎盆地古近系-新近系中陆生脊椎动物和海生无脊椎动物的一个地层层序。1812年，他指出许多脊椎动物化石和现生的动物不相同，推测这些石化的脊椎动物已经灭绝。可以把灭绝当作认识动植物变化的一条捷径。他完成了两部详细阐述灾变论的著作《关于化石遗体的研究》（1812年出版）和《关于地球的革命》。居维叶根据巴黎盆地的地层和化石特征假设每个沉积间断都代表一次突然的、恐怖的、全球性的，给当时陆地和海洋生物造成灾难性的毁灭。每次灾变后创造出一批新的动物群，这个新动物群延续着，直到下一次灾变时被毁灭。火山活动就是灾变的诱导因素，研究表明火山活动可能会导致全球温度变化和生物灭绝。但就现代火山来看，可能在短时间内造成温度变化，是否能造成全球性的生物灭绝仍需要深入研究。但火山地层对于下伏地层的侵蚀却是显而易见的；同时火山地层充填在盆地中会占据沉积空间，使得火山地区沉积环境迅速改变或沉积中断。

2.3.8　变质原理

变质作用时间晚于地层沉积或形成的时间，据此可应用变质原理描述地质事件的发生次序。实际上由于火山喷发时具有较高的温度，同时火山流体也丰富，使得与火山地层接触的围岩发生热接触变质，据此也可以判断接触变质发生的时间晚于围岩形成的时间。

2.4　小　　结

火山地层对于上述8条地层学原理，除化石对比原理外的7条原理都满足要求，可开展相对地质年代研究。实际上，火山岩形成的特有过程、岩石中形成的矿物可以准确地记录下岩浆的冷却时间，根据同位素测年方法进行绝对地质年代的研究，这是火山地层具有的研究优势。综上火山岩满足地层研究基本原理的应用条件，还具有绝对年龄研究的优势。

3　火山地层时空属性

本书从现代火山喷发历史和喷发物特征来讨论火山地层的时空属性，将结果应用于盆地火山地层中。

3.1　火山地层时间属性

根据资料记录来分析现代火山喷发的时间特征，总体上表现为火山地层具有建造短暂和剥蚀长久的时间属性。下面介绍几个典型的现代火山喷发记录。

3.1.1　典型火山喷发纪录

亚伊马火山：智利安第斯山火山区南部、海沟以东285km安第斯山脉处的一座层型火山，其主峰顶火山口直径为350m，其峰顶距离火山口南东向1km。侧翼喷口形成一个东北-西南走向的层序。据记录该火山从1640年到2009年间有48起喷发，是南安第斯火山区喷发频率较高的火山。事实上，统计分析表明火山爆发指数（volcanie explosivity index，VEI）≥2的平均复发间隔约为6年（Dzierma and Wehrmann，2010）。例如，1994年5月17日的火山喷发是一次斯特隆布利型事件（VEI 2号），伴随着强烈的潜水成分，产生了密集的火山灰和气体柱，达到了大约4km高，观察到高达200m的熔岩喷泉伴随着周期性的爆炸。1994年8月开始了一个新的小爆发事件，1995年2月观察到气体排放，10月记录到充满灰烬的爆炸。随后在2003年1月8日的一次飞越证实了山顶存在活跃的喷气孔，并在活跃火山口附近的冰川上发现了弹道的撞击痕迹。在接下来的3年里，以喷气孔和零星灰烬排放为特征的小规模脱气活动仍在继续。

默拉皮火山：印度尼西亚爪哇岛中心附近的110°26′E、7°32′S处，在日惹北方约32km处，距三宝垄以南稍远处。默拉皮火山海拔2911m，陡坡两侧的较低位置植被茂密。在印度尼西亚130个火山中活动最频繁。自1006年第一次喷发以来，分别在1786年、1822年、1872年、1930年和1976年发生了大喷发。1992～2002年的喷发持续了10年，熔岩丘不断上升，到1994年熔岩丘和火山口持平；后来喷发形成碎屑流，造成整个熔岩丘崩溃，碎屑流和崩塌产物流出几千米远。在间歇4年之后，于2006年5月30日，默拉皮火山再次喷出浓烟，持续时间较短。2010～2018年，火山经历了数次规模不大的喷发。2021年2月19日至今，印度尼西亚默拉皮火山喷发地质局表示，“观测到大量岩浆喷出7次”，这些岩浆流向西南方，最远到达700m处。

鲁阿佩胡火山：位于新西兰北岛的中心，陶波火山带的南端，是一座有25万年历史的活火山，主要由安山岩组成。1945年喷发持续时间约1年，1995年又发生了火山喷发。1995年火山喷发在地球化学、地形变形和地震前兆方面均未有明显的异常。1996年再次发生了火山喷发，这次喷发前具有可察觉的地震活动，超过 700 万 t 的岩石碎片和灰烬被喷射并堆积在一个包括图兰吉（人口 4500 人）、陶波（18000 人）和罗托鲁瓦（52000 人）等城镇的地区。

圣海伦斯火山：位于美国西北部华盛顿州，海拔 2549m，属喀斯喀特山脉，是一座相对年轻的火山。在约 1480 年，持续了 700 年的平静期被打破，大量的灰白色英安岩浮石和火山灰开始喷发，标志着卡拉玛时期的开端。火山灰和浮石在东北 9.5km 处堆积了 1m 厚；在 80km 外也有 5cm 厚。大量的火山碎屑流和火山泥石流顺着山南坡而下，冲进卡拉玛河。这一为期 150 年的喷发期中，岩浆中的硅质成分有所减少，喷发产生的安山质火山灰形成了至少 8 层深浅相间的地层。卡拉玛时期在约 1647 年结束时，圣海伦斯火山达到了其最高的海拔，也形成了高度对称的外形。接下来的 150 年里火山再一次回归平静。直到 1800 年再次喷发，山羊石喷发期持续了 57 年，第一次具有口头和书面记录。山羊石喷发期始于英安质火山灰喷发，随后形成安山岩，最后形成英安岩穹丘。1831 ~ 1857 年接连发生了十余次小规模喷发，其中还包括在 1842 年发生的一次相对规模较大的喷发，喷发口就在山北坡山羊石或其附近。随后进入 150 年的间歇期，在 2004 年 10 月 1 日再度活跃起来，最初是上千次的小规模地震，随后发生几次蒸汽喷发和火山灰喷发，并在先存火山穹丘的南侧形成了新的火山穹丘。

桑托林火山：希腊锡拉岛上的一座活火山，位于爱琴海南部，高 980ft（约 300m）的悬崖由浮石层、火山灰和岩浆凝固组成，由几个周期的爆炸性火山活动形成。过去曾发生过几次大型爆炸，最后一次发生在 20 世纪 50 年代初。火山一直处于休眠状态，火山系统相对平静，唯一观测到的活动是低温热液的排放和零星微地震的发生（Dimitriadis et al., 2009）。直到 2011 年初，随着火山口内发生大量地震，火山口内地形出现大幅提升。

坦博拉火山：位于印度尼西亚松巴哇岛北部 118.00°E、8.25°S 处，为活火山。海拔 2851m，火山口宽 11.2km，是复合型火山。1815 年的一次大喷发从 4 月 5 日持续到 7 月中旬，是世界上有历史记载的最大的一次火山喷发，VEI 为 7。这次火山喷发，喷入空中的火山灰和碎屑估计为 170 万 t。当烟雾消散以后，可看到坦博拉火山已“喷掉了山顶”，其高度从 4100m 减为 2850m。火山喷发的巨响在 2500km 之外都能听到。有学者考证坦博拉火山 1815 年大喷发前已沉睡了 5000 年。在整个火山喷发过程中，火山顶部失去了 700 亿 t 山体，形成了一个直径达 6000 多米，深 700m 的巨大火山口。火山喷出的火山灰共有 600 亿 t 之多，堆积厚度由近向远逐渐变薄，在距火山 400km 的地方，火山灰仍有 22cm 厚。自 1819 年 8 月火山小规模活动后，进入火山喷发间歇期，1913 年曾经有过一次小规模的喷发。

特塞拉岛火山：位于葡萄牙，是北大西洋亚速尔群岛的九个岛屿之一。1998 年 11 月 23 日，沿塞雷塔岭的特塞拉岛的北东向开始发生地震，直到 11 月 29 日，地震活动逐渐增加，然后迅速下降，到 12 月中旬，地震活动的新高峰发生。12 月 18 日，当地渔民观察到特塞拉岛东北约 10km 海域上升了蒸汽柱，这是火山活动的第一批迹象。直到 2001 年 8 月，断断续续地观察到喷发活动。

维苏威火山：位于那波利湾（意大利南部）的东北海岸，火山形成于晚更新世，经历了多次喷发，据报道在公元 80 ~ 1631 年有多次喷发。已证实的喷发发生在 203 年、472

年、512 年、787 年、968 年、991 年、999 年、1007 年和 1036 年。1631 年后火山喷发特征发生变化，1660～1944 年观察到约有 19 个周期。猛烈喷发之后，即由喷发期转入静止期。其间大喷发的年份是 1660 年、1682 年、1694 年、1698 年、1707 年、1737 年、1760 年、1767 年、1779 年、1794 年、1822 年、1834 年、1839 年、1850 年、1855 年、1861 年、1868 年、1872 年、1906 年和 1944 年。每一喷发期的长度从 6 个月至 30. 75 年不等，静止期为 18 个月至 7. 5 年。维苏威火山的产物主要包括熔岩流和渣状松散堆积物。碎屑物包括新生喷发产物、先存火山岩的破碎物，以及同喷发期的泥石流。

3. 1. 2　建造短暂和剥蚀长久的时间属性

从波波卡特佩特火山、海克拉火山、亚伊马火山、默拉皮火山、桑托林火山、伊拉苏火山、武尔卡诺火山和维苏威火山等近 1000 年的喷发记录来看，各火山的喷发时间在时间轴上只是零星的点、分布不均，也表现出在某一段时间内相对集中喷发，其他时间段内零星喷发（Siebert et al.，2011；Sturkell et al.，2013；Wei et al.，2013；Wei et al.，2004；陈洪洲和吴雪娟，2003；刘嘉麒 等，1990）（图 3. 1）。再如，据史料记载五大连池老黑山的建造时间是从 1720 年 1 月 14 日到 1721 年 4 月 7 日，只经历了 15 个月的时间，其间存在多次暂停（陈洪洲和吴雪娟，2003），与下伏笔架山火山之间存在数万年至数十万年的间歇（李齐 等，1999；秦海鹏，2009；王允鹏，1996）。从统计到的 3301 次火山喷发持续时间来看，约 70% 的火山喷发只能持续 6 个月以下（图 3. 2a）；从 252 次火山喷发初期到喷发高峰期所用时间来看，约 42% 小于 1 天、63% 小于 1 月、84% 小于 1 年、仅 3% 的火山超过 20 年（Simkin et al.，2000）（图 3. 2b）。所以火山地层的建造时间在地质历史时

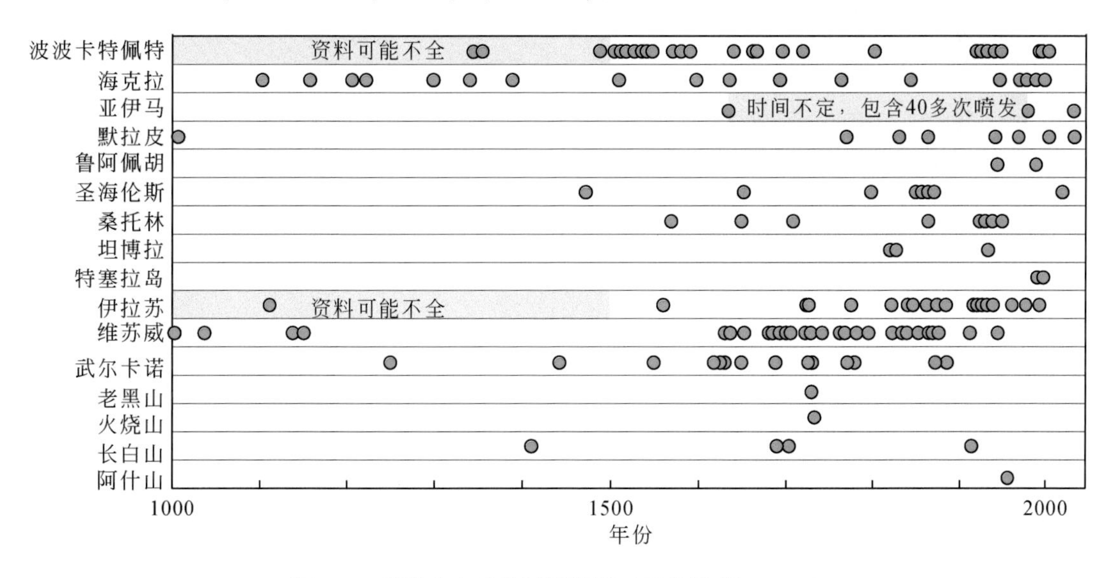

图 3. 1　现代火山喷发记录特征（唐华风 等，2017）

Fig. 3. 1　Characteristics of modern volcanic eruption records

期中只能是一些离散的点，也可以说99.9%的时间均是在接受改造，在改造期间可形成再搬运火山沉积地层或沉积地层。这是火山地层最为典型的时间属性：建造短暂和剥蚀长久。该特征表明在火山地层中只要能发现火山喷发间歇的证据，其间断时间就可能达到数百年至数百万年；如果没能发现喷发间歇的证据，整套地层形成的时间多数情况可能小于数年。

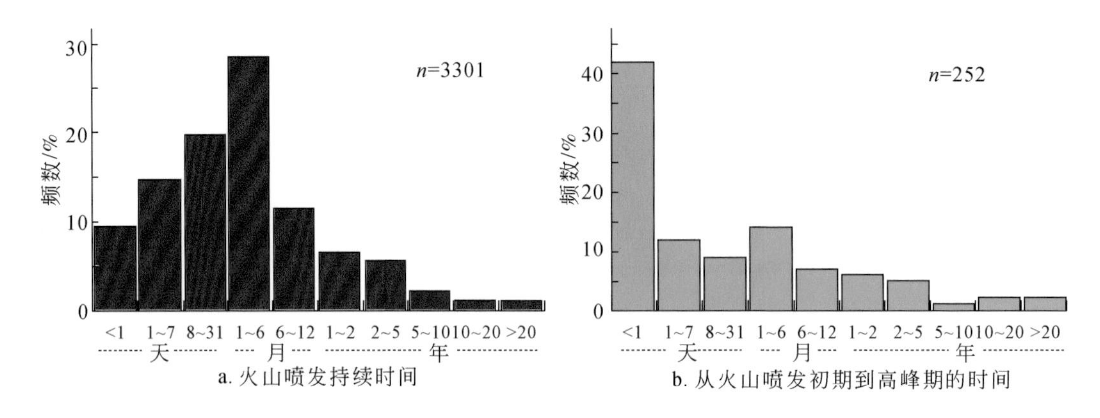

图3.2　火山地层建造时间属性（Sigurdsson et al.，2000）

Fig. 3.2　Formation temporal attributes of volcanostratigraphy

3.2　火山地层空间属性

3.2.1　地层分布受火山喷发方式和古地形约束

从35次现代火山喷发来看，单次喷发量的平均值为1亿m^3（Avellan et al.，2012；Sieron and Siebe，2008），其中最大值是洛斯阿莫莱斯火山，为6.5亿m^3（图3.3）。如果大量的喷发物分散堆积在数平方千米的范围内，必将形成厚达数百米的地层。火山建造时间虽短暂，单次喷发的产物内部应该不会出现大规模的间断面，但单次喷发也可具有多样的喷发方式和多样的就位环境，形成的火山地层内部可具有复杂的岩石组构和叠置关系。中心式喷发则形成丘状或盾状火山，裂隙式喷发则形成席状或盾状火山，侵出式喷发则形成穹窿状火山；就位于地势平坦区则形成圆形或椭圆形的平面形状，就位于沟谷区则形成线状或舌状的平面形态。五大连池老黑山火山为中心式喷溢式火山，形成了大面积的熔岩流，在火山锥边缘还发育火山碎屑堆积，其火山锥部位最厚达数百米，火山的直径可达数千米；据史料记载熔浆分别向南、向北、向西和向东喷出形成数个熔岩流单元，且相互叠置形成老黑山火山（白志达 等，1999），但各熔岩流之间缺少明显的间断面，其界面线并不清晰；再如，伊通火山群的西尖山为侵出式火山，其出露厚度达到100m，横向延伸仅有200m，发育规则柱状节理。

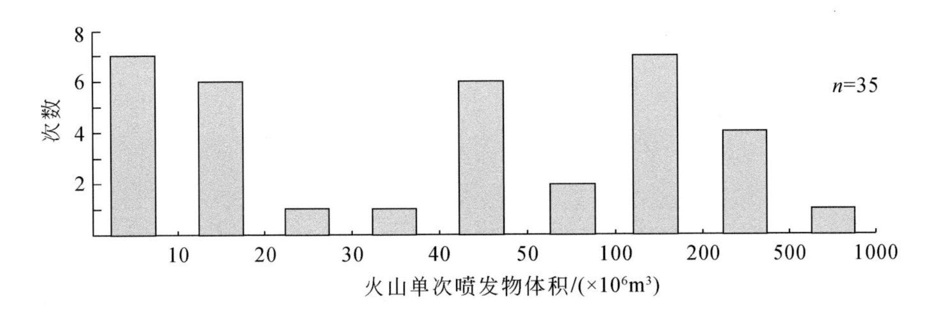

图 3.3　现代火山单次喷发量特征（Avellan et al.，2012；Sieron and Siebe，2008）

Fig. 3.3　Eruptive volumes of modern volcanoes

3.2.2　地层产状变化规律与喷出口关系密切

沿同一喷出口的熔岩流、热碎屑流和基浪等，可具有连续变化和协调的产状；丘状、锥状和盾状火山的产状均具有沿喷出口向四周倾斜，各个方向的地层倾角和堆积体坡度由喷出口向远端均变小（Leeuwen and Muhardjo，2004）。从五大连池火山群来看，一次相对集中的喷发活动可形成一个火山，火山内部的地层产状具有连续的变化；随后火山喷发中心发生迁移，后一次相对集中的喷发形成一个新的火山，该火山内部的地层产状也具有连续的变化；如老黑山与火烧山之间的地层产状不具可比性；多数情况下，火山喷发中心的迁移需要经历数万年的时间，少数情况下可能只需要短暂的数月；并且多数情况下同一喷发口形成的地质体产状可对比，时间属性和空间属性可以达到统一。所以，在火山地层研究时需重视其时间属性和空间属性对地层单位的约束。

3.2.3　现代火山喷发记录及对火山地层的启示

从现代火山建造特征来看，喷发历史记录表明火山地层在年代格架上只是一些零星的点，这也表明火山地层单位对于火山地层的刻画在时间方面具有高精度的特征。

火山地层建造具有时间短和堆积快速的特征，在短短的数天至 1 年的时间内火山喷发中心厚度可达数百米，甚至上千米。如此厚的地层形成后，不管其就位环境是陆上还是水下，都可形成火山高地而遭受剥蚀。钻井和地震资料揭示（赵然磊 等，2016），松辽盆地王府断陷的部分火石岭组粗安质火山地层从形成到上覆地层形成前的剥蚀时间可达 20Ma；远离喷发中心的火山地层由于形成于相对低的地形，其势能较低、剥蚀速度也较喷发中心低，此外由于接受喷发中心剥蚀物的堆积，也免受强烈剥蚀。所以，火山地层的喷发中心与远离喷发中心的地层埋藏史存在显著的差别。此外，火山地层中由于存在冷凝固结成岩的情况，如熔岩流和热碎屑流堆积单元具有较强的抗压能力，在岩石未破裂之前随压力增加岩石的压实率小，相比于沉积岩的压实率，在一定埋深范围内可视为厚度不变。但基浪、空落和再搬运火山碎屑堆积单元在埋藏史恢复时需要考虑地层压实量的影响。图 3.4

展示了火山地层的埋藏特征，在火山喷发中心埋藏史曲线具有锯齿状模式（图3.4a），远离喷发中心处具有台阶状模式（图3.4b），这与沉积岩的斜坡状模式具有一定的差别。火山地层的埋藏史分析需要根据火山机构单元进行研究。火山地层埋藏史的分析过程中喷发间断不整合界面的确定是重要基础。

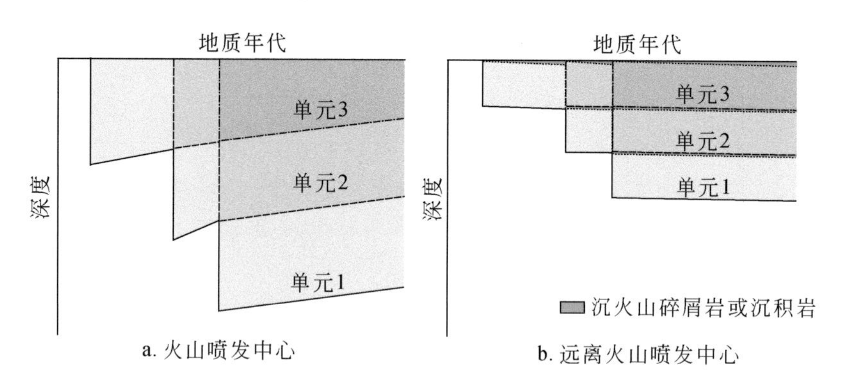

图3.4　火山地层埋藏史示意图

Fig. 3.4　Schematic diagram of volcanostratigraphic burial history

3.3　小　　结

火山地层具有如下显著特征：建造短暂和剥蚀长久的时间属性，受喷发方式和古地形控制的空间属性，火山地层建造速度快，产状变化规律与喷出口相关。盆地火山地层格架的建立需要突出地层的空间属性，火山地层埋藏史应该基于火山机构的中心和远源两个区域来分析。

4 火山地层界面系统

4.1 界面的厘定

火山地层界面是熔浆流动单元、碎屑堆积单元及其组合体之间形成的接触界面。我国火山地层发育，在地质填图和盆地勘探中均对火山地层的界面特征进行了探索研究，地层划分时借助地球化学资料、沉积岩夹层界面或者不整合界面。按照火山地层接触界面的特征可划分为4类，分别为喷发不整合、侵出不整合、嵌入喷发不整合和模糊侵入接触界面（赵玉琛，1990）；依据形成机制、性质和特征等，拟定陆相岩石地层序列界面2类8种的划分方案，分别为构造界面和沉积界面（廖瑞君 等，2001）；有文献将火山地层不整合界面称为喷发不整合面（唐华风 等，2012a），并确定了一些界面的识别标志，有沉积岩夹层、风化壳和火山岩氧化边等；根据界面形成的时间跨度和动力学，可以对火山地层界面进行分类，为喷发整合界面、喷发不整合界面、喷发间断不整合界面（图4.1a）、构造不整合界面（图4.1b）和侵入接触。此外，喷发不整合界面又细分为喷发角度不整合界面和喷发类整合界面；喷发间断不整合界面细分为喷发层段次整合界面和喷发层段角度不整合界面；构造不整合界面细分为构造次整合界面和构造角度不整合界面。综合国内外学者的研究成果，依据火山地层界面特征和时间跨度等因素初步总结了火山地层界面类型，见表4.1。

表4.1 火山地层界面类型和典型实例

Table 4.1 Types and representative examples of volcanostratigraphic boundaries

界面类型	标志	时间跨度	发育位置	岩性
喷发整合界面 (eruptive conformity boundary)	岩相组合突变，根据熔岩化学成分划分；滞后角砾岩（冯玉辉 等，2015；Lindsay et al.，2001）	数小时—数天	在Atana和Toconao熔结凝灰岩之间（原文图4和图12）	玄武岩、流纹岩、粗面岩和安山岩
	残留球粒层/石泡层/珍珠岩玻基斑岩（Andrews et al.，2008）	数分钟—数天	在Jackpot流纹岩段的Jackpot 5和Jackpot 4之间（原文图4）/在Rabbit Spring凝灰岩段内部（原文图6）/Brown's View段（原文图7）	流纹岩（地堑盆地）
	浮岩层，增生火山砾层，氧化层（Giannetti and Casa，2000）	数分钟—数天	在下部白色粗面凝灰岩的单元B，D和E内部的流动单元之间（原文图4）	粗面凝灰岩

续表

界面类型	标志	时间跨度	发育位置	岩性
喷发整合界面 (eruptive conformity boundary)	在喷发脉冲或阶段中的历史记录和岩相特征 (Miyaji et al., 2011)	无间断—数天	大部分的单元中 (原文图4和表3)	富士山 Hoei 的流纹岩
	绳状熔岩，肠状绳状熔岩和贝壳面绳状熔岩的表面结构 (增生的熔岩球，天窗，小的熔岩丘，膨胀坑，岩浆上升台地，数模，熔岩树，红色氧化层)，AA 表面结构构造 (同生角砾岩) (Lockwood and Hazlett, 2010)	无间断		
喷发不整合界面 (eruptive unconformity boundary)，包括平行不整合和角度不整合	在喷发脉冲或喷发阶段中的历史记录和岩相特征 (Miyaji et al., 2011)	21.5h	在单元 J 和 K 之间 (原文图 4 和表 3)	富士山 Hoei 的流纹岩
	在喷发脉冲期间的不整合面，熔融表面，旁路或无沉积表面 (Rita et al., 1998)	数秒—数年	在阶段之间的短暂的地质过程 (原文图 2)	
	产状不协调 (赵玉琛，1990)		上覆为溢流相，下伏为碎屑相	粗安岩
喷发间断不整合界面 (eruptive interval unconformity boundary)，包括平行不整合和角度不整合	由于构造垮塌形成的截断或侵蚀 (Lucchi et al., 2008)	(事件) 数年—数千年	在喷发活动区间 (喷发时期) (原文图 3)	粗面英安岩-粗面凝灰岩
	由于侵蚀或再搬运形成的小砾石 (Sohn et al., 2003)	数十年—数百年	大部分界面在济州岛 Songaksan 凝灰岩环的 Hamori 地层中的单元之间 (原文图 10)	湿基浪火山碎屑岩和再搬运火山沉积岩
	由于侵蚀形成的古土壤，侵蚀结构和底辟构造 (Giannetti and Casa, 2000)	数千年—数万年	在下部白色粗面凝灰岩单元之间 (原文图 4 和图 16)	粗面凝灰岩
	由于埋藏或侵蚀形成的古土壤 / 钙化细根 / 大块的风化岩石 (Andrews et al., 2008)		在 Rogerson 组的 Jackpot 段、Rabbit Springs 段和 Backwater 段之间 (原文图 3)	流纹岩 (地堑盆地)
	在喷发期间隔期间，由于侵蚀或再搬运形成的土壤，破火山垮塌，部分垮塌和沉积岩 (Rita et al., 1998)	(构造事件) 数千—数百万年	在有显著的长时间土壤作用或侵蚀破坏发生的喷发期间 (原文图 2)	

续表

界面类型	标志	时间跨度	发育位置	岩性
构造不整合界面（tectonic unconformity boundary），包括平行不整合和角度不整合	由于海侵或构造沉降形成的角度不整合（Khalaf，2010）	数百万年	在 Fatira Ei Beida 层序，Fatira Ei Zaraqa 层序和 Gabal Fatira 层序之间（原文图4，图5和表3）	海底火山岩，铁镁质拉斑玄武岩和长英质火山碎屑岩（弧后伸展构造背景）
	由于构造升降或海平面升降形成的截断或古土壤（Khalaf，2010）	数百万年	在 Fatira Ei Zaraqa 层序内部（原文图4，图5和表3）	
	由于侵入体和海平面抬升/侵蚀形成的侵蚀不整合/侵蚀接触，在侵入岩和喷出岩之间（Jmab et al.，2010）	约 1.75Ma（从 2.0Ma 到 0.25Ma）	在下部单元和上部单元，中部单元和上部单元之间（原文图10和图11）	副长火山岩，碱玄岩/碧玄岩，响岩质碱玄岩，响岩
	由于海洋侵蚀/地面侵蚀形成的古土壤和土壤风化壳（Lucchi et al.，2008）	数千年—数万年	在喷发活动间隔期间（喷发时期）（原文图3）	粗面英安岩—粗面凝灰岩
	由于侵蚀作用形成的砾石层和冷凝表壳（Lindsay et al.，2001）	1.5Ma（4.0 ~ 5.5Ma）	在上部 Tara 和下部 Tara 凝灰岩之间（原文图4和图12）	流纹岩和安山岩
侵入接触（intrusive contact）	烘烤接触（Guillou et al.，1996）		在耶罗岛的火山岛的岩墙中（热点）	玄武岩
	变质作用（Khalaf，2010）	数千万年	在火山序列和花岗岩之间	花岗岩
	侵入和抬升（Jmab et al.，2010）	0.1 ~ 0.7Ma（从 2.0Ma 到 1.9Ma 或 1.3Ma）	在下部单元和中部单元之间（原文图10和图11）	副长火山岩，碱玄岩/碧玄岩，响岩质碱玄岩，响岩
	明显穿插，甚至捕虏下伏的碎屑岩（赵玉琛，1990）		溢流侵出相与碎屑相之间	辉石安山岩

综合上述的研究成果，根据界面形成时间、地层产状、分布范围等因素，将火山地层界面归为5类8型（表4.2），下面着重介绍其地质属性特征。

表 4.2　火山地层界面类型及其地质属性

Table 4.2　Types of volcanostratigraphic boundaries and their geological properties

界面类型		地质属性			
		界面上下的岩性差异	表现形式	展布特征	形成时间
喷发整合		多数相同	熔岩或碎屑熔岩的数厘米厚冷凝表壳、火山碎屑岩的平行/水平层理/粒序层理的顶面	网状或平行面状，分布范围小（与流动单元或堆积单元规模相同）	数分钟至数年
喷发不整合	平行	多数相同			
	角度				
喷发间断不整合	平行	多数不相同	风化壳表面→火山-沉积夹层底界组合	波状，分布范围中等（与火山机构规模相同）	数十年至数千年
	角度				
构造不整合	平行	多数不相同	风化壳表面或/和火山-沉积夹层底界	曲面状-波状，分布范围大（整个断陷或次级构造单元）	数千年至数百万年
	角度				
侵入接触		不相同	侵入岩的冷凝表壳和围岩的烘烤边表面	与侵入体产状有关	不定

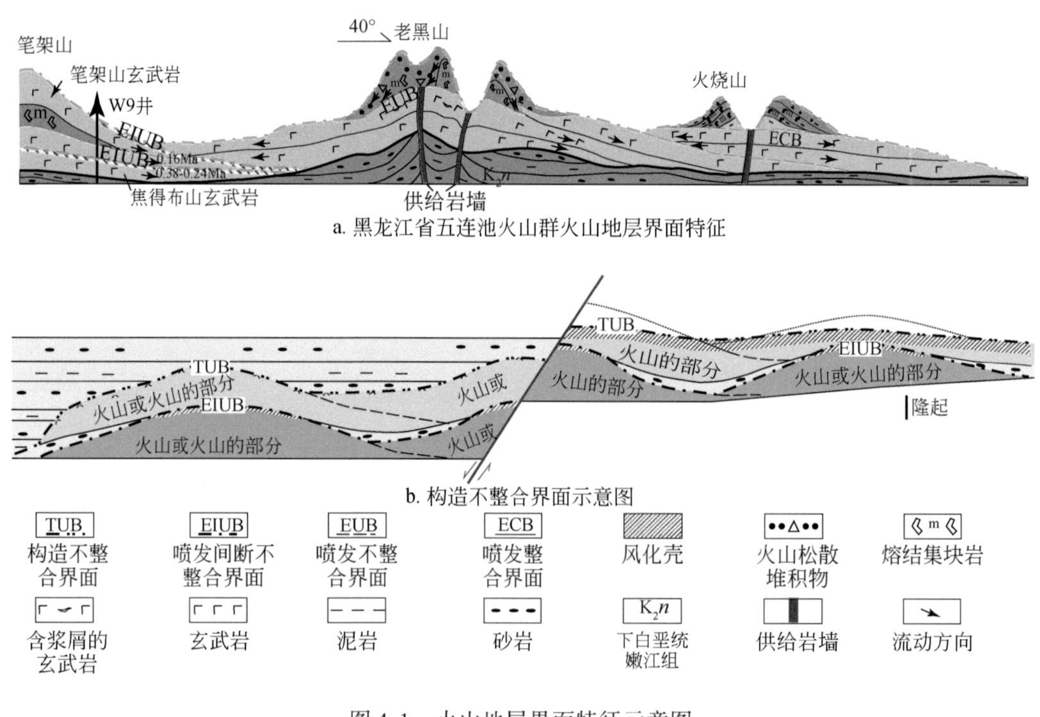

图 4.1　火山地层界面特征示意图

Fig. 4.1　Sketch map of volcanostratigraphic boundary characteristics

4.2　界面的定义、特征和实例

4.2.1　喷发整合界面

喷发整合界面指流动单元/堆积单元之间没有时间间断或虽存在短暂间歇（数分钟至数年）但没能使火山喷出物产生明显的侵蚀或剥蚀，岩层产状为一致协调的接触关系，界面上下的岩性多具有一致性。喷发整合界面发育在熔岩或碎屑熔岩中，在界面的上下均可见冷凝表壳，可表现为玻璃质表壳，也可表现为表层结晶程度与中心部位存在差别的表壳（如顶底面为微晶隐晶质，中部为显晶质的组合），一般厚度在数厘米；界面之下的岩层除上述特征外，还可发育渣状熔岩、绳状熔岩等，可表现为氧化边；界面之上的岩层可表现为还原边。冷凝表壳由于发育丰富的微裂隙，有利于流体的渗透，所以在界面附近常常形成蚀变带，其厚度往往与冷凝表壳的厚度相当。喷发整合界面发育在碎屑岩或火山泥石流中，界面往往是通过火山碎屑的成分、形状和排列方式来体现，如完整（逆）粒序层理、平行层埋等。

该类界面分布范围小，仅在少数井的部分井段有发现。如图4.2所示，3907m处是熔岩流过渡为碎屑流的界面特征。钻井资料上没有揭示出明显的间断和侵蚀面，在地震剖面上表现为光滑、连续性好、强振幅的特征，所以将该界面识别为喷发（整合）界面。地震资料显示该类界面可延伸至10km。伽马曲线、声波曲线表现为由光滑箱形跳跃为齿化箱形，深浅侧向电阻率曲线表现为光滑漏斗跳跃为微齿箱形。

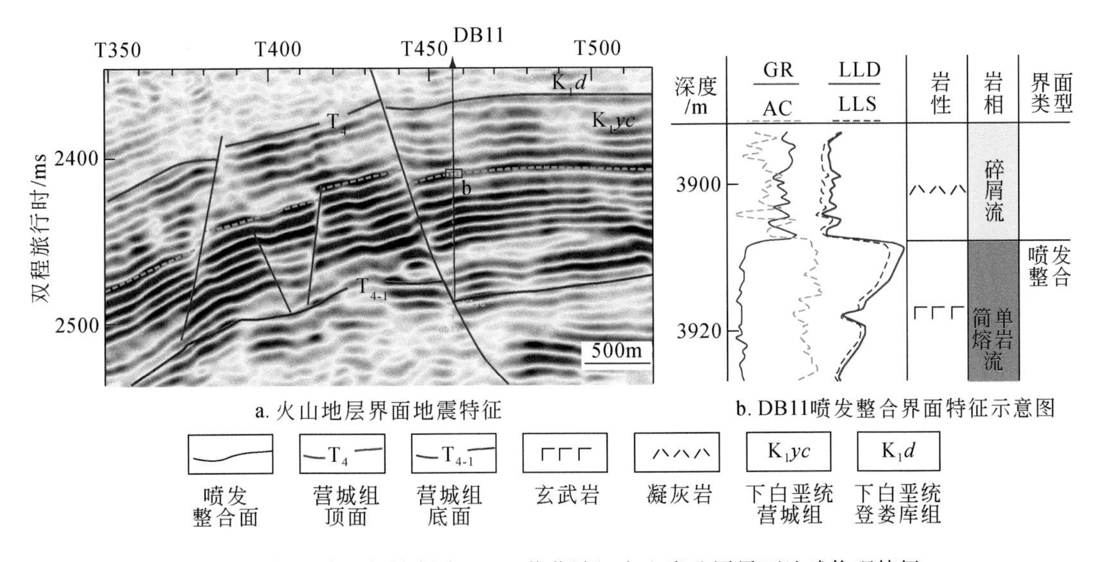

图4.2　松辽盆地长岭断陷DB11井营城组火山岩地层界面地球物理特征

Fig. 4.2　Geophysical characteristics of volcanostratigraphic boundary in the Yingcheng Formation of Well DB11, Changling fault depression, Songliao Basin

4.2.2　喷发不整合界面

喷发不整合界面指流动单元/堆积单元之间没有时间间断或虽存在短暂间歇（数分钟至数年）但没能使火山喷出物产生明显的侵蚀或剥蚀，岩层产状为不一致、不协调的接触关系，界面上下的岩性多具有一致性。喷发不整合界面发育在熔岩或碎屑熔岩中，除产状特征与喷发整合界面不一致外，其他方面均一致；喷发角度不整合界面上下的岩层产状不一致。喷发不整合界面发育在碎屑岩或火山泥石流中，界面往往通过火山碎屑的成分、形状和排列方式来体现，如不完整（逆）粒序层理、平行层理等；界面处常常可见冲刷面、重荷模和火山弹砸痕。所以，当界面上下的堆积单元的产状一致时，堆积单元间见冲刷面时为喷发平行不整合界面。喷发不整合界面的成因可能是火山喷发的地形地貌、同期火山掀斜和局部断层改造作用。

岩性和结构是喷发界面的一些标志，如 AA 熔岩、块状熔岩、绳状熔岩、牙膏状熔岩（Lockwood and Hazlett，2010）和前阶-后阶叠加模式（Rita et al.，1998）。如果发现这些岩性、结构或组合中的任何一种，就可以确定喷发界面。此外，界面上下流动单元的出现是不整合或整合的主要证据。

图 4.3a 显示了玄武质复合熔岩流的界面特征。复合熔岩流按照代表熔岩流原始表面的红色氧化带划分为 7 个单元（图 4.3a Ⅰ、Ⅱ）。红色氧化带的特点是熔岩流之间有短暂的

a. 内蒙古满洲里天然洞辫状熔岩流的界面特征

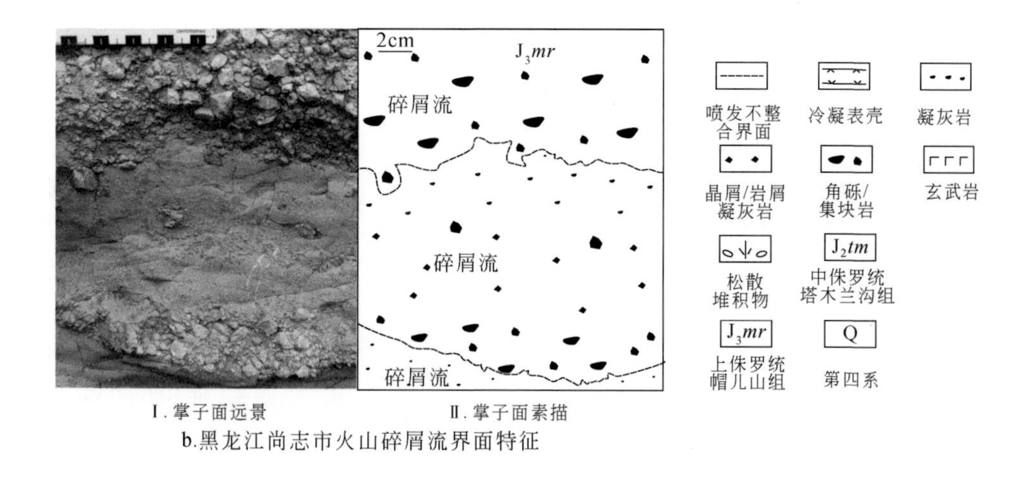

图 4.3 喷发不整合面界面特征

Fig. 4.3 Characteristics of eruptive unconformity boundary

Pl-斜长石；Si-硅质；V-气孔

间断。这一红色氧化带有大量小而圆的气孔，几厘米厚（图 4.3a Ⅳ）。氧化区旁边是一个相对较大的圆形孔隙区（图 4.3a Ⅳ）。熔岩流中部以 15% 斜长石斑晶为特征（图 4.3a Ⅴ），多于上部。熔岩流下部发育管状孔隙（图 4.3a Ⅲ）。熔岩流之间的产状不一致。因此，这个界面被认为是一个喷发角度不整合界面。

由图 4.3b 可知该掌子面发育 3 个火山碎屑堆积单元，单元之间的界面为喷发不整合界面。该界面表现为由火山角砾岩-凝灰岩-火山灰构成的正粒序层理，每一个粒序层理顶面的细碎屑层遭受侵蚀而形成凹凸不平的接触面（图 4.3b Ⅰ、Ⅱ）。这可能是因为上覆单元的粗碎屑冲刷作用对界面的改造，该类界面的分布范围受古地形限制。该类界面的规模取决于堆积单元的规模。

4.2.3 喷发间断不整合界面

喷发间断不整合界面是指火山岩在经受喷发间歇期（一般为数十年至数千年）的侵蚀或剥蚀后与上覆火山岩形成的接触关系。界面上下的岩性可存在明显的差别，通常是冷却单元、火山机构、火山机构群等。该类界面在横向上存在风化壳（相对正地形）-含下伏岩层碎屑火山岩/沉积岩（相对负地形）的组合特征。具体表现为：当相对正地形区域的界面之下是熔岩时，其冷凝表壳缺失，且熔岩的上部岩层都可能遭受侵蚀；当界面之下是火山碎屑岩或泥石流时，其细颗粒层可能缺失；当界面之下的岩石遭受侵蚀时还可形成风化壳，厚度可达数十厘米，可延伸数千米。在相对负地形区域的界面之下的岩石可存在少量的侵蚀，界面之上的岩石中可含有下伏岩层的砾石，如熔浆胶结复成分砾岩、碎屑熔岩、凝灰质砾岩和火山沉积岩等。界面之上的岩石与喷发整合/喷发不整合具有一致的特征。如果界面上下单元间岩层倾向或倾角不一致（不协调）时为喷发间断角度不整合，如果产状一致（协调）则为喷发间断平行不整合。

图 4. 4a 显示风化壳厚约 0. 5m，由古土壤层和残积层两部分组成。风化壳下方和上方的岩石均为灰色玄武岩，包括角砾岩和气孔（图 4. 4a/P2，P1）。在图 4. 4 中，古土壤由红黏土（约 60%）、角砾状石英（约 5%）、长石颗粒（约 15%）、次圆状岩屑（约 17%）和钙质层（约 3%）组成（图 4. 4b、c）。风化壳上部主要由岩屑与黏土组成，风化壳上部的棱角状岩屑（约 15%）是年轻熔岩流的碎屑玄武岩（图 4. 4b/P4，P3）。风化壳下部的圆状岩屑（5%）来自较老熔岩流的侵蚀和再搬运（图 4. 4b/P5）。风化壳发育厚的和红色

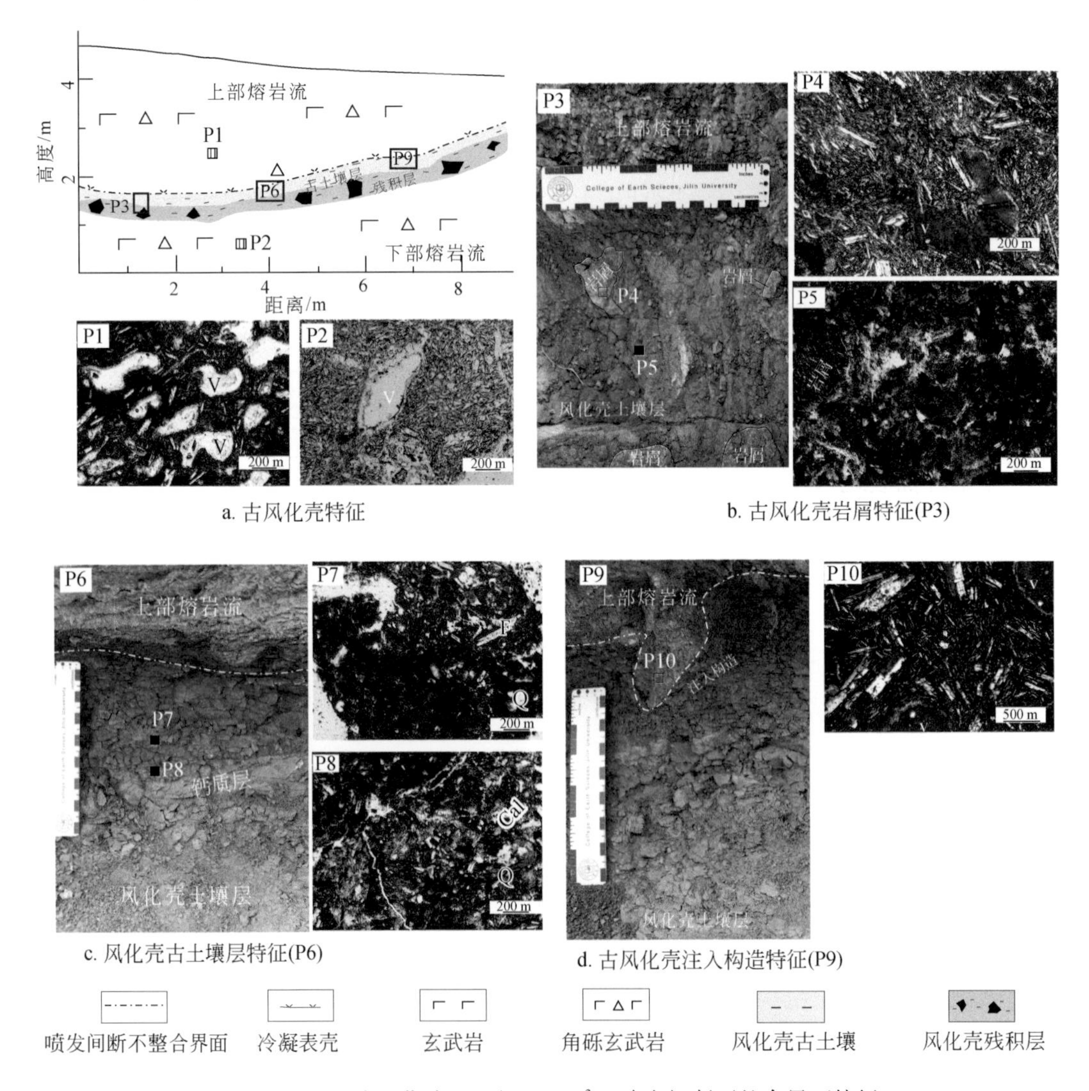

图 4. 4　松辽盆地营城组三段（K_1yc^3）喷发间断不整合界面特征

Fig. 4. 4　Characteristics of the eruptive interval unconformity boundary in the third member of Yingcheng Formation（K_1yc^3），Songliao Basin，NE China

F-长石；Q-石英；Cal-方解石；V-气孔。P3、P6 和 P9 为松散沉积物。
P1、P2、P5、P7 和 P8 是单偏光。P4 和 P10 是正交偏光

的黏土层（图 4.4b/P3，P5；图 4.4c/P6，P7），薄的和黄绿色的钙质层（图 4.4c/P6，P8）。图 4.4d/P9，P10 显示较年轻的玄武岩熔岩流注入古土壤层，称为注入构造，表明在上部熔岩流喷发前该区存在松散沉积物。风化壳表明火山喷发间隔和较老的火山岩经历了侵蚀或改造，说明该界面是一个喷发间断不整合界面。喷发间断不整合界面的典型特征是光滑的曲面，界面的规模取决于火山或火山群的规模。当火山岩的产状无法测量时，很难确定界面是喷发间断平行不整合界面还是喷发间断角度不整合界面。

喷发间断不整合界面分布较为广泛且地球物理响应特征明显，通常表现为风化壳顶界与火山沉积岩夹层底界的组合。图 4.5b、c、e 所示的就是喷发间断不整合的界面特征。该界面是复合熔岩流与碎屑流喷发间断产生的界面，YS101 井处界面上覆地层平均产状为 120°∠5°，下伏地层为 140°∠20°，表现为角度不整合的特征，其余两口井揭示的界面上下岩层产状具有一致性。处于低部位的 YS101 井和 YS102 井，均发育沉积岩夹层，厚为 4～5m，表现为中-高伽马、中-低密度、中-低电阻特征，YS101 井的伽马和密度曲线并没有明显的跳跃，YS102 井的伽马曲线有明显跳跃。处于高部位的 YS1 井发育风化壳，风化壳表现为高伽马、低密度、低电阻特征，界面处可见明显的伽马变大、密度变小，FMI 图像揭示风化壳的低阻层厚度为 20cm 左右。地震剖面显示该界面为连续-断续、光滑-粗糙，可延伸数十千米，界面之上可见上超，界面之下可见削截。图 4.5b、c、d 界面特征与图 4.5b、c、e 在测井特征方面具有相似性，但它们的地震反射特征存在明显的差别，图 4.5 中的界面表现为波状、断续-连续、粗糙-光滑，可延伸数千米，界面之下可见削截现象。

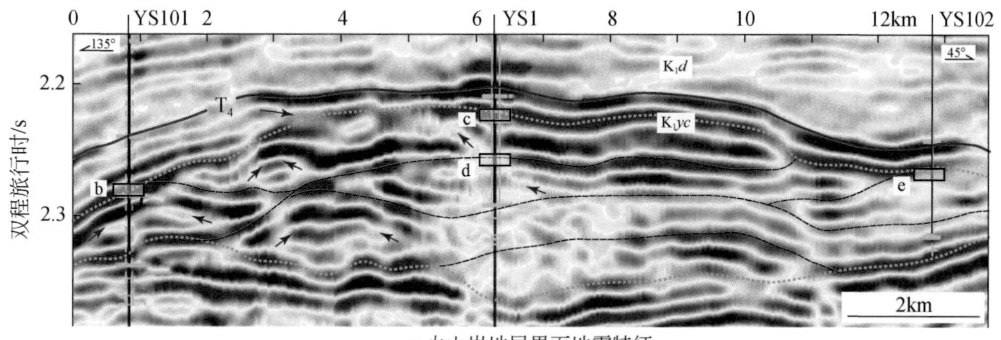

a.火山岩地层界面地震特征

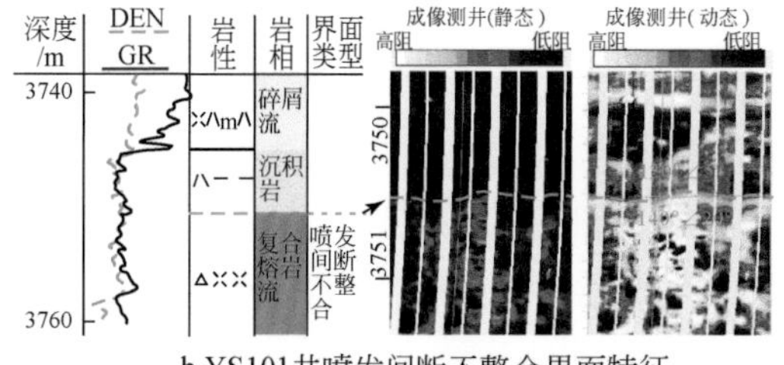

b.YS101井喷发间断不整合界面特征

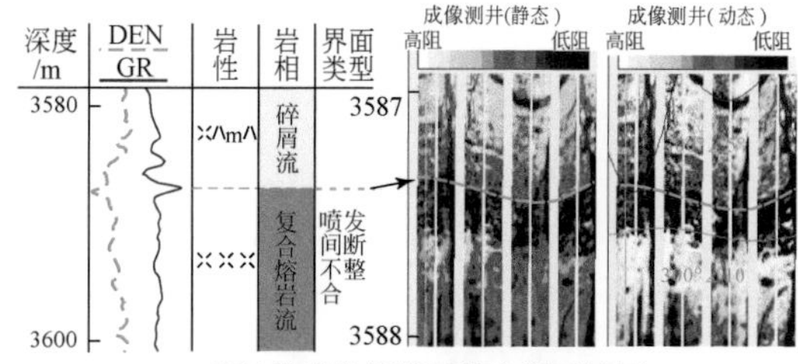

c.YS1井喷发间断不整合界面特征

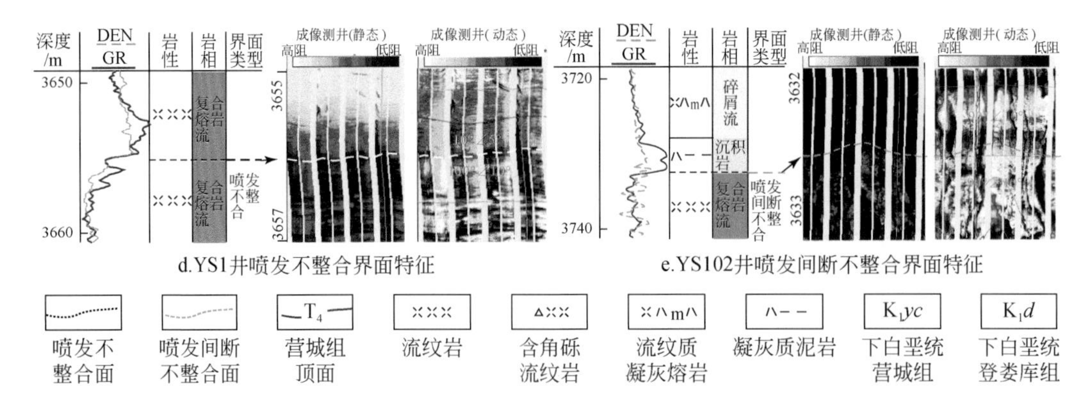

图 4.5　松辽盆地长岭断陷 YS1 井营城组火山岩地层界面地球物理特征

Fig. 4.5　Geophysical characteristics of the volcanostratigraphic boundary in the Yingcheng Formation of Well YS1, Changling fault depression, Songliao Basin, NE China

4.2.4　构造不整合界面

构造不整合界面指盆地或次级构造单元范围内的火山岩经历整体埋藏或抬升剥蚀后与上覆岩层间形成的接触关系。当构造抬升时，火山岩经受长期剥蚀，形成分布范围广、形态较为平整的风化壳；当整体埋藏时，由于火山地形的特征性，往往是低洼处首先接受沉积，沉积岩与下伏火山岩之间可能不存在时间间断，而高处因为最后才能接受沉积，沉积岩与下伏火山岩之间可能存在一定的时间间断，所以在沉积岩和火山岩界面处常见超覆和前积现象，界面可为波状起伏；风化壳与沉积岩层的规模往往大于喷发间断不整合。

呼伦湖塔木兰沟组与上库力组火山岩接触形成构造不整合界面。界面之下岩性为具有稀疏圆状气孔的玄武岩，缺少冷凝表壳和顶部气孔密集带。界面之上为熔浆胶结复成分砾岩，砾石磨圆为棱角—次圆状，多数砾石为灰黑色玄武岩，与下伏紫红色玄武岩存在明显差别，也存在少量与下伏岩性相同的砾石，这可能指示了多数砾石是异地剥蚀搬运而来，少量砾石是原地砾石。该地区在上库力组火山岩形成前，塔木兰沟组经受了长期风化剥蚀，该界面产状为波状光滑，延伸范围大（唐华风 等，2013）。

松辽盆地营城组的火山地层特征可以说明构造不整合界面（图 4.6）。利用声波测井资料建立了井深与地震波反射时间的关系。营城组一段（K_1yc^1）老火山岩前缘与营城组二段（K_1yc^2）年轻沉积岩接触。K_1yc^1的顶部在横向突然终止，最常见的模式是在K_1yc^2的底部重叠。营城组三段（K_1yc^3）底部为下倾模式。YS201 井 K_1yc^2缺失，据已有的盆地地层时代特征（Wang et al.，2002；王璞珺 等，1995）推测时间跨度约 5 Ma。因此，该区K_1yc^1顶界为构造不整合。这种类型的界面至少有两种形状。第一种是遵循火山原始地貌起伏较大的界面，第二种是夷平作用形成的起伏较小的界面。这种类型界面的分布范围取决于盆地或火山岩区域的规模。

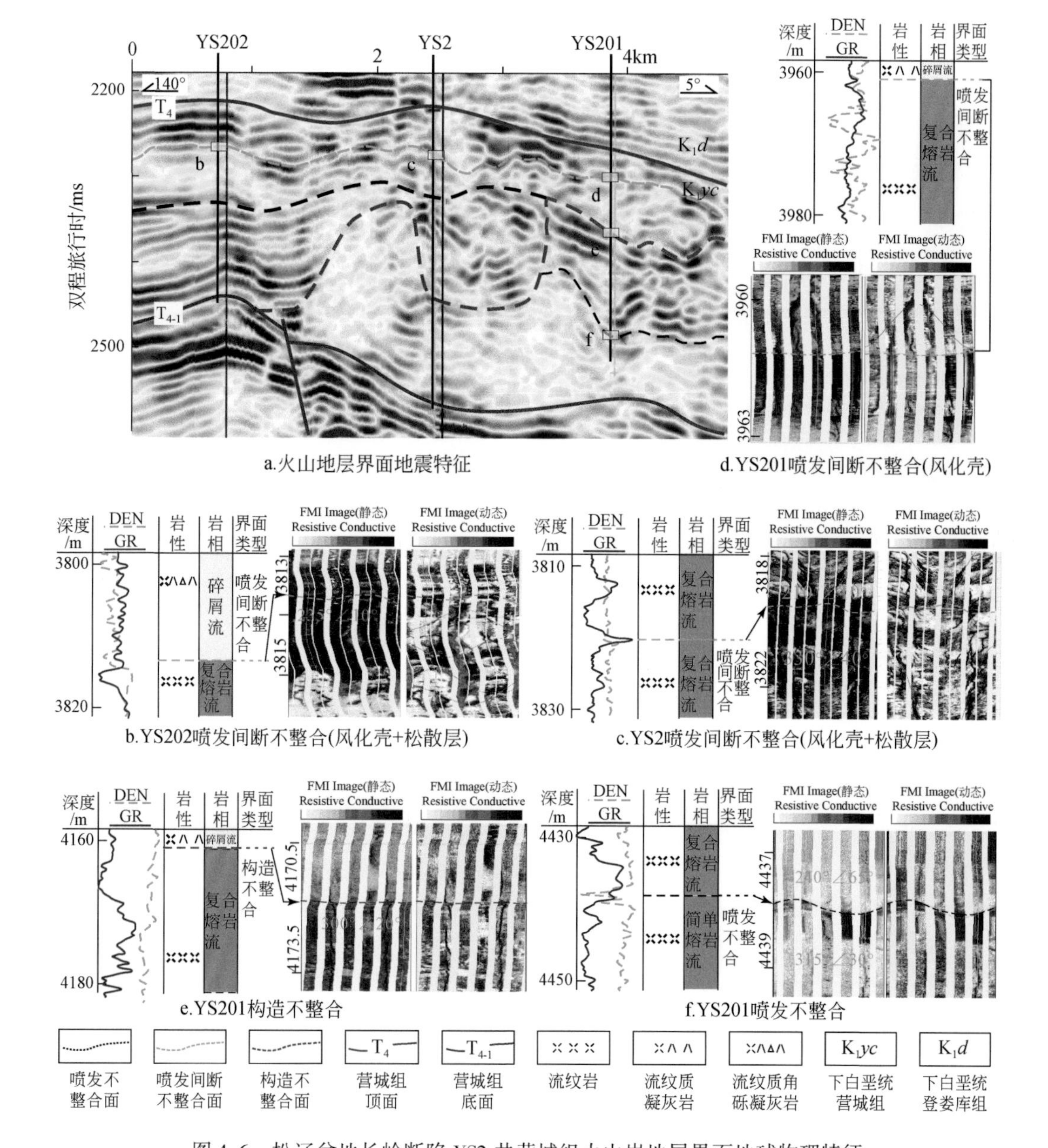

图 4.6　松辽盆地长岭断陷 YS2 井营城组火山岩地层界面地球物理特征

Fig. 4.6　Geophysical characteristics of the volcanostratigraphic boundary in the Yingcheng Formation of Well YS2, Changling fault depression, Songliao Basin, NE China

4.2.5　侵入接触界面

侵入接触界面指同期或后期岩浆的侵入活动产物与围岩的接触关系。如岩枝或岩墙产状，常表现为与原有岩层的穿切关系，可称为侵入穿切不整合；如果为岩盖产状，常表现为顶底面与原有产状一致（协调），在侧面处则表现为穿切关系；岩席和岩床产状，常表现为与原有岩层的产状一致（协调），可称为侵入平行不整合。

图 4.7 为花岗斑岩（产状为小型岩盖）侵入到营城组沉积岩中，可见侵入不整合界面。在伽马和密度曲线上，均见负台阶；FMI 图像显示在界面之上的碳质泥岩中出现了 10cm 左右的相对高阻层，这可能是碳质泥岩受到烘烤后形成的重结晶化表层；在界面之下的花岗斑岩表面存在一个 0.5m 厚的低阻表壳，这可能是因为侵入时与低温围岩接触部分快速冷凝导致其结晶程度低和发育微裂隙。地震资料揭示该岩盖与围岩的顶底界面大致表现为协调一致，界面光滑、连续、强振幅，界面上下未见明显的下超和削截现象，横向上可延伸 3km；岩盖的侧面界面多数区域不清晰，表现为粗糙、断续、弱振幅。

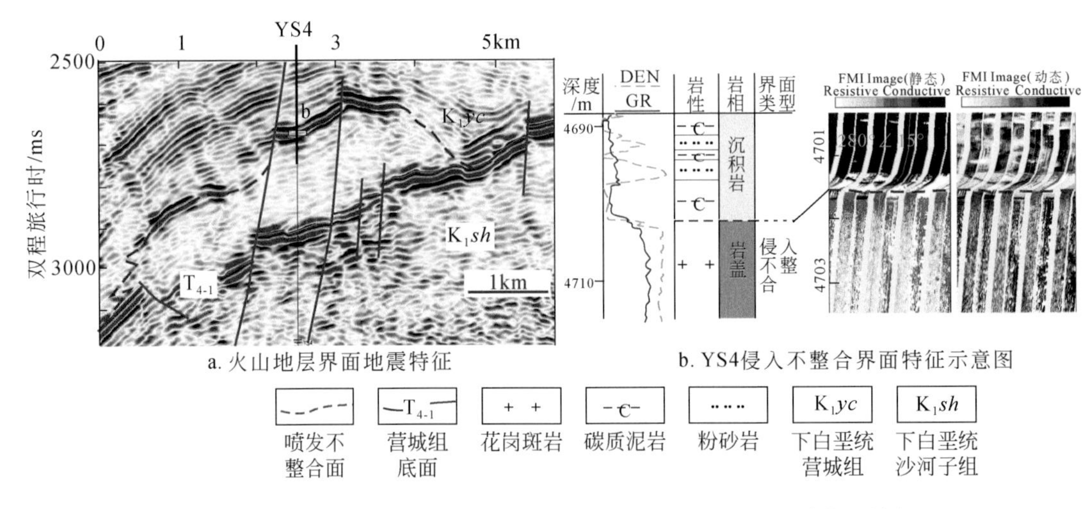

图 4.7　松辽盆地长岭断陷 YS4 井营城组火山岩地层界面地球物理特征

Fig. 4.7　Geophysical characteristics of the volcanostratigraphic boundary in the Yingcheng Formation of Well YS4, Changling fault depression, Songliao Basin, NE China

4.3　火山地层界面识别标志

火山地层界面的地质标志是火山-沉积岩夹层的顶底面、风化壳顶面、冷凝表壳表面和细碎屑顶层。火山地层界面的地球物理标志主要集中在上述 4 类地质体的识别。

4.3.1　火山-沉积岩夹层

火山-沉积岩的底面往往是喷发间断不整合或构造不整合的标志。地球物理识别标志可分为如下几种类型：①如果是由（碎屑）熔岩过渡为泥岩，其密度可表现为负台阶，伽马曲线可能会存在正台阶，也可没有正台阶，电阻率曲线通常存在一个负台阶，在成像上表现为由亮色的高阻变成暗色的低阻，往往表现为正极性、强振幅，界面之上表现为超覆。②如果是由火山熔岩过渡为凝灰质砂/砾岩，密度、伽马和电阻率曲线的变化幅度变小，在低阻带中还可见高阻斑块状，表现为正极性、中弱振幅，界面之上表现为超覆或下超。③如果是火山碎屑岩过渡为泥岩，密度和电阻率曲线的变化特征与熔岩过渡为泥岩相似，伽马曲线可能变化较小，对界面的响应不明显，表现为正极性、中弱振幅，界面之上表现为超覆或下超。

4.3.2 风化壳

风化壳的顶面往往也是喷发间断不整合或构造不整合的标志。地球物理识别标志为与界面下部岩层相比表现为相对高伽马、低密度和低电阻，测井曲线可表现为中-低幅指状、箱形或漏斗形；在FMI图像上通常表现为暗色低阻条带（含不规则高阻团块）。地震反射的极性不定，振幅往往表现为中-弱振幅；在界面之下通常可见削截现象，界面之上通常可见超覆、下超等现象。

4.3.3 蚀变带

蚀变带指仅未发生侵蚀或风化的岩层表面在流体作用下发生的成岩作用，往往在冷凝表壳表面、粒序层理的细碎屑顶层、粗碎屑底层可以观察到；该类火山地层界面通常为喷发不整合或喷发整合类型。其地球物理识别标志可分为2类：①发育在冷凝表壳中，伽马曲线没有明显变化，密度曲线有一个低值带，电阻率也可存在一个低值区，FMI图像上可表现为厚几厘米的低阻层，界面通常划分在低阻层中部。②发育粒序层理和逆粒序层理的段中，密度和电阻率曲线可呈现漏斗形、钟形，其顶底面均可成为界面标志；在FMI图像上可表现为具有层理的相对低阻与块状相对高阻过渡带，通常划分到曲线跳跃处。多数蚀变带和层理界面在目前的地震资料上响应特征不明显，从识别出的界面特征来看其极性不定，振幅强弱均见，但界面之上常见下超或超覆现象。

4.4 小　结

按照火山地层界面的形成过程和地质属性可将其划分为5类8型，分别为喷发整合、喷发不整合、喷发间断不整合、构造不整合和侵入不整合，除侵入不整合外其他不整合均可细分为角度和平行两种。喷发整合和喷发不整合两类界面上下岩层的间断为数分钟至数年，并且在界面上下均具有冷凝表壳或细火山碎屑层等；喷发不整合可为平行面状或交错网状，多为凹凸不平，分布范围小；喷发间断不整合界面形成时间为数十年至数千年，界面之下冷凝表壳或细碎屑层等明显遭受侵蚀，在横向上存在风化壳-沉积岩夹层的组合形式，界面平面展布多为波状曲面；构造不整合与喷发间断不整合在特征上相似，但形成时间为数千年至数百万年，界面分布范围更大。

5 火山地层单元

关于火山地层单元研究，重要内容之一是地层单位的厘定。因为它是地质填图和盆地勘探的重要基础，受到了广泛关注。地质调查时将“火山构造（火山机构）-岩性岩相-火山地层”作为填图单元，依托识别出的喷发中心完成对地层的刻画（傅树超和卢清地，2010；王连根，1984）；也有用“群-组-段-层”作为填图单元，取得了一定的效果（谢家莹 等，1994）。其中，沉积岩夹层和风化壳是火山地层对比的关键，通常可根据这些标志划分火山地层组-段和建立地层格架（钟辉 等，2008）；火山地层的同位素年龄是地层对比的重要证据（郑克丽，2012），同期的沉积地层中的化石资料也是火山地层对比的重要依据（张雄华 等，2012）。

盆地火山地层刻画是火山岩油气藏研究的重要基础。通常以沉积岩夹层和风化壳为标志，结合测井和地震资料进行地层对比。据此将松辽盆地火山地层划分为火石岭组二段、营城组一段和三段（Wang et al.，2002），并实现了断陷范围的对比（姜传金 等，2010；张元高 等，2010）。在塔里木盆地利用沉积岩夹层和测井资料实现了岩流组（冷却单元）的划分与对比（陈业全和李宝刚，2004）；在新疆三塘湖盆地实现了火山地层的层、韵律、期次、亚旋回和旋回的对比（罗权生 等，2009）。在此基础上也开展了岩性、岩相、冷却单元、火山机构等地层单元的对比（程日辉 等，2012）。上述认识极大地推动了盆地火山岩的油气勘探。但火山地层单位没有统一的名称，导致同名不同意、同意不同名的现象时有发生，不利于火山地层对比研究工作的开展。

5.1 火山地层单元的单位厘定

火山地层刻画是露头区和盆地火山岩研究的重要基础，其中地层单位的厘定是首先需要解决的关键问题。目前常用的火山地层单位有近 20 个，此外还有一些具有时间和空间两方面含义的术语，如旋回、期、幕、阶段和脉冲等，与常用的地层单位术语具有一定的对应关系（图 5.1）。在文献中火山地层单位的时间和空间属性可查到明确定义的有 13 种，分别是岩套、杂岩体、层序、序列、火山机构、群、组、段、层、熔岩流动单元、热碎屑流单元、冷却单元和单元。较为典型的火山地层充填单元有流动单元/堆积单元、冷却单元和火山机构，下面详细叙述。

5.1.1 典型地层单位介绍

流动单元（flow unit）为火山喷溢过程中熔岩流沿火山斜坡流动侵位而成的地层单元。同一流动单元中的火山物质应属于同一亚相，岩性也一致，但在结构、构造方面可能存在一定的差别。根据熔岩流的叠置关系，可将流动单元细分为简单熔岩流和复合熔岩流，简

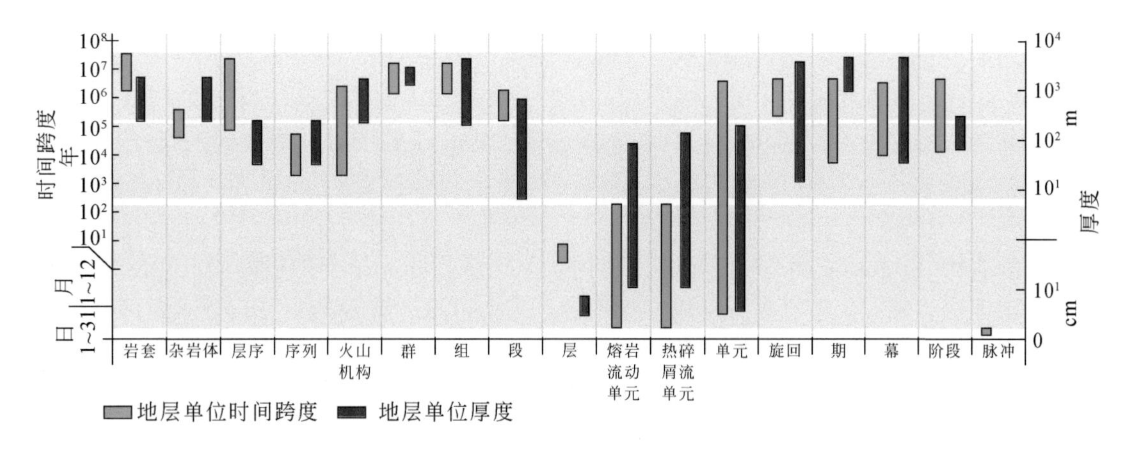

图 5.1 火山地层单元时间和厚度特征对比图（唐华风 等，2017）

Fig. 5.1 Characteristic comparison of time and thickness of volcanic stratigraphic units

单熔岩流主要表现形式有块状熔岩流、柱状节理熔岩流、绳状熔岩流、枕状熔岩流及涌浪状熔岩流；复合熔岩流根据形态特征可分为复合辫状熔岩流、池塘熔岩流、席状岩墙熔岩流、典型板状熔岩流。

火山熔岩堆积主要由火山喷溢作用形成，对于喷溢作用而言，一股熔岩流沿火山斜坡流动侵位、冷却成岩就是一个流动单元。其堆积厚度从几十厘米到几十米不等，时间跨度为几分钟到几天。

栗谷（Kuritani）等研究了位于日本利尻火山的 Kutsugata 熔岩流内部的分异作用和熔岩流的间隔构造形成的过程及时间跨度。发现一股熔岩流停止流动后，1 天时间内圆柱状气体形成，9 天时间会形成气孔席状体，而间隔产物的完全形成将在熔岩侵位后 20 天（Kuritani et al.，2010）。

穆尔西亚（Murcia）等通过研究沙特阿拉伯哈拉特·拉哈特火山北部的 4 个 4500 年前左右喷发的熔岩流区域，发现其熔岩流区域横向上自喷发源可以延长至 23km，厚度在 1~2m 至 12m 范围内变化。熔岩流区域面积在 32~61km^2，单个熔岩流体积在 0.085~0.29km^3（Murcia et al.，2014）。

对于火山碎屑岩而言，一次爆发可以形成序列的堆积单元（packing unit）（谢家莹，1994）。同一堆积单元中火山物质同爆发相，但不一定属于同一亚相。例如，在热碎屑流中可能会有空落碎屑物质加入，岩性并不一致，火山集块岩到凝灰岩都有，结构、构造也会存在一定差别。其表现形式主要有火山碎屑空落堆积、火山碎屑涌浪堆积、火山碎屑流堆积、沉火山碎屑堆积和火山泥石流堆积。

冷却单元（cooling unit）是具有顶底界面，且内部具有规律相带的火山岩地质体（程日辉 等，2012）。一个冷却单元可以是由一个流动单元或堆积单元组成，也可以由多个流动单元或堆积单元组成（谢家莹，1994）。每个冷却单元都具顶底界面，内部岩相呈规律叠置，类似为岩性-岩相/亚相单元。同一冷却单元内的火山地质体，应具有相似结构及构造，如同时发育层理或流纹构造等；但横向上并不一致，碎屑颗粒或气孔的数量、大小和形状等都会不同。根据冷却单元的形成作用、岩性与岩相以及序列样式，可将其划分为4类：碎屑岩型、熔岩型、熔岩+碎屑岩型和碎屑岩+熔岩型。

Davies在研究熔岩流的年龄与凝固后的冷却作用时发现，同等厚度的超铁镁质熔岩流比玄武质熔岩流完全冷却时间要长大约20%。1～10m厚的玄武质熔岩流完全冷却需要3.8～364天，而1～100m厚的超铁镁质熔岩流完全冷却需要5～121年（Davies et al., 2005）。

火山机构（volcanic edifice）又称火山体、火山筑积物，指火山喷发时在地表形成的各种火山地形，如火山口、破火山口、火山锥、火山穹丘、熔岩高原等，有时还涉及火山通道、火山颈等地下结构（地球科学大辞典编委会，2006）。不同的研究中关于火山机构类型的划分方案不同。本书根据其成分、结构及岩性构成，将其划分为3类9型。

5.1.2　火山地层单位的厘定

火山地层单位的厘定应该关注火山地层的特殊成因，即时间属性、空间属性和产状三方面。时间属性可借助地层界面来限定，如构造不整合、喷发间断不整合、喷发不整合/喷发整合（Tang et al., 2015；唐华风 等，2013）；空间属性可借助地层单元的几何外形、岩性组合来限定；产状可以通过测量得到。

构造不整合界面往往体现了火山经数百万年间断后又重新频繁活动，在间歇期火山地层经受差异块断或剥蚀，使新老火山地层间形成厚达数百米的沉积或大型风化壳，界面上下火山地层的平均产状显著不协调，所以时间和产状两要素在该界面约束下是统一的；往往根据沉积岩夹层的厚度和分布范围的大小划分出火山地层的群、组或段，这在地质填图、地层对比研究和盆地火山地层勘探中得到了广泛推广。考虑到目前地层单位使用的习惯，可选用术语“群”、“组”和“段”，目前这些级别的地层单位还有杂岩体、层序和岩套等。

喷发间断不整合界面往往体现了火山喷发经过数十年至数十万年的间断后，火山再次活动形成的地层与下伏火山地层之间的界面。对比五大连池火山可知，该界面围限下的地质体间的产状多数是协调的，沿着喷发中心向四周倾斜，喷发中心的地层倾角最大，向边缘区逐渐减小，这与地质填图中用的火山机构（卢清地，2014）和岩性段（谢家莹 等，1994）概念一致。考虑到使用习惯和火山地层的特殊性，选用术语“火山机构”；目前使用的术语中还有杂岩体、层序、序列、亚群、超层序、期、段、相组、旋回等与之相似。

此外，火山地层中常见丰富的组构类型，这些组构之间可能是界线分明，也可能是渐变过渡。因可反映地层形成的空间序列或时间序列，在研究时应该加以区分，常用单位术语有层、亚段、喷发脉冲和韵律等。如考虑与沉积岩的地层单位对应，可选用术语“层”，层是根据颜色、化学成分和岩石组构的差异划分。

目前，对于火山地层充填单元的划分还没有统一的认识，本书参考大量国内外相关资料，总结归纳了各火山地层充填单元的专业术语及特征（表5.1），较为典型的火山地层充填单元有流动单元/堆积单元、冷却单元和火山机构，其中流动单元/堆积单元为最基本的火山地层充填单元。堆积单元是依据喷发方式和就位环境划分为熔岩/火山碎屑/再搬运火山碎屑3类，单元内地层产状变化连续，单元之间常以喷发不整合/整合界面分隔。

表 5.1 火山地层单元类型和地质属性

Table 5.1 Types and geological properties of volcanostratigraphic units

单元名称		时间	厚度	岩性	火山名称	发育位置
群		17.5~16Ma, 19~17.5Ma, 20~19Ma, 22~20Ma	火山锥厚度均可在1.75~2.0km		北国半岛	新西兰北部（Herzer, 1995）
		>1.4Ma	数百米	镁铁质	特内里费岛	西班牙加那利群岛（Ablay and Kearey, 2000）
			3485m		帕瓦加德山	位于印度德干地盾（Sheth and Melluso, 2008）
	亚群		465~1590m			
	Malartic 群	3Ma				加拿大阿比提比绿岩带南部火山岩区（Scott et al., 2002）
	Louvicourt 群	2704±2Ma	4.5~7.5km			
	Whakamaru 群	349±4ka		流纹岩		新西兰（Downs et al., 2014）
	Huka 群	300±20ka		安山岩和英安岩熔岩		
	Reporoa 群	710±60ka~1.45±0.05Ma		流纹岩		
	Oruanui 群	25.4±0.2ka		凝灰岩		
	Paraño 群	488.7±3.7Ma		英安岩、流纹岩、凝灰岩		伊比利亚半岛西北部（Clavijo et al., 2021）
	Campo Alegre 群	604~598Ma	600m	玄武岩和安山岩		坎普阿莱格里盆地（Quiroz-Valle et al., 2019）
	Ouarza-zate 上部超群	541~560Ma	~150m	凝灰岩，英安岩		西斯库格内线（Karaoui et al., 2021）
组	the Latimojong 组	始于晚白垩世	至少 1000m	玄武质至安山质熔岩、火山碎屑岩、石英、燧石和石灰岩	木瓜火山	印度尼西亚苏拉威西岛北部（van Leeuwen, 2005）
	Ongatiti 组	1.21±0.04Ma		玻璃岩、富含浮石和晶体		新西兰芒阿基诺（Downs et al., 2014）
	Rio Negrinho 组	<6Ma	~200m	玄武质		坎普阿莱格里盆地（Quiroz-Valle et al., 2019）

续表

单元名称		时间	厚度	岩性	火山名称	发育位置
组	Ilmenau 组	299. 3±0. 3Ma		流纹岩		图林根林山盆地（Luetzner et al., 2021）
	Manebach 组		100m	流纹岩		图林根林山盆地的西北部（Luetzner et al., 2021）
	Eisenach 组	中石炭世至早二叠世	5 ~ 10m			Ruhla 结晶杂岩的西侧和邻近的威拉河盆地（Luetzner et al., 2021）
	Waiotapu 组	710±60ka		流纹岩和安山岩熔岩		新西兰陶波（Downs et al., 2014）
	Pokai 组	~300ka		流纹岩		新西兰（Downs et al. , 2014）
	组	281±21ka, 280 ~ 290ka, 约 300ka, 322±7ka, 950±30ka	200m	流纹岩、凝灰岩		
	Pico Teide-Pico Viejo 组	始于 0. 18Ma	>400m	碧玄岩和响岩	特内里费岛	西班牙加那利群岛（Ablay and Marti, 2000）
	The Botucatu 组		400m		托雷斯同步线	巴西南部（Waichel et al., 2012）
	The Serra Geral 组		~1700m	含少量流纹质的拉斑玄武岩		
	组	10. 4Ma 前		熔结凝灰岩		智利北部安第斯地区中央火山岩区（Lindsay et al. , 2001）
	South Garden 组	晚侏罗世至早白垩世	26. 69 ~ 173. 3m			中国福安甲峰顶-上洋坪（卢清地，2014）
	Rogerson 组	3Ma	数百米	流纹质		美国爱达荷州南斯内克河平原火山岩省罗杰森盆地（Andrews et al., 2008）

续表

单元名称		时间	厚度	岩性	火山名称	发育位置
组	Jacola 组	3Ma	1~2km	玄武质		加拿大阿比提比绿岩带南部火山岩区（Scott et al., 2002）
	Vald'or 组（VDF）	2704±2Ma	2~5km	安山质占 50%，流纹质占 20%，英安质占 30%		
	He'va 组（HF）	2702±1Ma	约 2.5km	拉斑玄武岩		
	Suhongtu 组	45~65Ma	1.72km	致密块状玄武岩和安山岩	阿尔必阶火山	中国内蒙古银额盆地（Tan et al.，2021）
	Moribu 组	264~250Ma		火山碎屑岩长英质凝灰岩	二叠纪火山	日本西南部希达盖恩（Suzuki and Kurihara, 2021）
序列	BT 序列	80~4ka BP		棕色凝灰岩		意大利南部伊奥利亚群岛（Lucchi et al., 2008）
		1500a 左右	250m			意大利南部伊奥利亚群岛中的武尔卡诺岛（Dellino et al., 2011）
	火山沉积序列	574±14Ma	400m	玄武岩、砂岩和流纹质岩	瓦尔扎扎特火山	摩洛哥北部瓦尔扎扎特超群火山（Karaoui et al., 2021）
层序	Fatira El Beida	750Ma		火山碎屑岩		埃及中东沙漠法蒂拉地区（Khalaf, 2010）
	Fatira El Zarqa	602~585Ma		钙碱性中性-长英质		
	Gabal Fatira 层序	581±7Ma				
	下部喷发层序	3.7~1.6Ma	80m		上新世格兰特里迪凝灰岩	美国新墨西哥州锡沃拉市的东格兰特岭，（Keating and Valentine, 1998）
	上部喷发层序		60m			
	火山沉积层序			双峰式火山岩	巴塔尼火山	印度东部比哈尔邦甘苏拉穹丘（Gogoi et al., 2021）

续表

单元名称		时间	厚度	岩性	火山名称	发育位置
段		9. 4Ma		英安质熔结凝灰岩		智利北部安第斯地区中央火山岩区（Silva, 1989）
		始于 0. 18Ma	>400m（22 个）	碧玄岩和响岩	特内里费岛	西班牙加那利群岛（Ablay and Marti, 2000）
		8. 102±0. 07 ~7. 26±0. 14 Ma	200m	晶屑岩屑凝灰岩		玻利维亚南部（Phillipson and Romberger, 2004）
	Rabbit Spring 段		3 ~4m			美国爱达荷州南斯内克河平原火山岩省罗杰森盆地（Andrews et al., 2008）
	营城组一段	114. 0 ~ > 116. 0Ma	>207. 1m		营一 D1 井	（户景松等, 2022）
	营城组三段	110. 7 ~ 114. 7Ma	>205. 7m		营三 D1 井	（户景松等, 2022）
			15m	熔结玻璃质凝灰岩		中国云南西南部长宁区－孟连带（Feng, 2002）
火山机构	N1 Jaramillo	1. 07 ~0. 98 Ma	50m	玄武岩	埃尔耶罗斯克	西班牙加那利群岛（Guillou et al., 1996）
		4500a			加利拉斯火山	哥伦比亚帕斯托市（Stix et al., 1997）
		0. 3 ~0. 1Ma			加拿大火山	西班牙加那利群岛的特内里费岛（Huertas et al., 2002）
单元		几十万年到几百万年（11 个）	>100m（11 个）	熔结凝灰岩	新近纪卡帕多西亚火山	土耳其卡帕多西亚（Le Pennec et al., 2005）
		1. 03 ~9. 65 Ma, 发育 11 个单元		浮石、斜长石		新西兰（Downs et al., 2014）
		75 ~80ka BP to 4 ~5ka BP		棕色凝灰岩	伊奥利亚火山活动	意大利南部伊奥利亚群岛（Lucchi et al., 2008）

续表

单元名称		时间	厚度	岩性	火山名称	发育位置
单元		中中新世	30～160m	安山岩	拜赫里耶洼地	埃及西部沙漠（Khalaf and Sano，2020）
		64～26.5ka	几十厘米至数米	流纹质碎屑岩	塔娜火山	新西兰（Jurado-Chichay and Walker，2000）
	下部单元	2～3Ma		橄榄辉长玻璃质碎屑岩、霞石玻璃质碎屑岩和枕状熔岩	布拉瓦岛火山	佛得角群岛区域的布拉瓦岛（位于非洲沿岸西部600～900km）（Madeira et al.，2010）
	中部单元	1.8～1.3Ma		碱性深成岩和石灰岩杂体		
	上部单元	始于0.25Ma				
	pyroclastic 单元	8.102±0.07～7.26±0.14Ma	200m	晶屑岩屑凝灰岩		玻利维亚南部（Phillipson and Romberger，2004）
	hyaloclastic 单元	1Ma	350m	玄武质玻质碎屑流	圣菲利克斯-圣安布罗西奥火山	东南太平洋，智利大陆北部（Philippi and Rodrigo，2020）
流动单元		形成于135Ma	650m			巴西南部的巴拉那州火山岩省（Rosenstengel and Hartmann，2012）
	岩浆流	1870～1872A.D.		黏性英安岩	塞博鲁科层状火山	墨西哥纳亚里特州（Sieron and Siebe，2008）
	岩浆流	3.8～364d	1～10m	玄武岩		木卫-皮兰火山口普罗米修斯熔岩流（Davies et al.，2005）
	岩浆流	1.25h～121a	0.1～100m	超铁镁质	熔岩流	
		20.7±0.8Ma		火山碎屑岩	阿苏夫拉尔火山	哥伦比亚西南部安第斯火山北段（Moreno-Alfonso et al.，2021）
			>9.3m	玄武岩	冒纳凯阿火山	夏威夷（Huang et al.，2016）

续表

单元名称		时间	厚度	岩性	火山名称	发育位置
堆积单元		数天	几十厘米至数米	火山碎屑岩		新西兰的奥卡泰纳火山（Jurado-Chichay and Walker，2000）
		数天	数米至数十米	流纹质熔结角砾凝灰熔岩、流纹质角砾岩、玄武质粗安岩、沉凝灰岩		中国吉林省长春市九台区（户景松 等，2022）
			几米至几十米	火山碎屑岩		尼加拉瓜首都马那瓜西部的内哈帕火山岩区（Avellan et al.，2012）
岩套	岩浆岩套		几百米	玄武质安山岩至英安岩	洛斯阿苏弗雷	墨西哥（Cathelineau and Izquierdo，1988）
	侵入岩套	51.5～30Ma		闪长岩、石英闪长岩、花岗闪长岩、次辉长岩和花岗岩		印度尼西亚苏拉威西岛北部（van Leeuwen，2005）
	深成岩套	89.5～57Ma		辉长岩-辉石橄榄岩组合	火山带	俄罗斯东部堪察加半岛（Soloviev et al.，2021）

5.2 火山地层单元特征

对于火山地层单位，已有丰富的研究成果，特别是盆地火山地层研究方面，在群-组-段的研究方面已形成了一套较为成熟的针对盆地尺度和局部构造尺度的地质-地球物理方法（Planke et al.，2000；王璞珺 等，2011）。但在段以下的地层单位中则存在研究精度不足的问题。本书以松辽盆地为例，重点介绍段以下的地层单位，包括层、堆积单元和火山机构。

5.2.1 层

层（bed）是指一个依据独特的结构、构造或成分属性从连续地层中显著区分开的单位，传统定义的层为比“段”低一级的、最小的岩石地层单位。在火山碎屑岩中划分的层可以定义为厚度大于1cm的小层、厚度小于1cm的薄层，在熔岩地层中层的厚度可超过百米。层要足够明显以便测量和描述。层的野外定义可能更为直接，即是否发育内部构造，或有明显的层理面来约束界面（Fisher and Schmincke，1984；Lucchi et al.，2008）。火山碎屑岩地层可根据颜色、化学成分、层理、流动构造、碎屑颗粒成分、形状和分选等特征来

表 5.2 火山地层的岩石组构类型和特征

Table 5.2 Types and characteristics of structures and textures of volcanostratigraphic units

<table>
<tr><th colspan="3">组构</th><th rowspan="2">常见岩性</th><th rowspan="2">岩相</th></tr>
<tr><th colspan="2">类</th><th>型</th></tr>
<tr><td rowspan="11">①层理构造（B）</td><td rowspan="6">粒序层理（Bg）</td><td>正粒序（Bgn）</td><td rowspan="6">（沉）凝灰岩、
（沉）角砾岩、
（沉）集块岩</td><td rowspan="6">II_2、II_1、V_1、V_2</td></tr>
<tr><td>逆粒序（Bgi）</td></tr>
<tr><td>对称粒序（Bgs）</td></tr>
<tr><td>复合正粒序（Bgcn）</td></tr>
<tr><td>复合逆粒序（Bgci）</td></tr>
<tr><td>密度粒序（Bden）</td></tr>
<tr><td colspan="2">交错层理（Bc）</td><td>沉凝灰岩</td><td>II_2</td></tr>
<tr><td colspan="2">波状层理（Bw）</td><td>沉凝灰岩</td><td>II_2</td></tr>
<tr><td colspan="2">平行层理（Bp）</td><td>沉凝灰岩</td><td>II_2、V_2</td></tr>
<tr><td colspan="2">水平层理（Bh）</td><td>沉凝灰岩</td><td>II_1、II_2、V_2、V_3</td></tr>
<tr><td colspan="2">定向层理（Bd）</td><td>沉角砾凝灰岩、熔结凝灰岩</td><td>II_3、V_2</td></tr>
<tr><td colspan="3">②块状构造（M）</td><td>熔结角砾岩、流纹岩、粗安岩、英安岩</td><td>II_3、III_1、V_1、V_2、I_2</td></tr>
<tr><td rowspan="2">③流纹构造（R）</td><td colspan="2">规则流纹构造（Rr）</td><td rowspan="2">流纹岩</td><td>III_2</td></tr>
<tr><td colspan="2">变形流纹构造（Ri）</td><td>IV_3</td></tr>
<tr><td rowspan="3">④气孔类构造（V）</td><td colspan="2">气孔构造（Vv）</td><td>流纹岩、玄武岩</td><td rowspan="3">III_3</td></tr>
<tr><td colspan="2">杏仁构造（Va）</td><td>玄武岩</td></tr>
<tr><td colspan="2">石泡构造（Vl）</td><td>流纹岩</td></tr>
<tr><td rowspan="3">⑤节理构造（J）</td><td rowspan="2">柱状节理（Jc）</td><td>规则柱状节理（Jcr）</td><td>流纹岩</td><td>I_2、III_1</td></tr>
<tr><td>变形柱状节理（Jci）</td><td>玄武岩</td><td>III_2、III_3</td></tr>
<tr><td colspan="2">环状节理（Ja）</td><td>玄武岩、粗安岩、英安岩</td><td>III_1</td></tr>
<tr><td rowspan="5">⑥结晶程度的结构（C）</td><td colspan="2">玻璃质（Chy）</td><td>珍珠岩、枕状熔岩表壳</td><td rowspan="3">IV_1、IV_2、III_1、III_2、III_3</td></tr>
<tr><td colspan="2">隐晶质（Cc）</td><td rowspan="3">流纹岩、玄武岩</td></tr>
<tr><td colspan="2">显晶质（Cp）</td></tr>
<tr><td colspan="2">斑状（Cpc）</td><td>III_1</td></tr>
<tr><td colspan="2">似斑状（Cpd）</td><td>流纹斑岩、闪长玢岩、辉绿岩</td><td>I_2</td></tr>
<tr><td colspan="3">⑦自碎角砾结构（A）</td><td>自碎角砾岩</td><td>III_3、I_1、I_3</td></tr>
<tr><td colspan="3">⑧枕状构造（P）</td><td>枕状熔岩、珍珠岩</td><td>IV_1、III_3</td></tr>
</table>

注：火山通道相，火山颈亚相（I_1）、次火山岩亚相（I_2）、隐爆角砾岩亚相（I_3）。爆发相，空落亚相（II_1）、热基浪亚相（II_2）、热碎屑流亚相（II_3）。喷溢相，下部亚相（III_1）、中部亚相（III_2）、上部亚相（III_3）。侵出相，内带亚相（IV_1）、中带亚相（IV_2）、外带亚相（IV_3）。火山沉积相，含碎屑亚相（V_1）、再搬运亚相（V_2）、凝灰岩夹煤亚相（V_3）

划分；熔岩地层可根据颜色、化学成分、结晶程度、气孔类构造、流纹构造、节理等原生组构来进行划分；再搬运碎屑堆积地层可根据颜色、层理、颗粒磨圆、颗粒成分、颗粒分选等来进行划分。在火山地层中可见 8 类组构（表 5.2），本节主要描述岩石组构方面的特征。

5.2.1.1 层理构造

粒序层理又称递变层理，为单层内碎屑颗粒的粒度或密度渐进地垂向变化，可不具有任何纹层。当碎屑中不含浮岩时有如下 5 种类型：一是从层的底部到顶部粒度由粗逐渐变细者称为正粒序（图 5.2a、图 5.3a）；二是从层的底部到顶部粒度由细逐渐变粗者称为逆粒序（图 5.2b、图 5.3b）；三是对称粒序，包括粒度从底部到顶部由细变粗再变细的对称粒序（图 5.2c、图 5.3c）和从底部到顶部由粗变细再变粗的对称粒序（图 5.2d）；四是从层的底部到顶部出现多个由粗到细正粒序组合，称为复合正粒序（图 5.2e、图 5.3d），各个正粒序间不存在层界面或层界面不清晰；五是从层的底部到顶部出现多个从细到粗的逆粒序组合，称为复合逆粒序（图 5.2f），各个逆粒序间不存在层界面或层界面不清晰。第四种和第五种粒序层理也可以称为韵律层理。当碎屑中含有浮岩时出现两种密度粒序：一是岩屑正粒序、浮岩无粒序，多出现在陆上环境中（图 5.2g、图 5.3e）；二是岩屑正粒序、浮岩逆粒序，多出现在水下环境中（图 5.2h）。

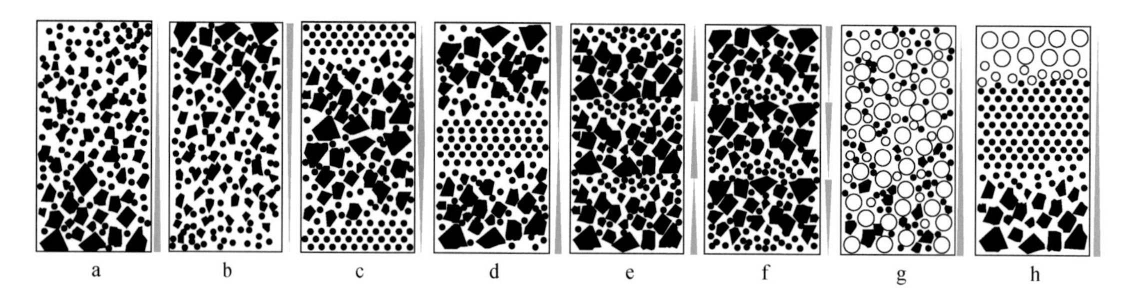

图 5.2 粒序层理的理想模式

Fig. 5.2 Ideal model of graded bedding

a. 正粒序；b. 逆粒序；c. 对称粒序（由逆到正）；d. 对称粒序（由正到逆）；e. 复合正粒序；f. 复合逆粒序；g. 密度粒序（岩屑正粒序，浮岩无粒序，陆上环境）；h. 密度粒序（岩屑正粒序，浮岩逆粒序，水下环境）。黑色颗粒为高密度岩屑，空圈颗粒为低密度浮岩块，黑色点为火山灰颗粒。据文献（Lucchi et al.，2008）修编

交错层理指在层的内部由一组倾斜的细层（前积层）与层面或层系界面相交，也可称为斜层理（图 5.3f）。根据层系的形状不同，还可划分为板状、楔状、槽状和波状交错层理；按厚度可分为小型、中型、大型和特大型交错层理。该类层理通常是爆发相热基浪亚相的标志（王璞珺 等，2003）。

波状层理指层内的细层呈连续的波状或薄层的凝灰纹层和火山尘纹层。如细层不连续，称为断续的波状层理。该类层理通常是爆发相热基浪亚相的标志。

平行层理主要指细层平直且与层面平行，细层可连续或断续，细层为 0.1 ~ n mm，通常出现在较粗的凝灰岩或沉凝灰岩中（图 5.3g），同时还反映火山岩就位时地势平坦。该

类层理通常是爆发相热基浪亚相和火山沉积相再搬运亚相的标志。

水平层理指细层平直且与层面平行，细层可连续或断续，细层为0.1～n mm，通常出现在较细（火山尘）的凝灰岩或沉凝灰岩中（图5.3h），同时还反映火山岩就位时地势平坦。该类层理通常是爆发相热基浪亚相或空落亚相和火山沉积相再搬运亚相、凝灰岩夹煤亚相的标志。

定向层理指由孤立的碎屑呈线状分布或在无构造的层内有碎屑呈带分布，通常是一些板状、片状的碎屑定向，最大扁平面与层面平行或近似平行（图5.3i），区分于块状构造，也称为流动构造（地球科学大辞典编委会，2006）。该类层理通常是爆发相热碎屑流亚相和火山沉积相再搬运亚相的标志。

5.2.1.2　块状构造

在火山岩中块状构造指层内物质均匀，组分和结构上无差异，不显细层构造和层理(图5.3j)。块状构造通常发育在厚层的熔岩流、热碎屑流、泥石流和火山通道中。在热碎屑流和泥石流地层中通常反映快速堆积的特征，分选差，少数情况也可分选好，呈棱角状—次圆状。在熔岩中反映了熔浆流动缓慢、冷却时间长等特征，如流纹岩、英安岩、安山岩或粗面岩。露头区或钻井岩心中常见数米至数百米厚的致密块状熔岩。具有块状构造的熔岩多数为喷溢相下部亚相或火山通道相次火山岩亚相。

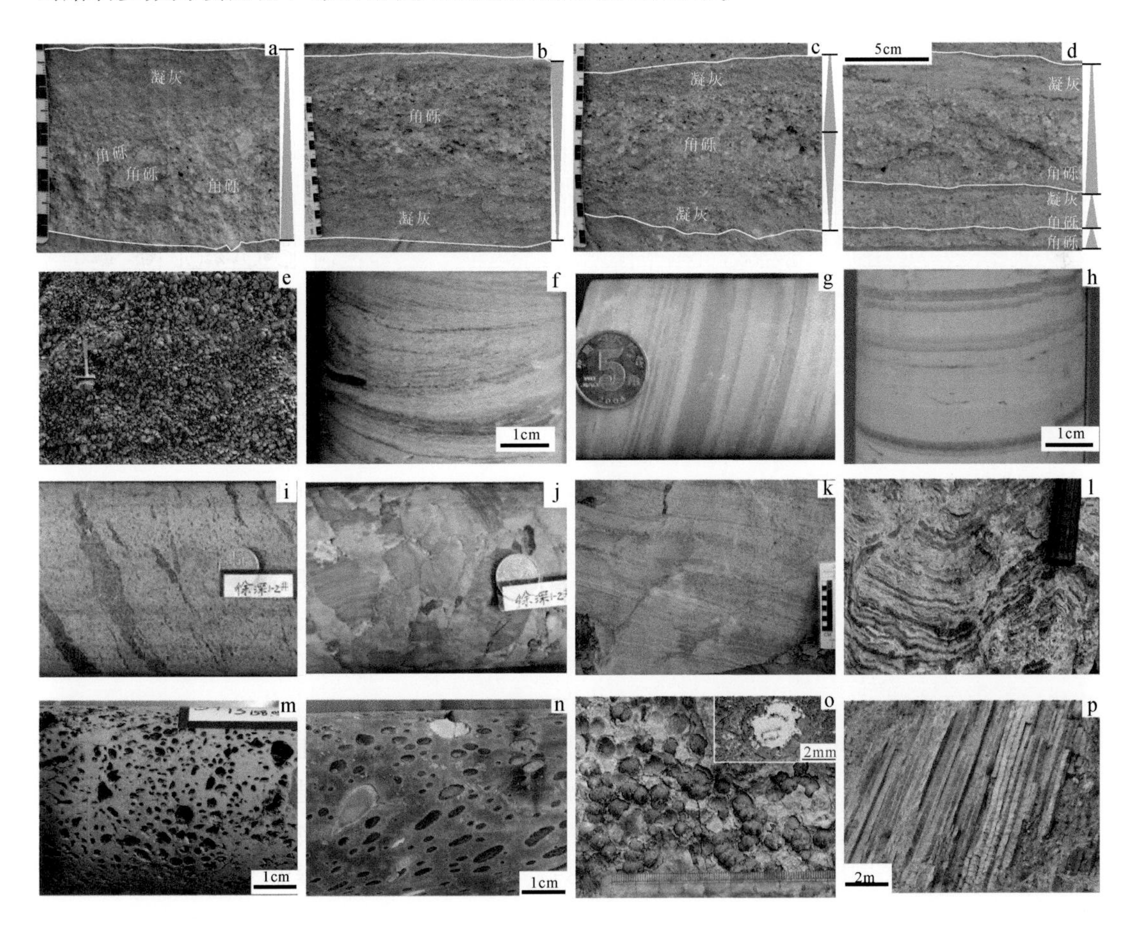

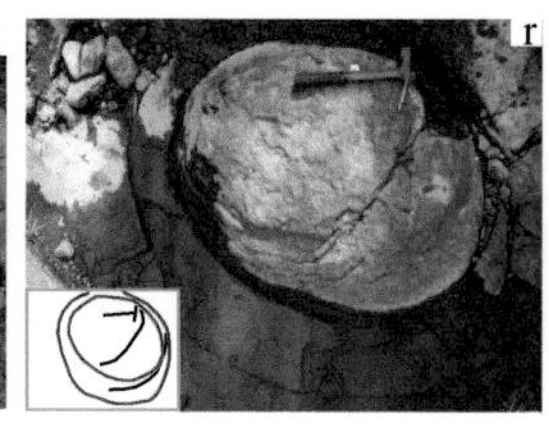

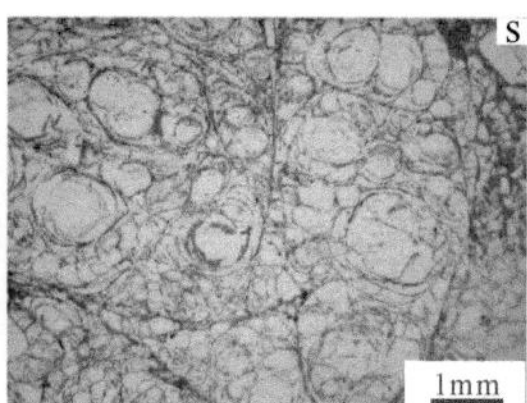

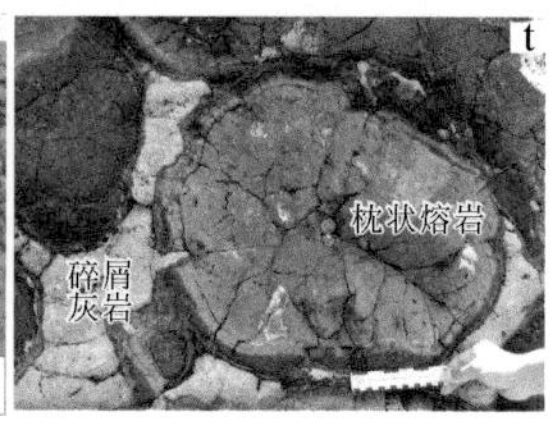

图 5.3　火山地层典型岩石组构特征

Fig. 5.3　Typical structures of volcanic rocks

a. 正粒序，吉林省长春市九台区营城煤矿营城组角砾岩、凝灰岩；b. 逆粒序，吉林省长春市九台区营城煤矿营城组角砾岩、凝灰岩；c. 对称粒序，吉林省长春市九台区营城煤矿营城组角砾岩、凝灰岩；d. 复合粒序，吉林省长春市九台区营城煤矿营城组角砾岩、凝灰岩；e. 密度粒序，岩屑正粒序、浮岩无粒序，露水河镇东升小五叉；f. 交错层理，营一 D1 井 121.0m 营城组沉凝灰岩；g. 平行层理，营三 D1 井 245.50m 营城组沉凝灰岩；h. 水平层理，营三 D1 井 249.70m 营城组凝灰岩；i. 定向层理，XS1-2 井 3653.05m 营城组流纹质熔结凝灰岩；j. 块状构造，XS1-2 井 3761.55m，流纹质角砾熔岩；k. 规则流纹构造，黄土埃子通力 2 号采石场营城组英安岩；l. 变形流纹构造，吉林省长春市九台区六台乡营城组流纹岩；m. 气孔构造，营三 D1 井 161.05m 营城组玄武岩；n. 杏仁构造，营三 D1 井 113.85m 营城组玄武岩；o. 石泡构造，吉林省六台乡石场村采石场营城组；p. 规则柱状节理，四平山门镇营城组流纹岩；q. 变形柱状节理，漫江镇采石场玄武岩；r. 环状节理，漫江镇西南铁路桥下玄武岩；s. 玻璃质结构，吉林省长春市九台区三台乡营城组珍珠岩；t. 枕状构造，球枕间夹碎屑灰岩，新西兰奥马鲁，新生代枕状玄武岩

5.2.1.3　流纹构造

这是熔岩的典型构造，也是划分喷溢相中部亚相的标志。其特征是由不同颜色的矿物、玻璃质和气孔等在岩石中呈一定方向流动状排列。流纹构造是由熔岩流动造成的，它可以定性地反映熔岩流动的方向，常见于酸性或中酸性熔岩中。当流纹理与层面大致平行和流纹理之间大致平行时称为规则流纹构造（图 5.3k），该类流纹构造形成时需要流速相同，多分布于熔岩流的中部，且熔浆流动地势坡度变化不大。目前发现常规流纹构造可以是低角度的，也可以是高角度的。当流纹理与层面不平行、流纹理弯曲变形，可称为变形流纹构造（图 5.3l）。熔浆流动时由于冷却、与地面的摩擦或受地形地物的阻挡导致熔浆体某些部位的流速减慢，并与相邻部位存在速度差时，流纹理就会发生流变、褶曲，甚至倒转形成变形流纹构造，该类构造多分布于酸性熔岩流的底部或是在火山口附近。规则流纹构造可以反映地层叠覆关系，变形流纹构造可能难以厘清其叠覆关系。

5.2.1.4　气孔类构造

这是熔岩的典型构造，也是划分喷溢相上部亚相的标志。常见的气孔类构造有气孔、杏仁和石泡构造等，均与岩浆喷发时的挥发分逸出和捕获有关，挥发分可以是岩浆自身来源，也可以是外部来源，如地层水、地表水或大气降水。如果仅是挥发分充填时称为气孔（图 5.3m），气孔多分布于基性熔岩中，在酸性熔岩中也可发育，中性熔岩中较为少见。气孔的分布可以沿流纹理定向分布，也可以离散状分布；可以均匀分布，也可以呈零星团块状分布；某些次火山岩、超浅成侵入岩可发育少量气孔构造。气孔的形态多是规则圆状、椭圆状、不规则圆状，偶见管状；直径范围为1mm ~ n cm，管状气孔的长度可为1 ~ 30cm。当气孔中充填次生矿物时称为杏仁构造（图5.3n）；常见的充填物有沸石、冰洲石、玉髓和方解石等，可分为单成分充填和复成分充填两类（黄玉龙 等，2010）。该类构造在基性熔岩中常见，形状多为规则圆状—椭圆状，直径范围为1mm ~ n cm，通常与气孔构造共生。如果在冷凝过程中气孔中熔浆体积缩小而产生具有空腔的多层同心构造，称为石泡构造（图5.3o）；每一层常为放射状纤维钾长石或长英质；空腔内常被微细的次生石英、玉髓等矿物充填；该类构造常见于酸性熔岩中，如流纹岩中（Dellino et al.，2011）。

5.2.1.5　节理构造

火山地层发育丰富的节理，可划分为原生和次生两类。原生节理通常是由于熔浆冷却收缩而成，典型的宏观类型有柱状节理和环状节理；次生节理通常指火山口塌陷、后期岩浆活动和构造改造形成的节理，火山口塌陷可形成环状节理，后期岩浆活动可形成放射状节理，构造改造可形成多组规则的节理。对于地层单位，原生节理具有指示地层划分的意义，次生节理的形成有一定的规律，多数情况下是穿切多个地层单元，可能不具备地层单位划分的意义，本节主要介绍原生节理。

柱状节理由岩浆或熔岩流冷却收缩而成，柱体垂直于冷却面生长，柱状节理的理想状态为正六边形，野外常见不规则四边形至六边形。柱状节理的直径可以为 n cm ~ 1m。柱状节理可以是产状和横截面形态稳定的多边形柱体，称为规则柱状节理（图5.3p）；也可以是产状和横截面形态不稳定的多边形柱体，称为变形柱状节理（图5.3q）；通常规则柱状节理和变形柱状节理为共生关系，二者的厚度比例常小于1∶1。柱状节理在玄武岩、安山岩和流纹岩等熔岩中均可发育，同时某些次火山岩中也可发育。其形成的必要条件是熔浆体厚度大（短时间内喷出）、流动性差和冷却过程缓慢，在熔浆体中下部形成直径较大的规则柱状节理，中上部则形成直径较小的变形柱状节理。规则柱状节理熔岩通常可划分为喷溢相下部亚相或火山通道相次火山岩亚相。变形柱状节理熔岩为喷溢相中部亚相或上部亚相。

环状节理由大致同心圆状的节理组合形成，原生的环状节理多出现在熔岩管道或火山通道部位。由于熔浆在等体积条件下冷却，沿冷却中心产生节理，但多数情况下呈不对称状（图5.3r）。在火山通道中形成的环状节理，节理面近似垂直于地面；在熔岩管道中形成的环状节理面与地面近平行，管道中的孔隙较大，岩石容易发生坍塌而难以识别（衣健 等，2015）。

5.2.1.6　结晶程度的结构

火山地层中常见的结晶程度的结构有玻璃质、隐晶质、显晶质、斑状和似斑状结构。玻璃质结构通常由于熔浆喷出地表快速冷却，以致在熔浆表层中的原子或离子来不及组合形成规则排列的结晶物质而形成，通常是侵出相（内带、中带和外带亚相）的标志（图5.3s）。玻璃质结构由于稳定性较差，在暴露时极易遭受侵蚀而难以保存；当熔岩埋深增大时，也容易发生重结晶或受地层水的溶蚀，难以保存玻璃质结构。

当喷出地表的熔浆厚度大时，表层快速冷却形成玻璃质结构，内部具有较长冷却时间可形成隐晶质和显晶质结构的熔岩；内部和表层结晶程度差异与熔浆厚度呈非线性正比。此外，如果岩浆在地下演化过程中可以结晶出一些斑晶，如斜长石、碱性长石或石英等，当喷出地表时可形成斑状结构。再者，在火山通道和侵入方式活动区域可形成似斑状结构，属于火山通道相次火山岩亚相。所以结晶程度的结构可作为岩层划分的标志。

5.2.1.7　自碎角砾结构

关于自碎角砾结构有两类：一是自碎角砾是岩石在固结和形成的同期由于某些作用而形成的角砾（Ablay and Marti，2000），由自碎角砾构成的岩石就具有自碎角砾结构；二是在我国福建中生代火山岩中常见具有斑晶或粗大碎屑遭受机械作用而角砾化，单个碎屑无明显位移现象，称为自碎结构（地球科学大辞典编委会，2006）。二者具有一定的相似性，本书主要采用前一种类型。

5.2.1.8　枕状构造

枕状构造指外形多似枕状的浑圆椭球体，其表层为玻璃质，内部有放射状和同心环状裂隙构造，气孔具有分层性（图 5.3t）。枕状构造的形成过程如下，熔浆的表层在水下迅速冷却凝结，然后内部的熔浆还在持续供应，导致其压力在持续增大，造成表壳薄弱处破裂，形成放射状裂隙，从外向内的持续冷却过程会导致环状裂隙和气孔分带性。通常随着熔浆持续供应，会导致冷凝表壳破裂而继续向前流动，该过程会不断重复，就形成了一个压一个、相叠在一起的球枕。

5.2.2　堆积单元

堆积单元通常指沿同一喷出口的一次连续喷发而形成的火山堆积体或火山碎屑物经同一次再搬运而形成的堆积体。根据喷发方式和就位环境可划分为熔岩穹丘、熔岩流、火山碎屑流和再搬运火山碎屑流 4 类。

5.2.2.1　熔岩堆积单元

熔岩堆积单元指从同一个喷出口（中心式或裂隙式均可）一次连续（宁静）喷发的熔浆形成的堆积体，通常为冷凝固结成岩，岩石组构和地层产状呈连续变化，围限界面主要是喷发不整合界面或喷发整合界面。按岩石结构和形态可划分为熔岩流和熔岩穹丘两类。

熔岩流如果按岩石成分也可划分为基性、中性和酸性；按形态可划分为席状、板状、盾状、丘状等；按喷发环境可划分为陆上和水下喷发；按叠置关系可划分为简单熔岩流和辫状熔岩流（表 5.3，图 5.4、图 5.5），以片状熔岩有序叠置为主时为简单熔岩流，以垛叶状熔岩无序叠置为主时为辫状熔岩流（Single and Jerram，2004；衣健 等，2015）。陆上喷发的基性熔浆流动性较好，容易形成席状-板状外形（图 5.4a），内部叠置关系可见片状熔岩有序叠置的薄层状简单熔岩流（图 5.4b、c、f）和由垛叶状熔岩无序叠置的辫状熔岩流（图 5.4d、e、g）；在火山口-近火山口区域以块状熔岩为主，具有玻璃质结构-上部气孔构造-柱状节理/块状构造-下部似斑状结构的组构序列；在近源和远源区域简单熔岩

表 5.3 火山地层熔岩堆积单元类型和特征

Table 5.3 Types and characteristics of lava flow units in volcanostratigraphy

就位环境	类型	相带	纵向特征组构序列	主要叠置方式	常见岩性	岩相	界面
陆上	简单熔岩流（薄层）	火山口－近火山口	玻璃质结构－上部气孔构造－柱状节理/块状构造－下部似斑状结构	块状熔岩无序叠置	基性岩	I_{2}，$\mathrm{III}_{2,3}$	喷发整合或喷发不整合
		近源	玻璃质结构－上部气孔构造－中部块状结构－下部管状气孔构造－玻璃质结构	片状熔岩有序叠置		$\mathrm{III}_{3,2,1}$	
		远源	玻璃质结构－上部气孔构造－中部块状构造－下部管状气孔构造－玻璃质结构	垛叶状熔岩交错叠置		$\mathrm{III}_{3,2,1}$	
	简单熔岩流（厚层）	火山口－近火山口	玻璃质结构/自碎角砾构造－变形柱状节理－规则柱状节理/似斑状结构	叠置关系不明显	玄武岩、安山岩、流纹岩	$\mathrm{III}_{3,2,1}$，I_{2}	
		近源	玻璃质结构－上部气孔构造－流纹构造/块状构造－下部变形流纹构造－玻璃质结构	板状熔岩有序叠置		$\mathrm{III}_{3,2,1}$	
		远源	自碎角砾结构	叠置关系不明显		III_{3}	
	辫状熔岩流	火山口－近火山口	玻璃质结构－上部气孔构造－柱状节理/块状构造－下部似斑状结构	块状	玄武岩	I_{2}，$\mathrm{III}_{2,3}$	
		近源	玻璃质结构－上部密集圆形/椭圆形气孔构造－中部流纹构造/稀疏圆形气孔构造－下部变形流纹构造－玻璃质结构	垛叶状熔岩无序叠置		$\mathrm{III}_{3,2,1}$	
		远源	玻璃质结构－上部密集圆形/椭圆形气孔构造－中部流纹构造/稀疏圆形气孔构造－下部变形流纹构造－玻璃质结构	垛叶状熔岩无序叠置		$\mathrm{III}_{3,2,1}$	
	熔岩穹丘	火山口－近火山口	玻璃质结构－上部气孔构造－杏仁构造－中上部不规则柱状节理－下部规则柱状节理			IV	
水下	辫状熔岩流	近源	玻璃质结构－隐晶/显晶/斑状结构－玻璃质结构	玻璃质、枕状或垛叶状熔岩无序叠置	玄武质－流纹质玻璃质熔岩	IV_{1}	
		远源	玻璃质结构－枕状构造－玻璃质结构			IV_{2}	
		远源	玻璃质结构			IV_{3}	

注：岩相代码同表 5.2。

流以片状熔岩为主，具有玻璃质结构–上部气孔构造–中部块状结构–下部管状气孔构造–玻璃质结构的组构序列，辫状熔岩流以垛叶状熔岩为主，具有玻璃质结构–上部密集圆形/椭圆形气孔构造–中部流纹构造/稀疏圆形气孔构造–下部变形流纹构造–玻璃质结构的组构序列（Single and Jerram，2004）；每个单层中也可出现多种组构。中酸性熔岩流动性差，容易形成丘形–穹窿外形（Lockwood and Hazlett，2010），内部结构多为简单熔岩流（厚层），少数为辫状熔岩流（图 5.5a、b、c）；简单熔岩流（厚层）在火山口–近火山口区域具有玻璃质结构/自碎角砾构造–变形柱状节理–规则柱状节理/似斑状结构的组构序列，在近源区域具有玻璃质结构–上部气孔构造–流纹构造/块状构造–下部变形流纹构造–玻璃质结构的组构序列（图 5.5b、d），在远源区域为自碎角砾结构（表 5.3）。部分熔岩流经过下伏湿软区域时，可形成下部气孔构造（唐华风 等，2016），在五大连池火烧山区域还形成了喷气锥（高危言 等，2010）。

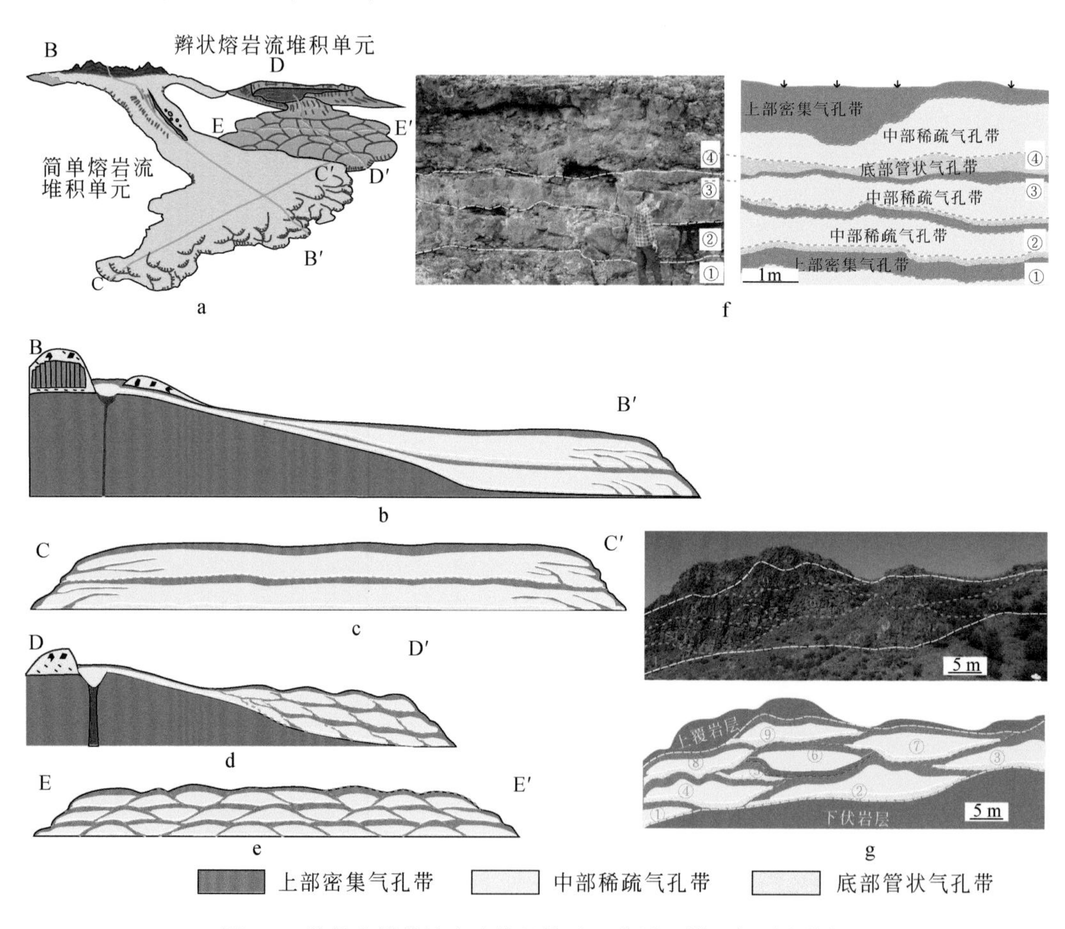

图 5.4　简单和辫状熔岩流堆积单元（薄层）模型与露头特征

Fig. 5.4　Model and outcrop characteristics of simple and braided lava flow units (thin layer)

a. 熔岩流堆积单元模式图据文献（Lockwood and Hazlett，2010）修编；b. 简单熔岩流（薄层）堆积单元纵剖面图；c. 简单熔岩流（薄层）堆积单元横剖面图；d. 辫状熔岩流堆积单元纵剖面图；e. 辫状熔岩流堆积单元横剖面图；f. 黑龙江五大连池老黑山简单熔岩流堆积单元照片和素描图；g. 内蒙古天然洞辫状熔岩流堆积单元照片和素描图。①～⑨为垛叶体编号水下喷发的熔岩流通常形成穹窿状，并由玻璃质熔岩或枕状熔岩垛叶体堆砌而成，枕状熔岩垛叶体可形成中空构造，熔岩流外表面可形成陡峭壁，在熔岩流的底部和前缘部位可夹带下伏沉积物（Batiza and White，2000）。松辽盆地火山地层中发育玻璃质熔岩流，如营一 D1 井的黑曜岩-松脂岩-珍珠岩-松脂岩-黑曜岩（修立君 等，2016），此外露头区营城组还见大型珍珠岩穹窿（单玄龙 等，2007）。辽河油田的火山岩中常见泥岩-玻璃质熔岩/泥岩混合层-厚层玻璃质熔岩的序列（黄玉龙 等，2014），应该是水下喷发的特征。

熔岩穹丘（lava dome）由黏稠的熔浆堆积在火山口周围的丘状熔岩组成，由岩浆在喷发到地球表面后冷却并迅速脱气而形成（Calder et al.，2015）。现代火山显示，熔岩穹丘的顶部裂缝发育和以玻璃质岩为主。结合古火山岩可知，熔岩穹丘底部可发育规则柱状节理，中上部可发育变形柱状节理（图 5. 5a）。

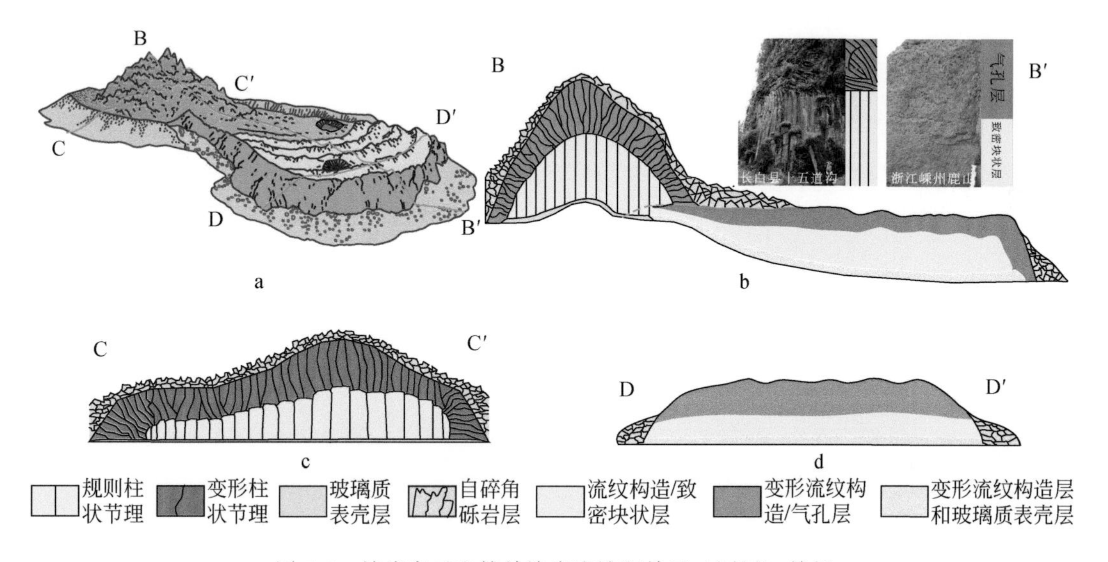

图 5. 5 熔岩穹丘和简单熔岩流堆积单元（厚层）特征

Fig. 5. 5 Model of lava dome and simple lava flow units（thick layer）

a. 熔岩流堆积单元模式图；b. 简单熔岩流纵剖面图；c. 喷发中心横剖面图；d. 中部-远源横剖面图。据文献（Lockwood and Hazlett，2010；Single and Jerram，2004）修编

5. 2. 2. 2 火山碎屑堆积单元

火山碎屑堆积单元指同一个喷出口的一次连续（猛烈）喷发形成的火山碎屑密度流堆积体，通过冷凝固结或压实胶结成岩，岩石组构和地层产状呈连续变化。火山碎屑密度流（pyroclastic density current），是火山碎屑和气体/水的混合物受重力控制而发生侧向移动。碎屑堆积单元围限界面主要是喷发不整合或喷发整合界面。如果按岩石成分也可划分为基性、中性和酸性碎屑堆积单元；按喷发和就位环境可划分为陆上喷发陆上就位、陆上喷发水下就位和水下喷发水下就位 3 种。

陆上火山碎屑按碎屑搬运方式可以分为热碎屑流（pyroclastic flow）、热基浪（base surge）和空落（block or ash fall）3 种（表 5. 4）。热碎屑流多为高含量碎屑分散物质和火山碎屑密度流，在火山口-近火山口为块状熔结集块岩/角砾岩/凝灰岩，横截面表现为纵横比大的丘状（Fisher and Schmincke，1984；Lockwood and Hazlett，2010）（图5.6a、b、c）；在近源地区为交错层理发育或流动构造发育的熔结角砾岩/凝灰岩，横截面表现为纵横比中等的丘状-板状；在远源区为平行层理发育的（熔结）凝灰岩，横截面表现为纵横比小的板状-席状（图5.6a、b、e）。热基浪是一种碎屑密度流，碎屑物和动量是通过深的、稀释的微颗粒悬浮高度紊流而广泛分布；横向上存在3个相带，爆发角砾岩带-紊流的波状层理相带（turbulent waveform facies）-紊流/层流的块状相带（turbulo-laminar massive facies）-层流的层状相带（Fisher and Schmincke，1984；Lockwood and Hazlett，2010）（图5.7a、b）。火山口-近火山口区域的爆发角砾岩有数十米厚，可存在粒序层理，紊流的波状相带厚度有数十米，可发育短波长波状层理、长波长波状层理、对称波状层理、逆行沙波层理、花弧状波状层理、流槽构造、交错层理，底部可能发育几厘米厚的空落火山灰（图5.7c、d）；近源区域的紊流/层流块状相带有数米厚，可发育流动构造、平行层理、交错层理或粒序层理，底部可能发育几厘米厚的空落火山灰（图5.7e）；远源区域的层流层状相带有数米厚，可发育平行层理、水平层理和粒序层理，底部通常发育几厘米厚的空落火山灰（图5.7f）。空落单元也是一种密度流，碎屑通过高密度的大颗粒抛射或稀释的微颗粒悬浮的紊流-层流而广泛分布；火山口-近火山口附近通常形成弹道状坠石，颗粒分选差，几乎无磨圆，多呈块状构造，纵横比大；近源区域出现碎屑颗粒逐渐变小的特征，岩性多为（熔结）集块岩/角砾岩/凝灰岩；远源区域形成披覆状极细粒凝灰

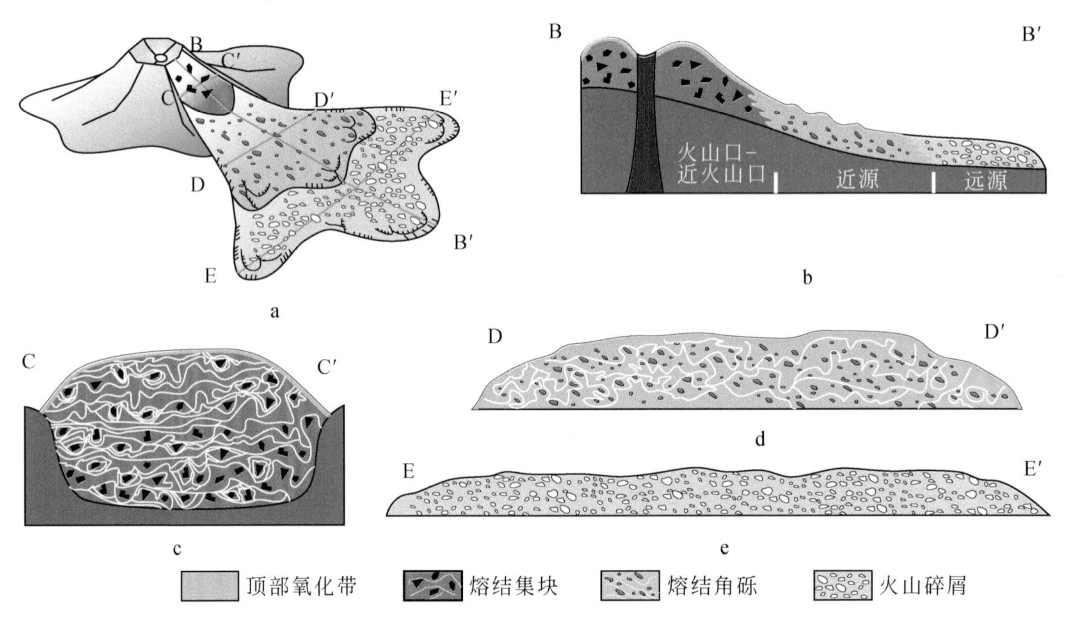

图5.6　火山地层单位热碎屑流堆积单元模式

Fig. 5.6　Model of pyroclastic flow deposit units in volcanostratigraphy

a. 热碎屑流堆积单元模式图据文献（Fisher and Schmincke，1984；Lockwood and Hazlett，2010）修编；
b. 热碎屑流堆积单元纵剖面图；c. 火山口-近火山口剖面图；d. 近源横剖面图；e. 远源横剖面图

岩，分布范围较广；平面形态受风速的影响，无风或风速小时形成圆状，风速大时形成扇状（Fisher and Schmincke，1984；Lockwood and Hazlett，2010）。火山灰空落由于厚度较小、松散和稳定性差，不易保存在火山地层区，在火山地层的空间属性中呈现度不高，但在沉积地层中往往保存较好，可作为地层对比的标志层和年代的重要证据（Lowe，2011）。

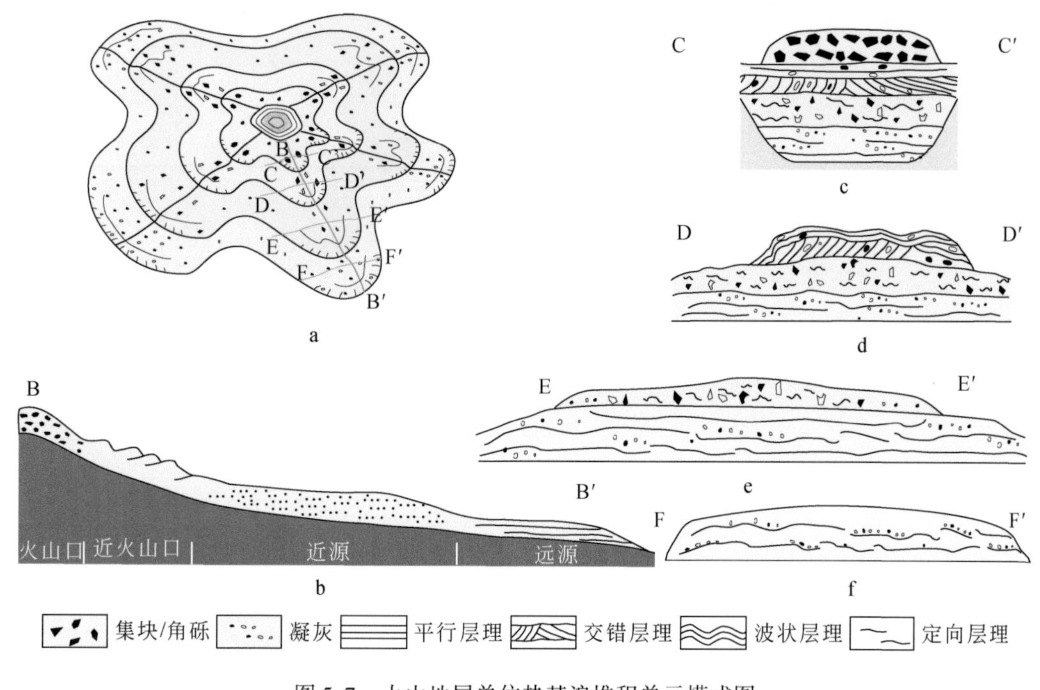

图 5.7　火山地层单位热基浪堆积单元模式图

Fig. 5.7　Model of base surge deposit units in volcanostratigraphy

a. 热基浪堆积单元模式图；b. 热基浪堆积单元纵剖面图；c. 火山口横剖面图；d. 近火山口横剖面图；e. 近源横剖面图；f. 远源横剖面图。据文献（Fisher and Schmincke，1984；Lockwood and Hazlett，2010）修编

陆上喷发水下就位火山碎屑堆积单元可参照在岛弧地区形成的火山碎屑裙（volcaniclastic apron），火山喷发形成的火山碎屑流先在空气介质中搬运，后入水变为水介质搬运分散，在弧后盆地形成火山碎屑物楔形堆积体（Carey，2000），其相带和岩性见表 5.4。火山碎屑物在水中形成密度流（岩屑流、颗粒流和浊流），形成的堆积单元外形特征、内部结构与火山泥石流相似。

水下喷发水下就位的火山碎屑堆积单元通常是热基浪堆积单元，形成于水-岩比高的喷发环境，以 Surtseyan 喷发最为典型（White and Houghton，2000）；火山碎屑颗粒以凝灰和角砾为主，颗粒无磨圆或极差。其外形受地形和洋流流速影响，地形平缓和洋流流速小时呈现以喷发口为中心的圆形，地形坡度大或洋流流速大时呈现出以喷发口为中心的扇形。如果是在湖盆地中多数情况下不存在类似洋流的水流，外形主要受地形控制。从下到上分别形成火山碎屑与沉积物混合层-硬皮角砾与玻璃质碎屑层，在喷出口边缘附近颗粒较粗，存在一些弹道状坠石，可发育斜层理等，分选差；中部位置颗粒变细，发育波状层理和平行层理等，分选中等；远端位置颗粒变为凝灰质，发育水平层理和平行层理，分选好。

表 5.4　火山地层火山碎屑堆积单元类型和特征

Table 5.4　Types and characteristics of volcaniclastic deposit units in volcanostratigraphy

喷发就位环境	类型	相带	纵向特征组构序列	主要叠置方式	常见岩性	岩相	界面
陆上	热碎屑流	火山口-近火山口	强熔结结构、定向层理	叠置关系识别困难	块状熔结集块岩/角砾岩/凝灰岩	II_3	喷发整合或喷发不整合
		近源	弱熔结结构、定向层理	楔状-席状碎屑（熔）岩有序叠置	熔结角砾岩/凝灰岩		
		远源	岩屑、凝灰、浮岩堆积	板状-席状碎屑（熔）岩有序叠置	凝灰岩		
	热基浪	火山口-近火山口	块状层理	叠置关系识别困难	（熔结）集块/角砾岩	II_2	
		近源	波状层理、块状层理、粒序层理、交错层理	楔状-席状碎屑岩有序叠置	角砾岩/凝灰岩		
		远源	水平层理	板状-席状碎屑岩有序叠置	凝灰岩		
	空落	火山口	块状构造	叠置关系识别困难	（熔结）集块岩	II_1	
		中部	正粒序层理、逆粒序层理、复合粒序层理等	席状碎屑岩有序叠置	集块岩/角砾岩/凝灰岩		
		远源	水平层理	席状碎屑岩有序叠置	极细粒凝灰岩		
水下	火山碎屑裙	近火山口	块状构造、定向层理	席状-楔状碎屑岩有序叠置	（沉）集块岩/角砾岩	$\mathrm{V}_{1,2}$	
		近源	波状层理、块状层理、粒序层理、定向层理	席状碎屑岩有序叠置	（沉）角砾岩/凝灰岩	$\mathrm{V}_{1,2}$	
		远源	平行层理	席状碎屑岩有序叠置	（沉）凝灰岩	$\mathrm{V}_{1,2}$	

注：岩相代码同表 5.2。

5.2.2.3　再搬运火山碎屑堆积单元

再搬运火山碎屑堆积单元指火山（猛烈）喷发的产物经过再搬运作用而形成的地层单

位。尼加拉瓜首都马那瓜西部的内哈帕火山岩区可见古土壤和碎屑流堆积，Avellán 通过系列研究将该地区中南部火山岩地层划分出 23 个地层单元，每个单元厚度为几米至几十米，单元间的时间间隔可达千年，每个间隔都发育有古土壤（Avellán et al.，2012）。

尤拉多（Jurado）根据新西兰奥卡泰纳（Okataina）火山岩中的粒序层理和古土壤对火山地层单元划分（还可见冲刷面），将其划分出 12 个流纹质碎屑岩单元，年代为 64 ~ 26. 5ka，每个单元的厚度从几十厘米到数米不等（Jurado-Chichay and Walker，2000）。

本书只讨论火山碎屑体积分数超过 50% 的再搬运堆积单元，包括火山泥石流和碎屑崩塌堆积单元两类（表 5. 5）。

表 5. 5 再搬运火山碎屑堆积单元类型和特征

Table 5. 5 Types and characteristics of reworked volcaniclastic deposit units in volcanostratigraphy

类型	相带	纵向特征组构序列	主要叠置方式	常见岩性	岩相	界面
火山泥石流堆积单元	近源	粒序层理、逆粒序层理或对称粒序层理，碎屑颗粒特别粗	透镜状沉火山碎屑岩有序叠置	（沉）集块岩/角砾岩	V_1，V_2	喷发整合、喷发不整合或喷发间断不整合
	中部	粒序层理、逆粒序层理或对称粒序层理，颗粒较粗	透镜状沉火山碎屑岩层理有序叠置	（沉）集块岩/角砾岩	V_1，V_2	
	远源	逆粒序和定向层理，颗粒变细	席状沉火山碎屑岩层理有序叠置	（沉）角砾/凝灰岩	V_1，V_2，V_3	
碎屑崩塌堆积单元	近源	脱落滑块堆积，颗粒支撑，颗粒可达到数米或更大，发育丰富的裂缝	透镜状沉火山碎屑岩有序叠置	（沉）集块岩/角砾岩	V_1，V_3	
	远源	基质堆积，基质支撑，颗粒变小、内部发育丰富的裂缝	席状-板状沉火山碎屑岩有序叠置	（沉）角砾岩/凝灰岩	V_1，V_3	

注：岩相代码同表 5. 2。

①火山泥石流堆积单元

火山泥石流是印度尼西亚语术语，在国内还称为火山泥石流或火山泥流（地球科学大辞典编委会，2006），通常指起源于火山的岩屑流、过渡流或高含砂水流（Vallance，2000），与之相关的还有泥质水流和洪水流（比高含砂水流含有更少的沉积物含量）。虽然一些洪水流和泥质水流的起源与火山泥石流相关，但火山泥石流通常不包括二者。有许多学者利用火山泥石流来表示搬运过程和由此过程产生的堆积物，但更应该将该术语限定为搬运过程（Vazquez et al.，2014）。本书将一次火山泥石流形成的地质体称为火山泥石流堆积单元。其成因可以是火山口被冰雪掩埋或蓄有水，在喷发时也可以因冰雪融化或湖水溢出而造成。泥石流堆积单元的分选极差—差，泥石流可划分为黏土体积分数少和黏土体积分数多两种，黏土体积分数少堆积单元的粒径为单峰态（Scott，1988），黏土体积分数多堆积单元的粒径多为双峰态（Vallance，2000）。含黏土少的泥石流堆积单元还可划分为河道相、冲积平原相、转换相、流出相和与泥石流相关的河流沉积相（图 5. 8）。近源区域（河道相）发育粒序层理、逆粒序层理或对称粒序层理，碎屑颗粒特别粗（图 5. 8a、 b)；中部区域（冲积平原相）发育粒序层理、逆粒序层理或对称粒序层理，颗粒较粗（图5.8c）；远源区域（转换相）发育逆粒序和定向层理，颗粒变细（图5.8d），远源区域（流出相）发育逆粒序层理、复合粒序层理和定向层理，颗粒进一步变细，厚度也变小（图5.8e）。再向前推进就过渡为与火山相关的物质含量较高的河流沉积，各种层理发育（图5.8f）。

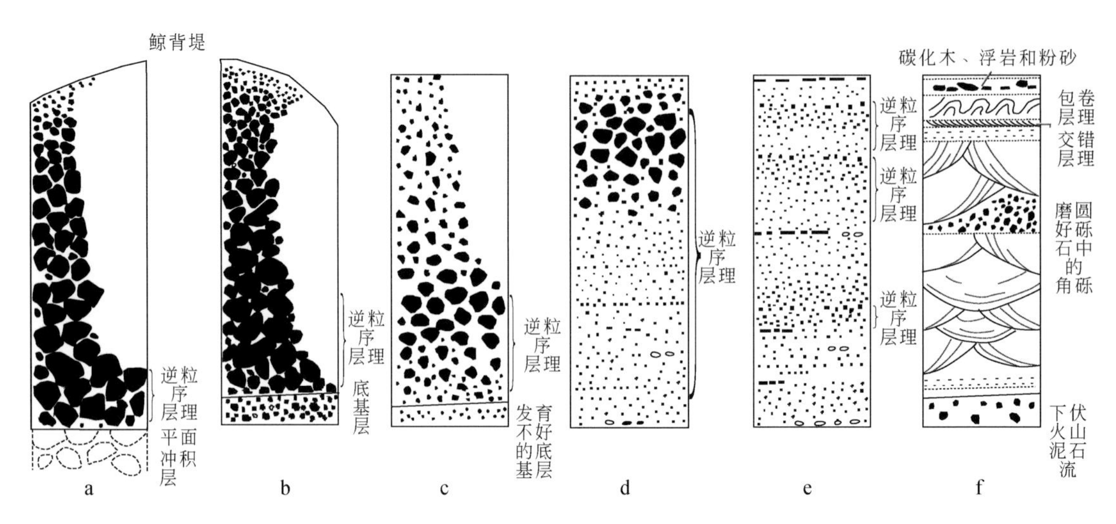

图5.8　火山泥石流堆积单元特征

Fig. 5.8　Characteristics of lahar deposit units

a. 河道相（具有泥石流侵蚀面）；b. 河道相（具有底基层）；c. 冲积平原相；d. 转换相；e. 泥石流流出相；f. 与泥石流相关的河流沉积。据文献（Scott，1988）修编

②碎屑崩塌堆积单元

碎屑崩塌是火山机构的一部分在水不饱和条件下发生大规模崩塌的产物（Scott，1988），将一次崩塌形成的地质体称为碎屑崩塌堆积单元。该类堆积物可划分为“块状”堆积相和“基质”堆积相两类（Ui et al.，2000）。特征地形表现为源区为大围谷和堆积区的丘陵地形，丘形地形通常是因为直径特别大的碎屑颗粒突出而形成（图5.9a、b）。近源区域以块状堆积相为主，通常为透镜状，具有天然堤，基质支撑，块状碎屑可以达到数米或更大，发育丰富的裂缝（图5.9c）；远源区域以基质堆积相为主，通常为席状-透镜体，具有边缘悬崖，基质支撑，颗粒变小，内部发育丰富的裂缝，形成小幅度的丘陵地形（图5.9d）。崩塌堆积单元的延伸范围与崩塌物的源区相对海拔呈正相关（Ui et al.，2000）。

碎屑崩塌的成因多是火山活动，如有岩浆上侵、火山地震导致先期形成的地质体稳定状态遭受破坏发生位移。如果是多期崩塌形成的地质体，下伏碎屑崩塌堆积单元的顶面出现的侵蚀面有助于识别单元界面，但单元间出现混合堆积部分时则不利于识别单元界面。碎屑崩塌单元的顶部可出现植物和古土壤等，所以其围限界面可以是喷发间断不整合。

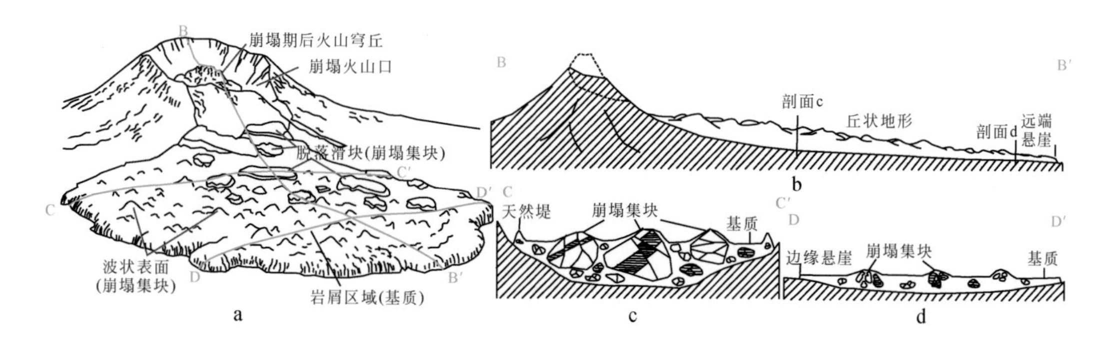

图 5.9　碎屑崩塌堆积单元特征

Fig. 5.9　Characteristics of stacked debris avalanche units

a. 碎屑崩塌堆积单元模式图，据文献（Lockwood and Hazlett，2010）修编；b. 纵剖面模式图，据文献（Ui et al.，2000）修编；c. 近源横剖面模式图，据文献（Ui et al.，2000）修编；d. 远源横剖面模式图，据文献（Ui et al.，2000）修编

5.2.3　火山机构

火山机构（volcanic edifice）又称火山体、火山筑积物，指火山喷发时在地表形成的各种火山地形，如火山口、破火山口、火山锥、火山穹丘、熔岩高原等，有时还涉及火山通道、火山颈等地下结构（地球科学大辞典编委会，2006）。考虑到地层产状变化规律与地层单元统一时，将火山机构定义为同一个主喷发口喷发的火山产物叠置而成的火山体或火山筑积物（Herzer，1995；唐华风 等，2017；王璞珺 等，2015），其时间跨度可为数月至数十万年。火山机构是建造和改造两种相反的力相互作用的最终结果。建造作用产生明显的火山地形，建造时间可以很短暂，只有几天或几星期，也可以很久，达百万年。改造则趋于破坏已建成的火山构造。不同的研究中关于火山机构类型的划分方案不同。本书根据其成分、结构及岩性构成，将其划分为 3 类 9 型（表 5.6）。

表 5.6　按化学成分的火山机构类型划分及其岩性岩相特征

Table 5.6　Classification of volcanic edifices based on chemical compositions and their lithology-lithofacies features

成分类型	结构类型	岩性构成特征	岩相特征
酸性	熔岩火山机构	熔岩>90%，碎屑岩+碎屑熔岩<10%	以喷溢相为主，爆发相中热碎屑流亚相位于喷溢相上部，火山通道相中隐爆角砾岩亚相位于喷溢相上部，而火山颈亚相位于喷溢相上部
	碎屑岩火山机构	熔岩<10%，碎屑岩+碎屑熔岩>90%	以爆发相内三个亚相的组合为主要特征，自下而上依次为热基浪亚相、热碎屑流亚相、空落亚相。火山沉积相多位于相序最上部或者最下部
	复合火山机构	10%<熔岩<90%，10%<碎屑岩+碎屑熔岩<90%	喷溢相与其余各相交替出现。相序自下而上依次为火山通道相、爆发相、喷溢相、火山沉积相。火山通道相上部发育有爆发相。爆发相中热碎屑流亚相位于热基浪亚相上部

续表

成分类型	结构类型	岩性构成特征	岩相特征
中性	熔岩火山机构	熔岩>90%，碎屑岩+碎屑熔岩<10%	喷溢相下部为爆发相和火山通道相
	碎屑岩火山机构	熔岩<10%，碎屑岩+碎屑熔岩>90%	主要为爆发相，相序特征不明显
	复合火山机构	10%<熔岩<90%，10%<碎屑岩+碎屑熔岩<90%	爆发相与喷溢相交替出现，中间可能还夹有火山颈亚相；爆发相以热碎屑流亚相为主
基性	熔岩火山机构	熔岩>90%，碎屑岩+碎屑熔岩<10%	主要是喷溢相，相序自下而上依次是下部亚相、中部亚相、上部亚相
	碎屑岩火山机构	熔岩<10%，碎屑岩+碎屑熔岩>90%	含量少，下部为火山通道相，上部为爆发相，相序特征不明显
	复合火山机构	10%<熔岩<90%，10%<碎屑岩+碎屑熔岩<90%	爆发相、喷溢相与火山颈亚相交替混杂出现，相序规律难以识别

火山机构的厚度通常为数十到数百米不等，个别厚度较大的火山机构可达数千米（Guillou et al.，1996）。新西兰北部北国半岛识别出约50个火山机构，可划分为5个火山机构群。火山机构的规模有大有小，大的直径超过50km，小的只有几千米。大的和中等规模的火山机构具有形态和地震反射结构组合特征，可以进行详细的序列和岩相分析。每个火山序列包括三部分：一是火山主体，平顶的火山锥内部具有陡峭斜坡，或由几个火山锥组成的马鞍状块体；二是裙体，由低平侧翼缓坡和基座组成；三是平原环，是一个相对平缓的平原，在裙的外侧。火山机构时间跨度为数十万年，形成的火山锥厚度为1.75～2.0km，岩性主体为玄武岩和安山岩（Herzer，1995）。

火山地层产状从喷发中心向边缘过渡时地层倾角逐渐变缓，按地层产状特征火山机构通常可划分为3个相带：火山口-近火山口相带（中心相带）、近源相带（中部相带）和远源相带（唐华风 等，2011；唐华风 等，2008），各相带具有特定的岩性组合特征。火山机构主要由大型的喷发间断不整合界面围限，内部可存在小型（喷发）间断面。火山机构按岩石构成比例可划分为熔岩型、复合型和碎屑岩型火山机构；按岩石化学成分可划分为基性、中性和酸性火山机构；按地层结构则可划分为似层状（图5.10）、层状和块状火山机构；按照外形可划分为盾状、丘状、锥状和穹窿状等火山机构。

按岩石结构划分火山机构类型，主要依据熔岩流或碎屑流堆积单元的比例。如松辽盆地将熔岩流堆积单元体积分数超过70%的归为熔岩火山机构，碎屑流堆积单元体积分数超过70%的归为碎屑火山机构，其他的可称为复合火山机构（表5.7）。按岩石化学成分划分的火山机构类型，主要依据占优势体积岩石的 SiO_2 质量分数，45%～52%为基性火山机构，52%～63%为中性火山机构，>63%为酸性火山机构，必要时还可细分为各种过渡类型，如增加中-酸性和中-基性火山机构类型。

表 5.7 按岩性和外形的火山机构类型划分及地质特征

Table 5.7 Classification and geological features of volcanic edifices based on lithology and outer shape

火山机构		堆积单元特征	地层结构	岩性特征	产状特征		喷发方式	叠置方式	成因				典型实例
类型	形态				地形坡度	地层倾角			地势	熔浆温度	黏度	挥发分	
熔岩型	席状	以简单熔岩堆积单元为主	层状	基性岩为主	平缓	小于5°	裂隙式-宁静喷发	产状协调	平坦	高	低	中	内蒙古黄花沟火山群
	板状	以简单熔岩堆积单元为主	层状	基性岩为主	平缓	小于5°	裂隙式-宁静喷发	产状协调	平坦	高	低	少	印度德干高原
	盾状	简单/辫状熔岩堆积单元均有	层状	基性岩为主	中等	5°~15°	中心式-宁静喷发	产状协调	平坦	高	中	中	夏威夷冒纳罗亚火山
	丘状	以辫状熔岩堆积单元为主	似层状	酸性岩为主	较大	10°~35°	中心式-宁静喷发	产状协调	平坦-斜坡	低	高	中	长白山火山
	穹窿状	以简单熔岩堆积单元为主	块状	中酸性岩为主	较大	难以确定	中心式-宁静喷发	难以确定	平坦	低	极高	少	日本昭和火山
复合型	丘状	以辫状/简单熔岩流和热碎屑流/热基浪堆积单元为主	似层状	基性和酸性岩为主	较大	10°~35°	中心式-猛烈喷发	产状协调-不协调	平坦-斜坡	低	中	中	日本富士山火山
碎屑岩型	席状	以基浪和空落堆积单元为主	层状	基性和酸性岩为主	平缓	小于5°	中心式-猛烈喷发	产状协调	平坦-斜坡	低-高	低-高	高	吉林三角龙湾火山群
	丘状	以热碎屑流、基浪和空落堆积单元为主	似层状	基性和酸性岩为主	中等	5°~15°	中心式-猛烈喷发	产状协调	平坦-斜坡	低-高	低-高	高	内蒙古黑脑包山
	锥状	以空落和热碎屑流堆积单元为主	似层状-块状	基性和酸性岩为主	较大	10°~35°	中心式-猛烈喷发	产状协调-不协调	平坦-斜坡	低-高	低-高	高	新疆阿什山火山

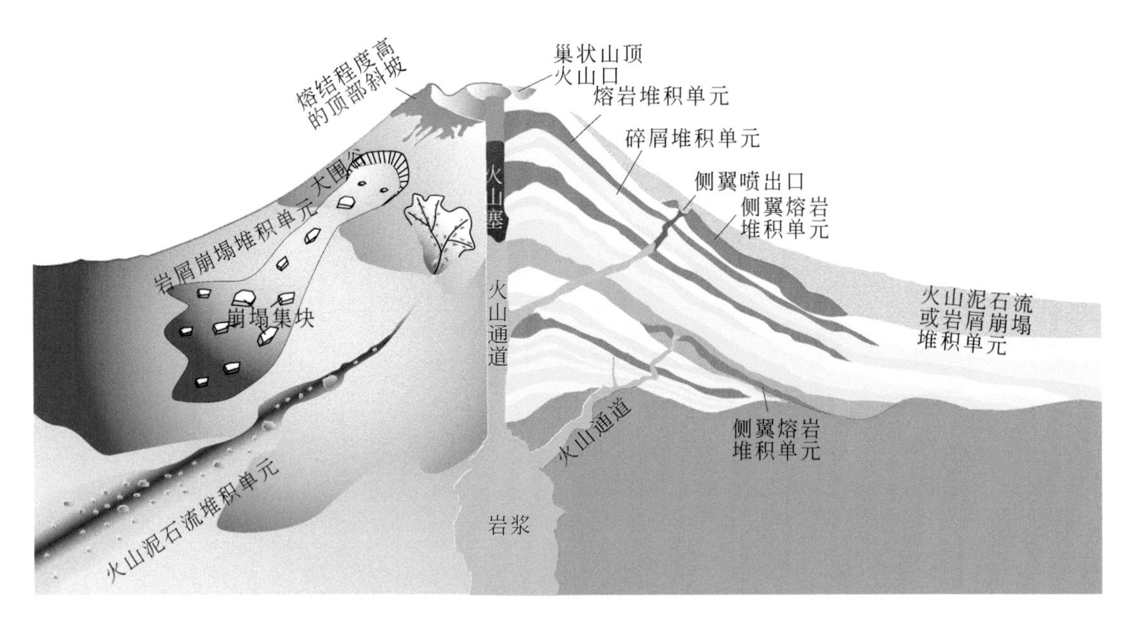

图 5.10　似层状火山机构的堆积单元叠置模式图

Fig. 5.10　Stacking model of deposit units in volcanic edifice with pseudostratified textures

按照外形可划分为盾状、丘状、穹窿状火山机构等。盾状火山机构指外形似盾牌盖地的火山机构，无明显的火山锥，或火山锥体积占火山机构比例较小，具有较小的纵横比，坡度小（一般不超过 10°），表面比较平整，横向延伸可达数十至数百千米，通常是基性火山机构，可由简单和辫状熔岩流构成。丘状火山机构指外形似丘形的火山机构，具有明显的火山锥，火山锥体积占火山机构比例较大，具有中等纵横比，坡度中等（10° ~ 35°），表面不平整，横向延伸可达数十千米，可以是基性-酸性火山机构的任意类型；当由碎屑流和复合熔岩堆积单元叠置而成时规模较大，当由碎屑流堆积单元构成时规模较小。穹窿状火山机构指外形似钟形的火山机构，平面上具有较小的长宽比（<1.5∶1），纵向上具有较大的纵横比，边缘部分坡度较大，中心部位坡度较小，表面较平整，横向延伸可达数千米，通常是中性或中酸性火山机构。可以有两种成因：一是极黏稠熔浆侵出堵塞在火山通道附近聚集膨胀形成，主要由（厚层）简单熔岩堆积单元构成；二是水下喷发熔浆快速冷却堆积在火山通道附近，主要由辫状熔岩（枕状熔岩）堆积单元构成。锥状火山机构是指外形似圆锥状的火山机构，平面上具有较小的长宽比（<1.5∶1），纵向上具有较大的纵横比，边缘部分坡度较大，中心部位坡度较小，表面较平整，横向延伸可能只有数百米至数千米。

按地层结构（stratigraphic texture）可划分为层状、似层状和块状 3 类火山机构（唐华风 等，2015）。地层结构又称地层堆积型式（stratigraphic stacking pattern），是地层序列内岩层的叠覆与堆积型式，通常指相当于或略小于一个体系域的地层间隔内岩层的纵、横向总体（或优势）堆积方式；按地层结构划分火山机构类型，主要是根据堆积单元的叠置关系。层状火山机构具有如下特征：①熔岩流或碎屑流堆积单元呈席状或板状，原始产状多为水平或近水平；②火山机构内部熔岩流或碎屑流堆积单元与火山机构顶底界面多为平行关系；③熔岩流或碎屑流堆积单元的厚度横向变化小；④熔岩流或碎屑流堆积单元同期/准同期改造较少；⑤纵横比小。似层状火山机构具有如下特征：①熔岩流或碎屑流堆积单元呈席状、板状、楔状、波状、丘状或透镜状等，底部岩层多为水平或近水平，向上过渡为斜立；②火山机构内部熔岩流或碎屑流堆积单元与机构顶底界面多为斜交关系；③熔岩流或碎屑流堆积单元的厚度在喷发中心厚，向四周逐渐变薄；④熔岩流或碎屑流堆积单元在喷发中心通常经受同期/准同期改造；⑤纵横比中等。块状火山机构具有如下特征：①熔岩流或碎屑流堆积单元呈丘状、透镜状或穹窿状等；②熔岩流或碎屑流内部结构构造单一，难以分层和确定产状；③熔岩流或碎屑流单元的厚度在喷发中心厚，向四周突然终止；④熔岩流或碎屑流在喷发中心通常经受同期/准同期改造；⑤纵横比大。

如果按上述组合可形成种类繁多的火山机构。在对火山地层研究时应该根据研究需要和所能获取的资料来选用相关的分类方案。对于盆地火山地层的研究，可借助钻井资料和地震资料，钻井资料可对火山地层序列方面进行精细解剖，地震资料可对火山地层结构进行全面解剖，如果具有高分辨率地震资料还能进行结构精细解剖。所以盆地火山地层的火山机构刻画应该注重岩石序列和地层结构两方面（表5.7）。

5.2.4 段

传统定义的段为比“组”低一级，比“层”高一级的岩石地层单位，是由两种以上岩层构成的“组”的再分，代表组内具有明显岩性特征的一段地层（地球科学大辞典编委会，2006）。本书中的段与此不完全一致，是依据火山喷发的特征来划分的。

在智利的中央火山区，熔结凝灰岩火山活动开始于10.4Ma，并持续到现在。火山产物可划分为5个主要的英安质熔结凝灰岩的喷发，即五个段，每个段的时间为数百万年（Silva，1989）。

罗杰森断陷盆地发育罗杰森组，岩性以流纹质岩石为主，时间跨度为数百万年，划分出七个段，每个段的厚度在数米至数十米，在段与段之间存在古土壤和不整合界面，可见柱状节理-层状节理-流动褶皱-石泡的序列（Andrews et al.，2008）。

5.2.5 组

传统定义的组是岩石地层单位的基本单位。一个“组”具有岩性、岩相和变质程度的一致性。它可以由一种岩石组成，也可以由两种或更多的岩石互层组成，厚度可为几米至千米以上（地球科学大辞典编委会，2006）。但本书所说的组与此不完全一致，有的组指的是火山产物。

西班牙加那利群岛的特内里费岛发育Pico Teide-Pico Viejo组，该组起源于碧玄岩和响岩的层状火山，发育于特内里费岛的火山复合体，目前地表形态在约0.18Ma开始形成。钻孔揭示厚度超过400m，可划分为22个段，各个段的厚度为十几米，多为一些岩性段。PT-I、PV-J均还可细分为22个亚段。岩性为碧玄岩和响岩（Ablay and Marti，2000）。

罗杰森断陷盆地发育罗杰森组，时间跨度为 c. 8 ~ 11Ma，有记录的时间为大于 8Ma，划分出 7 个段，在段和段之间存在不整合界面和古土壤。罗杰森组超过 70m，可细分为 7 个次级单元，每个次级单元的厚度在数米到数十米，各单元间的接触关系出露情况不好。

Papayatovolcanics 组形成于始新世中期—中新世早期，与 Budungbudung 组和 Yinombo 组形成时间相当（48 ~ 22Ma），地层厚度为数千米，横向上延伸宽度数十千米，长度达百千米，岩性为轻微变质的泥岩和细粒砂岩（van Leeuwen，2005）。

5.2.6 群

群一般是指比“组”高一级的岩性地层单位或地方性地层单位（地球科学大辞典编委会，2006）。但本书所说的群与地史学中的群有所差异，并且群的定义也不尽相同。有的指火山机构群，即多个具有成因联系的火山机构叠加在一起构成火山机构群；有的指火山群，即在一个地区内成群出现的火山的总称。

新西兰北部北陆和半岛发育的 50 个火山机构可划分为 5 个群，可认为是火山机构群，每个群的持续时间为 1 ~ 2Ma，形成的火山锥厚度为 1.75 ~ 2.0km，直径为 20 ~ 30km，外延直径为数十千米，平原环可达数十千米，也有一些小型火山，岩性主体为玄武岩和安山岩（Herzer，1995）。

西班牙加那利群岛的特内里费岛在盾状山丘的上部，占据在岛的中心部位形成的群时间约为 1.4Ma，厚约数百米，由铁镁质的岩石组成（Ablay and Marti，2000）。

5.3 小　结

尝试以地层界面反映时间属性，以岩石组合和几何外形反映空间属性，结合产状变化规律对火山地层单位进行厘定，从常用的地层单位中选用术语，从小到大依次是层、堆积单元、火山机构、段、组和群。本章详细介绍前三类单位的分类和识别标志：火山碎屑岩地层可根据颜色、化学成分、层理、流动构造、碎屑颗粒成分、形状和分选等特征来划分；熔岩地层可根据颜色、化学成分、结晶程度、气孔类构造、流纹构造、节理等原生组构来划分；再搬运碎屑堆积地层可根据颜色、层理、颗粒磨圆、颗粒成分、颗粒分选等来划分。堆积单元是依据喷发方式和就位环境划分为熔岩/火山碎屑/再搬运火山碎屑 3 类。熔岩堆积单元可划分为穹丘和熔岩流两类，熔岩流按内部叠置关系可划分为简单的和辫状的。火山碎屑流有陆上和水下等环境，陆上火山碎屑按碎屑搬运方式可以分为热碎屑流、热基浪和空落 3 种，水上喷发水下就位火山碎屑堆积单元可参照在岛弧地区形成的火山碎屑裙，水下喷发水下就位的火山碎屑堆积单元通常是基浪堆积单元，再搬运火山碎屑堆积单元常见火山泥石流和碎屑崩塌堆积单元。单元内地层产状变化连续，单元之间常以喷发不整合/整合界面分隔。火山机构是堆积单元有序叠置的产物，火山地层沿喷发口向四周倾斜，向边缘过渡时地层倾角逐渐变缓，火山机构间常以喷发间断不整合界面分隔。

6 火山岩储集空间类型及组合特征

火山岩储层研究的重要组成部分包括储层特征、分布模式、形成机理和控制因素等（Pola et al.，2012；Uliana et al.，1989；罗静兰 等，2003；牛嘉玉 等，2003）。火山岩储层有其特殊之处，如发育原生的气孔和裂缝，在酸性条件下易溶成分含量高有利于形成次生孔隙，遭受埋藏前风化淋滤作用的改造等；甚至沉积岩中火山物质成分的存在有利于阻止粒间孔被硅质充填，促进孔隙的保存等（Berger et al.，2009）。火山岩储集空间类型是储层特征研究的基础，本书重点根据储集空间的成因和几何形态进行分类和讨论。

6.1 储集空间类型

依据形成过程和几何特征，可将储集空间划分为原生孔隙和裂缝、次生孔隙和裂缝（Sruoga et al.，2004；Wang et al.，2013；任作伟和金春爽，1999）。依据储集空间的成因和分布特征，本书将其划分为 12 类 28 型，其中原生孔 3 类 5 型、原生裂缝 2 类 9 型、次生孔 3 类 7 型和次生裂缝 4 类 7 型（表 6.1 和图 6.1）。

表 6.1 火山岩储集空间类型划分方案

Table 6.1 Classification of reservoir space in volcanic rocks

形成阶段	形态	类	型	成因	特征	分布
原生	孔隙	气孔类	气孔	熔浆中的挥发分（水、二氧化碳、氟和氯等组分）随着岩浆上升在减压过程中发生脱气作用产生气泡，在喷发到地表冷却过程中被岩石固定成气泡	形态以圆球形和椭球形为主，见管状，直径差异大，呈线状定向分布或离散分布。连通率与气孔的孔隙度、裂缝发育程度呈正相关	流纹质/安山质/玄武质简单-辫状熔岩流顶部常见，面孔率可以随与喷出口的距离增大而减少
			石泡空腔孔	富含挥发分的熔浆在固结时气体逸出膨胀而产生空腔，空腔壁为多层同心放射状纤维钾长石或长英质	形态为圆球形或椭球形，直径为数厘米。沿孔壁产生冷凝收缩缝隙，连通性可能好	流纹质简单熔岩流顶部常见
			杏仁体内孔	具有气孔构造的岩石，其气孔被矿物质（如方解石、石英、玉髓等）所充填形成一种形似杏仁状的构造	杏仁体中部未充填部分残余孔隙和充填物之间的晶间微孔，形态多样	玄武质/安山质简单-辫状熔岩流顶部常见

续表

形成阶段	形态	类	型	成因	特征	分布
原生	孔隙	颗粒间孔		由于火山碎屑颗粒（常为岩屑和晶屑）支撑搭成格架，且未被杂基和胶结物完全充填而保存的孔隙	形态不规则，通常沿碎屑边缘分布，连通性较好	热碎屑流、热基浪、水下火山碎屑、再搬运火山碎屑堆积中常见
		熔蚀孔		地下深处岩浆携带高温的石英、透长石上升至浅部或喷出地表时，由于矿物熔点随静压力降低而降低，斑晶部分被熔化而形成孔隙	港湾状、浑圆状、筛孔状，连通性差	斑状结构岩石中的斑晶，凝灰熔岩中的晶屑
	裂缝	冷凝收缩缝	淬火缝	熔浆喷出时与水体或冰雪接触，熔浆发生淬火而快速冷却形成裂缝	呈放射状和环状，连通性好	水下喷发的熔岩流中常见，如枕状熔岩和玻璃质熔岩
			柱状节理	熔浆黏度或地形的原因，使熔浆不易流动或不流动的情况下缓慢冷却，熔浆沿着冷却中心固结，由于外部先行固结而导致内部熔浆近似等体积固结而产生缝隙	根据柱体直径、方向和截面多边形是否稳定可分为规则和不规则两类，截面多边形为三角形—八边形，边长为几厘米至几十厘米，连通性极好	见于各类熔岩穹丘，各种简单熔岩流中的中下部
			层状冷凝缝	熔浆在流动过程中，由于冷却作用导致熔岩流外部的流动速度低于内部流动速度产生的剪切力，而形成与流动方向平行的裂缝	呈层状或片状，水平方向连通性好	通常在简单熔岩流底部
			似缝合线冷凝缝	熔浆在流动过程中，塑性冷却表壳在流动过程中发生流变作用而产生揉皱，从而形成微观缝隙	呈齿状，连续性差，连通性差	少见，分布于熔岩流顶、底部
			宏观龟裂缝	熔浆在流动的后期阶段，熔浆供应量减少，熔浆以等容冷却作用为主，叠加重力的牵引，而形成与流动方向垂直的宏观裂缝	截面为不规则多边形，具有规则—不规则缝面，垂直方向连通性好	在各种简单熔岩流中，可贯穿整个熔岩流
			微观龟裂缝	岩浆喷发流动时，其表层存在近似等体积，冷却速度中等时形成	不规则状微裂缝，连通性中等，但分布局限	见于各种熔岩流顶、底部的几厘米至几十厘米的范围内

续表

形成阶段	形态	类	型	成因	特征	分布
原生	裂缝	炸裂缝	失压炸裂缝	熔浆在上升过程中压力降低而膨胀的过程，使矿物破碎成缝	晶面不规则状或似解理状	含斑晶的熔岩或含晶屑的火山碎屑岩中
			爆发炸裂缝	由于熔浆中的挥发分逸出速度大于散逸速度，熔浆炸裂，在岩屑或矿物中保存下来的裂缝	火山碎屑内的炸裂缝，连通性好	火山碎屑岩中
			隐爆缝	在浅成或超浅成环境中，在岩浆顶部岩层经受压力大于岩浆爆破应力条件下所发生炸裂作用而形成的裂缝	树杈状、网状，常充填岩汁，当充填程度低时具有较高的孔隙度和渗透率	常见于中酸性火山机构的火山通道附近
次生	孔隙	溶蚀孔	铸模孔	岩石中的矿物（辉石、角闪石和长石等）被完全溶解产生的孔隙	孔隙形态规则，保留原晶体假象，连通性较好，溶蚀/溶解作用中等	原生裂缝发育的岩石中常见
			筛状孔	岩石中的矿物（辉石、角闪石和长石等）部分区域被溶解产生的孔隙	细小的筛孔状，具有一定的连通性，溶蚀/溶解作用中等	原生裂缝发育的熔岩和原生孔隙发育的火山碎屑岩中常见
			洞穴状孔	岩石中的基质被溶解产生的孔隙	较大的孔径，具有较好的连通性，溶蚀/溶解作用强	原生孔隙发育的火山碎屑岩中常见
			晶间微孔	岩石中的矿物（辉石、角闪石和长石等）被部分溶蚀产生的微孔隙	细小的海绵状孔，具有一定的连通性，溶蚀/溶解作用弱	原生裂缝发育的熔岩和原生孔隙发育的火山碎屑岩中常见
			基质海绵状溶蚀孔	岩石中的基质被部分溶蚀产生	细小的海绵状孔，具有一定的连通性，溶蚀/溶解作用弱	原生孔隙发育的火山碎屑岩中常见
		重结晶微孔	脱玻化微孔	岩石中的玻璃质成分脱玻化形成	细小的海绵状孔，具有一定的连通性，代表温度和压力升高	玻屑/浆屑含量高和玻璃质岩石中常见
		断层角砾岩中角砾间孔		构造裂隙充填的断层角砾之间的孔隙	随断层角砾呈不规则状，主要为粒间孔，连通性好	断裂带中常见
	裂缝	重力垮塌缝		熔岩隧道顶部的岩石发育层冷凝收缝，由于岩石下方没有足够的支撑，在重力作用下岩块会垮塌重新调整位置达到新的平衡，使之前的裂缝发生调整并扩大	方向不定，形状多样	熔岩隧道顶部

续表

形成阶段	形态	类	型	成因	特征	分布
次生	裂缝	风化缝	层状风化缝	深埋藏致密块状火山岩抬升出露地表时，由于载荷力的卸载，表层岩石膨胀而产生的层状裂缝	在地表沿地形延伸，向深部缝间距变大	在风化壳顶部
			应力释放缝	深埋藏胶结程度差的火山碎屑岩，在抬升出露地表时，由于载荷力的卸载在颗粒内和颗粒边缘产生的微裂缝	方向不定，形状多样	在风化壳顶部
			球状风化缝	通常由大于等于 3 组方向的节理将岩石切割成多面体的小块，小岩石块的边缘和隅角从多个方向受到风化（温度及水溶液等因素）作用而最先破坏，向内部变弱，由于风化强度差异形成圈层，导致裂缝形成	同心圆状、椭圆状	在风化壳顶部，经受构造改造的块状熔岩，柱状节理发育的熔岩更容易产生
		构造缝	剪切构造缝	火山岩成岩后遭受剪切应力作用产生的裂缝	高角度、缝面平直的裂缝	致密的熔岩、碎屑熔岩和火山碎屑岩中均可以发育
			张性构造缝	火山岩成岩后在张性构造应力下岩石发生破碎	网状、不规则、连通性好	致密的熔岩、碎屑熔岩和火山碎屑岩中均可以发育
		溶蚀缝		上述各类裂缝在大气水、地层流体等作用下发生溶蚀/溶解作用，使原来的裂缝扩大	在已有的形态基础上可改造为多样的形态	原生裂缝和构造裂缝中发育，与流体通道沟通的区域常见

原生孔隙以颗粒间孔和气孔（包括石泡空腔孔、杏仁体内孔等）为主，次生孔隙以铸模孔、筛状孔、晶间微孔等为主；原生裂缝可见冷凝收缩缝（包括淬火缝、柱状节理、层状冷凝缝、似缝合线冷凝缝、宏观龟裂缝和微观龟裂缝等）、炸裂缝［矿物内和岩屑内炸裂缝、隐爆缝（部分缝可能形成于后期岩浆活动）］和自碎缝（熔浆流动–固化过程中由流速差异导致其自碎化），次生裂缝可见构造缝和风化缝、溶蚀缝等。构造缝与应力性质相关，在张性环境下可产生网状的裂缝，在压性环境下可产生高角度共轭裂缝；风化缝中常见层状风化缝和球状风化缝；溶蚀缝可在任意裂缝的基础上产生。当原生孔隙叠加次生孔隙时，增加了孔隙类型识别的难度；同样的原生和次生裂缝可叠加溶蚀充填作用，使裂缝的形态复杂化。

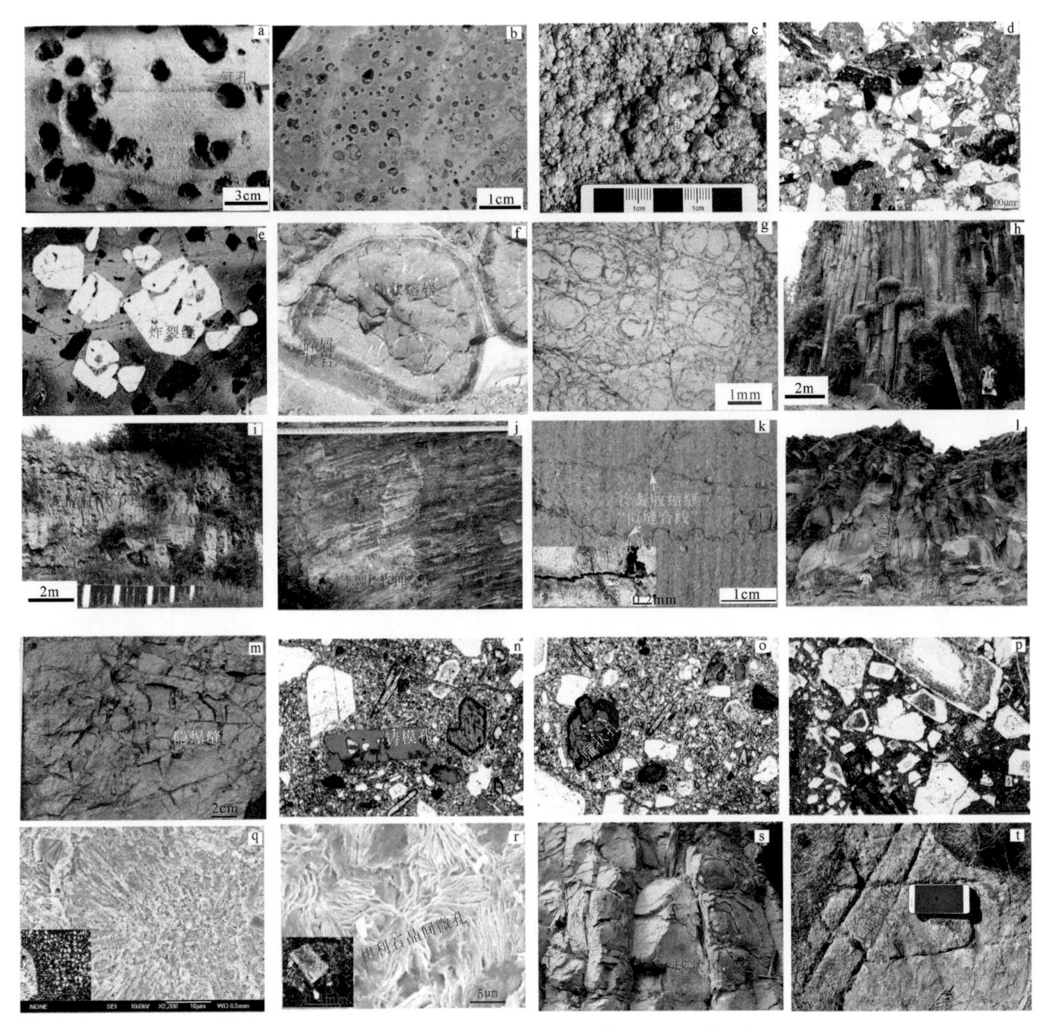

图 6.1 火山岩储集空间类型特征和识别标志

Fig. 6.1 Types and indicators of reservoir space in volcanic rocks

a. 灰白色气孔流纹岩，宏观孔洞，徐深 28 井 4209.74m；b. 灰绿色玄武安山岩，气孔-杏仁构造发育，徐深 13 井 4246.64m，K_1y^1；c. 白垩纪营城组（K_1y）石泡/球泡流纹岩；d. 凝灰岩，发育粒间孔，叠加溶蚀筛状孔，新西兰塔拉纳基盆地 Kora-1 井 112.86m，中新统 Manganui 组；e. 熔结凝灰岩，石英发育炸裂缝，徐家围子断陷徐深 1 井 3528m，下白垩统营城组；f. 枕状熔岩，球枕边缘发育淬火缝，中部发育放射状环状节理，新西兰奥马鲁新生代 Waiareka 组；g. 珍珠岩，冷凝收缩缝，吉林省长春市九台区三台乡下白垩统营城组；h. 粗面玄武岩，规则柱状节理，吉林省长白县十五道沟中新世望天鹅期；i. 玄武岩，不规则柱状节理，吉林省池南区漫江漂流基地旁；j. 流纹岩，层状冷凝-剪切缝，吉林省四平市山门风景区下白垩统营城组；k. 英安岩，发育“似缝合线”冷凝收缩缝，德惠断陷 DS17 井 2234.54m，下白垩统营城组；l. 安山质熔岩，宏观龟裂缝，新西兰 Ruapehu 火山新近系 Whakapapa Iwikau 组；m. 隐爆缝，吉林省长春市九台区下白垩统营城组；n. 安山岩，角闪石斑晶被完全溶解产生铸模孔，新西兰塔拉纳基盆地 Kora-1a 井 1894.12m，中新统 Manganui 组；o. 安山岩，角闪石斑晶被溶解产生晶内筛状孔，新西兰塔拉纳基盆地 Kora-1a 井 1894.12m，中新统 Manganui 组；p. 凝灰岩的基质溶蚀/溶解产生筛状孔，新西兰塔拉纳基盆地 Kora-1a 井 1909.58m，中新统 Manganui 组；q. 流纹岩，基质脱玻化形成球粒，发育晶间微孔，英台断陷龙深 201 井 3603m，下白垩统营城组；r. 流纹岩中碱性长石斑晶被溶蚀，形成片状伊利石晶体间微孔，英台断陷龙深 301 井 3046m，下白垩统营城组；s. 柱状节理玄武岩发育球状风化缝，吉林省四平收费站渐新统大孤山组；t. 粗安岩发育共轭节理，新西兰基督城中新统利特尔顿火山研究表明，火山岩的原生孔隙与岩相密切相关（Gu et al.，2002a；Jerram et al.，2009；Wu et al.，2006a；陈庆春 等，2003），喷溢相上部亚相以气孔、石泡、杏仁等原生孔隙为主，喷溢相下部亚相以冷凝收缩缝为主，水下喷发的熔岩发育丰富的淬火缝（Watton et al.，2014）；爆发相热碎屑流亚相发育丰富的粒间孔，侵出相发育丰富的裂缝（吴颜雄 等，2011a）。次生孔隙受风化、埋藏溶蚀/溶解、构造和脱玻化等作用影响（Kawamoto，2001；Luo et al.，1999；Othman and Ward，2002；Sruoga and Rubinstein，2007；Volk et al.，2002），其中前3种作用与原生孔隙和裂缝形成的连通网络相关。

6.2　储集空间组合特征

从发现的火山岩油气藏来看，储集空间类型基本为原生孔缝与次生孔缝的组合，由于孔缝类型多样，其形成的储集空间组合类型也十分复杂，不同盆地/区块间也各不相同。如松辽盆地白垩系营城组有气孔-溶蚀孔-裂缝型、气孔-裂缝型、粒间孔-溶孔-裂缝型、粒内孔-溶孔-裂缝型（刘万洙 等，2003；时应敏 等，2011；张斌，2013），其中以气孔-溶蚀孔-裂缝型组合的物性较好（吴磊 等，2005）。准噶尔盆地火山岩常见构造缝-溶蚀缝-溶蚀孔、原生气孔-构造缝-溶蚀缝-溶蚀孔、晶间孔-溶蚀孔和裂缝型4种组合（范存辉 等，2014；林向洋 等，2011；赵宁和石强，2012）。三塘湖盆地火山岩常见原生气孔-溶蚀孔组合、构造缝-溶蚀缝-自碎缝组合两类（李兰斌 等，2014；刘俊田 等，2009）。辽河盆地东部凹陷新生界火山岩储层有裂缝型、裂缝-孔隙型、风化-淋滤孔缝型3种组合（邱隆伟 等，2000）。渤海湾盆地发育孔隙-气孔型和裂缝型两类（蒋宜勤 等，2012），部分层段的裂缝对储集空间的贡献可达90%（操应长 等，1999）。通过对比中国火山岩储层的储集空间可知，东部盆地以原生型为主，西部盆地以改造叠加型为主（朱如凯 等，2010）。

6.3　孔缝单元特征

储集空间的成因和排列方式均与储层物性有关。储集空间具有相似成因和排列方式的储层物性具有相似性，当成因和排列方式不同时其物性特征具有较大差异。所以根据储集空间的成因和排列方式进行孔隙类和裂缝类的归并，可简化孔缝单元划分的复杂性，有利于孔缝类组合划分孔缝单元。

6.3.1　孔隙类和裂缝类

在孔缝单元划分之前，需要对孔隙和裂缝按发育过程和分布特征进行组合分类。孔隙类指具有相似成因和形成时间，孔隙排列方式相同的孔隙组合。裂缝类指具有相似成因和形成时间，孔隙排列方式相同的裂缝组合。据此，将吉林省长春市九台区营城组火山岩的14种储集空间划分为7种孔隙类和2种裂缝类（图6.2）。孔隙类中5种是原生成岩作用形成的，分别为熔蚀孔类（corroded pores group，CPG）、离散气孔类（scatter vesicles group，SVG）、定向气孔类（directional vesicles group，DVG）、离散砾（粒）间孔类

(scatter intergranular pores group, SIPG) 和定向砾(粒)间孔类(directional intergranular pores group, DIPG);另外2种是次生成岩作用形成的,分别为溶蚀孔类(emposieu group, EG)和脱玻化孔类(devitrification pore group, DPG)。裂缝可划分为原生裂缝类(primary fracture group, PFG)和次生裂缝类(sencondary fracture group, SFG)2类。

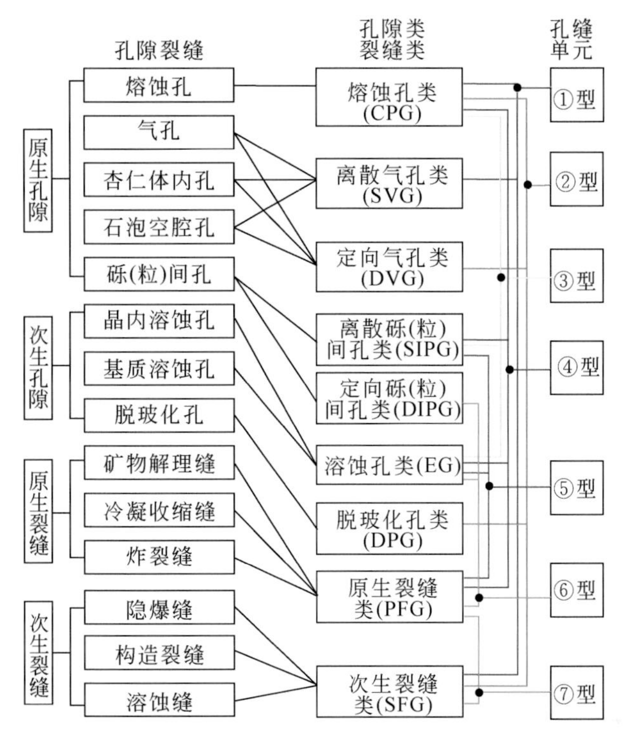

图6.2　孔缝单元划分流程示意图

Fig. 6.2　Schematic diagram of classification of pore-fracture units

6.3.2　孔缝单元类型

孔缝单元是指具有相似孔隙类和裂缝类的组合特征的储层单元。理论上,上述7种孔隙类和2种裂缝类可存在超过百种的随机组合,但实际情况没有这么复杂。通过对营一D1井和营三D1井的孔隙基本类型分析,发现上述9种孔缝类均发育,通过孔缝类的组合分析,确定可划分出7型孔缝单元(表6.2、图6.2)。各类孔缝单元的孔隙特征具有较大的差别,①型、②型、③~⑤型、⑥型和⑦型之间的孔隙差异较大。图6.3为营一D1井储层单元划分结果,该井可划分为7型共16个孔缝单元。在营一D1井和营三D1井中以①型为主(占38%),⑥型次之(占13%),⑤型再次(占12%),②、③型最少(各占8%)。

表 6.2 松辽盆地东南隆起区营城组火山岩孔缝单元特征

Table 6.2 Types and characteristics of pore-fracture units in the Yingcheng Formation (uplift region, SE Songliao Basin)

孔缝单元	孔缝类组合	储集空间	储集空间分布特征	岩性	岩相
(①型) 离散气孔类-次生裂缝类组合型	熔蚀孔类+离散气孔类+次生裂缝类	气孔、杏仁体内孔、石泡空腔孔、熔蚀孔、构造裂缝	气孔、石泡空腔孔呈离散均匀分布，大小不一，彼此孤立，构造缝将其连接	气孔杏仁流纹岩、气孔杏仁玄武岩等	III_{3}
(②型) 定向气孔类-脱玻化类-次生裂缝类组合型	熔蚀孔类+定向气孔类+脱玻化类+次生裂缝类	气孔、杏仁体内孔、熔蚀孔、脱玻化孔、构造裂缝	流纹理间孔/气孔，沿流纹构造方向呈定向分布，纵向上通过构造缝连通	流纹构造流纹岩、球粒流纹岩等	III_{2}、III_{3}
(③型) 离散粒间孔类-溶蚀孔类组合型	熔蚀孔类+离散砾(粒)间孔类+溶蚀孔类	砾(粒)间孔、基质溶蚀孔、晶内溶蚀孔、熔蚀孔	角砾凝灰岩中砾间孔离散分布，凝灰岩、凝灰熔岩见溶蚀孔，离散分布	角砾凝灰岩、含角砾晶屑岩屑凝灰(熔)岩、凝灰熔岩等	II_{1}、II_{2}、II_{3}
(④型) 离散粒间孔类-溶蚀孔类-原生裂缝类组合型	熔蚀孔类+离散砾(粒)间孔类+溶蚀孔类+原生裂缝类	砾(粒)间孔、基质溶蚀孔、晶内溶蚀孔、熔蚀孔、矿物炸裂缝	凝灰岩中砾间孔离散分布，溶蚀孔，晶屑溶蚀孔及炸裂缝，离散分布	角砾凝灰岩、含角砾晶屑岩屑凝灰(熔)岩、凝灰熔岩等	II_{1}、II_{2}、II_{3}、I_{1}
(⑤型) 离散粒间孔类-溶蚀孔类-次生裂缝类组合型	离散砾(粒)间孔类+溶蚀孔类+次生裂缝类	砾(粒)间孔、基质溶蚀孔、晶内溶蚀孔、构造裂缝、隐爆缝	角砾凝灰岩中砾间孔离散分布，凝灰岩见溶蚀孔、构造裂缝、溶蚀缝离散分布，隐爆角砾岩中见砾间孔和隐爆缝，无定向分布	(含)角砾/晶屑凝灰(熔)岩、晶屑凝灰岩/角砾岩、隐爆角砾岩等	II_{2}、II_{1}、I_{1}
(⑥型) 定向粒间孔类-溶蚀孔类-次生裂缝类组合型	定向砾(粒)间孔类+溶蚀孔类+次生裂缝类	砾(粒)间孔、基质溶蚀孔、晶内溶蚀孔、溶蚀缝，构造缝	沉凝灰岩、(含)角砾/晶屑凝灰(熔)岩发育定向分布的砾(粒)间孔，见断层	(含角砾)沉凝灰岩、(含)角砾/晶屑凝灰(熔)岩等	II_{1}、II_{3}、V_{1}、V_{2}
(⑦型) 裂缝类组合型	原生裂缝类+次生裂缝类	原生收缩裂缝、构造裂缝、溶蚀缝	珍珠岩发育不规则珍珠裂理；致密状玄武岩发育网状裂缝	珍珠岩、致密状玄武岩/安山岩/流纹岩等	IV_{1}、III_{1}、II_{1}、I_{3}

注：火山通道相火山颈亚相（I_{1}）、隐爆角砾岩亚相（I_{3}），爆发相空落亚相（II_{1}）、热基浪亚相（II_{2}）、热碎屑流亚相（II_{3}），喷溢相下部亚相（III_{1}）、中部亚相（III_{2}）、上部亚相（III_{3}），侵出相内带亚相（IV_{1}），火山沉积相含外碎屑火山碎屑岩亚相（V_{1}）、再搬运亚相（V_{2}）。

6.3.3 孔缝单元物性特征

由图 6.4a 可知，除②型单元和⑦型单元外，其他单元的储层物性较好。相比较而言②型单元的渗透率分布范围较小，⑦型单元的孔隙度分布范围小，其他单元的孔隙度和渗

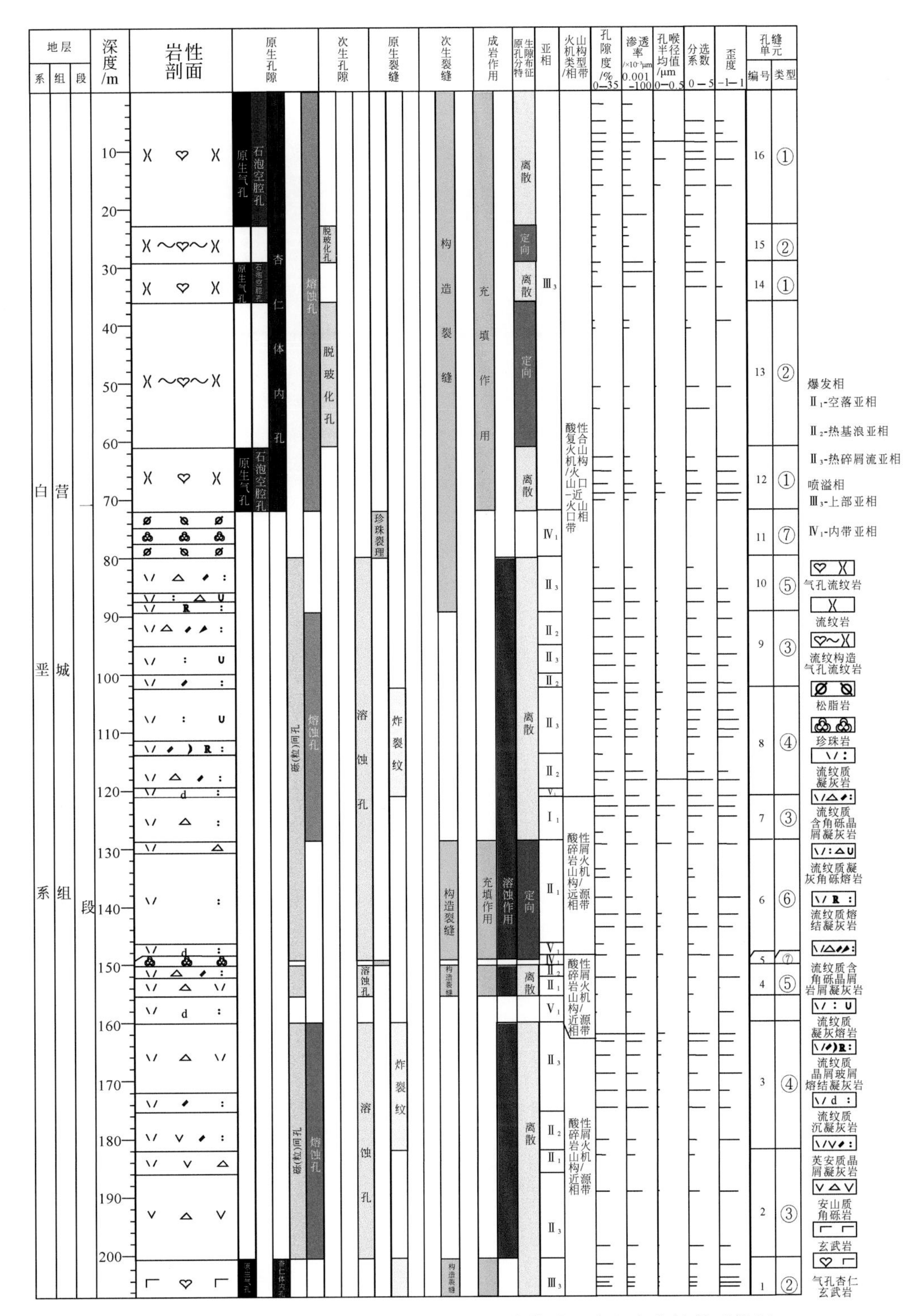

图 6.3 松辽盆地东南隆起区营一 D1 井营城组火山岩孔缝单元特征

Fig. 6.3 Characteristics of pore-fracture units in the Yingcheng Formation (Well Y1D1, uplift region of SE Songliao Basin)

透率分布范围较大。由图 6.4b 可知，多数样品在孔喉半径均值增大的情况下，其分选系数也增大，储层非均质性变强。在相同孔喉半径均值的情况下，①型孔缝单元的部分样品的分选系数要小于其他各型孔缝单元，表明其非均质性更弱。由图 6.4a 和表 6.3 的相关系数和 T 检验结果可知，整体上火山岩储层的孔隙度与渗透率具有中等的相关性；按孔缝单元来看，除③型外，其他均具有中-高等的相关性。这表明火山岩储层中存在孔隙度与渗透率相关性不好的可能，孔缝单元划分结果有利于火山岩储层的孔隙度与渗透率相关性的认识。7 型孔缝单元的孔渗拟合函数的斜率变化关系可划分为 3 组：A 组①型和②型孔缝单元的孔渗拟合函数的斜率一致性较好，略低于总体数据的拟合函数；B 组③～⑥型孔缝单元的斜率相似，略高于总体数据的拟合函数；C 组⑦型孔缝单元的斜率变化则远远高于总体数据的拟合函数，与其他各类孔缝单元均不同。这进一步表明孔隙度和渗透率的变化关系受孔缝单元类型的控制。

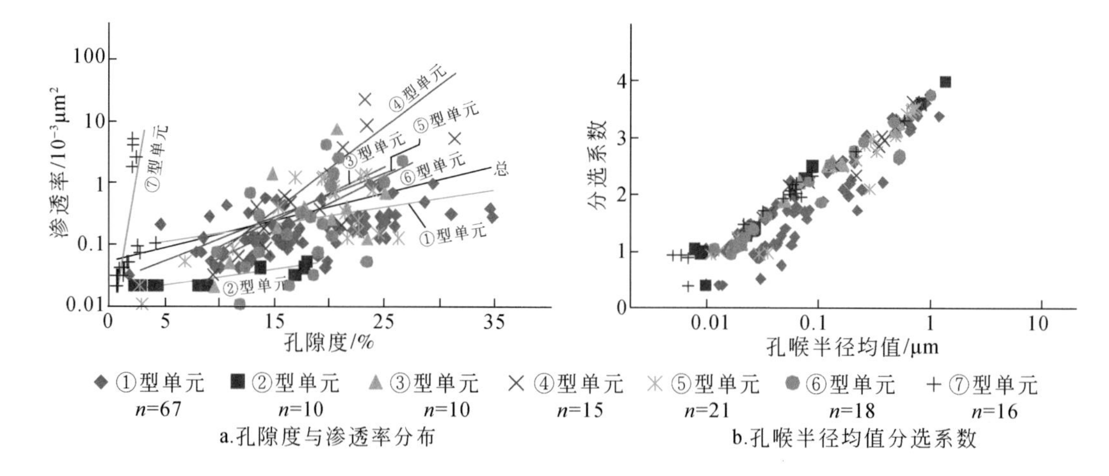

图 6.4　松辽盆地东南隆起区营一 D1 井和营三 D1 井营城组火山岩孔缝单元储层物性特征

Fig. 6.4　Porosity and permeability of pore-fracture units in the volcanic rocks of the Yingcheng Formation (Wells Y1D1 and Y3D1, uplift region of SE Songliao Basin)

n 为样品数

表 6.3　松辽盆地东南隆起区营一 D1 井和营三 D1 井营城组火山岩孔缝单元孔隙度与渗透率相关特征对比

Table 6.3　Comparison of porosity and permeability in pore-fracture units of volcanic rocks in the Yingcheng Formation (Well Y1D1 and Well Y3D1, uplift region, SE Songliao Basin)

孔缝单元	孔隙度（ϕ）与渗透率（K）拟合函数	R^2	T	$T_{\alpha/2}$（$n-2$）	n
总	$K=0.045e^{0.0883\phi}$	0.23	6.89	1.96	157
①型	$K=0.0615e^{0.0559\phi}$	0.25	4.68	2.00	67
②型	$K=0.0159e^{0.0514\phi}$	0.79	5.49	2.31	10
③型	$K=0.0135e^{0.1713\phi}$	0.29	1.81	2.31	10
④型	$K=0.0037e^{0.276\phi}$	0.66	5.08	2.16	15
⑤型	$K=0.0208e^{0.1422\phi}$	0.46	4.06	2.09	21

续表

孔缝单元	孔隙度（ϕ）与渗透率（K）拟合函数	R^2	T	$T_{a/2}$（$n-2$）	n
⑥型	$K=0.0081e^{0.1796\phi}$	0.29	2.58	2.12	18
⑦型	$K=0.0071e^{1.8296\phi}$	0.44	3.29	2.15	16

注：R^2为相关系数；T为数据相似度；$T_{a/2}$（$n-2$）为相关临界值；n为样品数。

6.4　小　　结

各个盆地/区块的储层物性变化较大，同一盆地/区块间的储层物性变化也很大。火山岩属于中低孔、中低渗、小孔喉储层，局部可发育高孔、中高渗储层；在一些盆地内也称为致密储层（Zou et al.，2013；孟元林 等，2014；王京红 等，2011a；王璞珺 等，2007a），火山岩储层的非均质性强，这与岩石组构、岩石的矿物成分以及孔隙结构密切相关（陈欢庆 等，2012；甘学启 等，2013；刘为付 等，1999）；平均喉道半径与渗透率有很好的相关关系，火山岩孔喉比大，束缚水饱和度高，存在启动压力梯度（庞彦明 等，2007）。火山岩储层物性下限较低，如新疆克拉玛依九区凝灰岩类孔隙度下限为5.0%，熔岩类孔隙度下限为4.5%，均低于相同层位的沉积岩（汤小燕，2011），说明火山岩作为有效储层具有良好潜力。

火山岩孔隙度、渗透率和孔喉半径随围压的增大而减小（Heap et al.，2018；彭彩珍 等，2004），当围压撤去时渗透率不能恢复到原始值（Fan et al.，2018）。初始孔隙度大的样品随围压增大，孔隙度和渗透率减少的量越大（Entwisle et al.，2005）。当孔隙度小于20%时，随着孔隙度变大，其产生裂缝的门槛压力迅速变小；当孔隙度大于20%时，产生裂缝的门槛压力没有明显下降（Spieler et al.，2004）。对于以孔隙为主的样品，当围压升高时渗透性减少率小（Cant et al.，2018）；对于裂缝型储层，裂缝越发育，应力敏感性越强，含水岩样的渗透率随有效压力增大而降低的幅度要大于干燥的岩样（胡勇 等，2006）。在低压段受压后裂缝闭合，渗透率下降较快，在高压段下降速率减缓（朱华银 等，2007）。

储层评价需要根据储集空间类型及组合、储层物性和微观孔隙结构特征等参数综合起来才能建立起与产能的合理关系（Huang et al.，2019；陈欢庆 等，2016；金成志 等，2007；马尚伟 等，2017；闫伟林 等，2011）。而储层对比则应该在高精度地层格架的约束下进行研究（陈欢庆 等，2012；唐华风 等，2010）。岩石润湿性可能受原油的酸值控制，Amott水指数随酸值的增加呈指数下降，从而影响油的流动性和采收率（Xie et al.，2010）。

7 火山地层界面与储层的关系

火山地层界面对火山岩储层的分布具有重要的影响，特别是喷发间断不整合和构造不整合界面会产生丰富的次生孔隙，控制着储层的分布。本章主要讨论这两类界面对储层的控制作用。

7.1 典型井区特征

根据钻井揭示的沉积岩夹层和风化壳特征识别喷发间断不整合界面，再以界面为基准面统计界面之下的储层发育特征。下面介绍典型井区的特征。

7.1.1 长岭断陷 YS1 井区营城组酸性岩火山地层

由图 7.1 可知，YS1 井区的钻井揭示营城组流纹质火山地层发育喷发间断不整合。在该区主要有两种表现：一是处于相对正地形 YS1 井的风化壳（高伽马、低密度、低电阻）与上覆岩层接触；二是处于相对负地形的 YS101 井火山岩与上覆凝灰质泥岩（高伽马、中密度、特低电阻）接触；二者虽发育在不同流动单元上，但是二者在横向上可组合成一个波状等时界面。由图 7.1 可知，位于高部位的 YS1 井在界面之下发育丰富的溶蚀孔和晶间微孔，还有少量的气孔；孔隙度在界面处存在一个数十厘米的低值带，随后出现一个 4m 左右的高值带，然后孔隙度迅速变小；整体上看孔隙度随距界面的距离增大而减小，该特征与喷发不整合界面的储层特征存在明显差别。而处于低部位的 YS101 井发育丰富的气孔，溶蚀孔不发育，其孔隙度变化特征与喷发不整合界面的储层特征相似。成因可能是风化作用使 YS1 井处界面附近的原生孔隙严重破坏，产生丰富的次生孔隙，整体上孔隙度增加，但其变化特征不同于喷发不整合界面；而在 YS101 井处则改造不明显，次生孔隙少，还保留了喷发不整合界面的特征。但处于高部位的岩层储层改造结果可能存在气孔带保留或未保留两种情况，当气孔带能保留时情况如 YS1 井；当气孔带被侵蚀完毕时，风化改造的是致密岩石，储集空间类型以溶蚀孔为主，其物性条件与原始状态的差别难以准确预测，多数情况小于原生气孔能够保存时的状况。

7.1.2 王府断陷火石岭组中性岩火山地层

通过岩心观察、常规薄片和铸体薄片观察，该区储层空间类型以次生孔隙、原生孔隙和次生裂缝为主。根据 6 口井、74 个铸体薄片、113 张图片和 40m 岩心，分析了储层空间出现的频率。原生孔隙频率较低，粒间孔占 12%，杏仁孔占 19%。次生孔隙频率较高，铸模孔达 59%，筛状孔达 92%。表明该火山地层中原生孔隙空间相对有限，但次生成岩

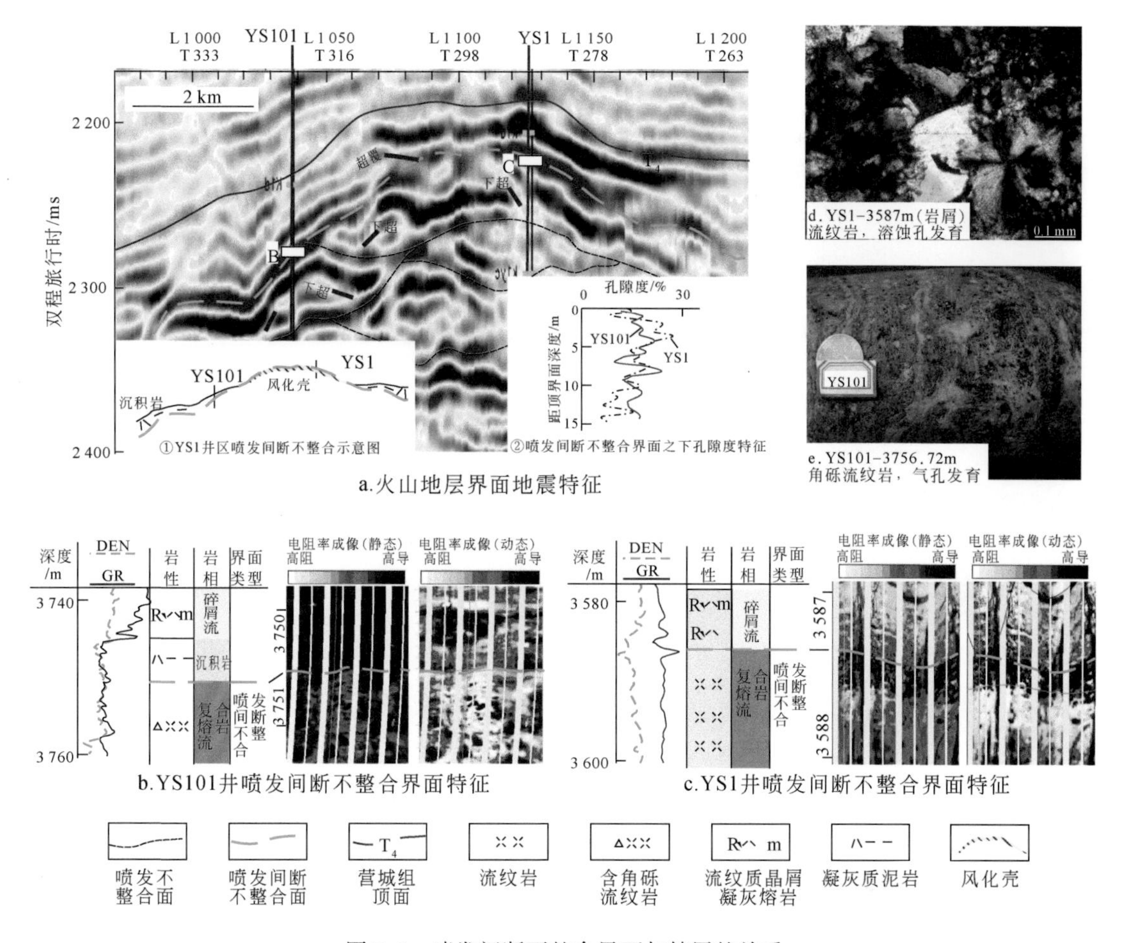

图 7.1 喷发间断不整合界面与储层的关系

Fig. 7.1 Relationship between eruptive interval unconformity boundary and reservoir

作用产生了丰富的次生孔隙和裂缝，提高了储层质量。

根据岩心样品的实测结果，分析各井喷发间断不整合界面与孔隙度和渗透率的关系。总体而言，熔岩、火山碎屑岩和碎屑熔岩的孔隙度和渗透率均随离喷发间断不整合界面的距离增加而减小。远离界面时，孔隙度和渗透率迅速变小。可划分为四个带：首先为厚约40m的中孔渗带（带1）；其次为厚约40m的最高孔隙度带（带2）；再次为厚约60m的中孔渗带（带3）；最后为大于180m的低孔渗带（带4）。因此，喷发间断不整合界面下方40～80m的带2储层质量最好。储层质量较好的为带1和带3，分布在喷发间断不整合界面下方0～40m和80～140m。带4储层质量较差，分布在喷发间断不整合界面下方140～320m（图7.2）。

CS11井发育两个喷发间断整合界面，喷发间断不整合界面1深度为2530m，喷发间断不整合界面2深度为2699m。铸体薄片、井壁岩心和FMI数据表明，随着离喷发间断不整合界面距离增加，火山岩的蚀变程度和裂隙密度减小。首先，介绍喷发间断不整合界面2的详细信息。井壁岩心显示有少量高倾角和规则裂缝。FMI图像显示，该区仅存在少量

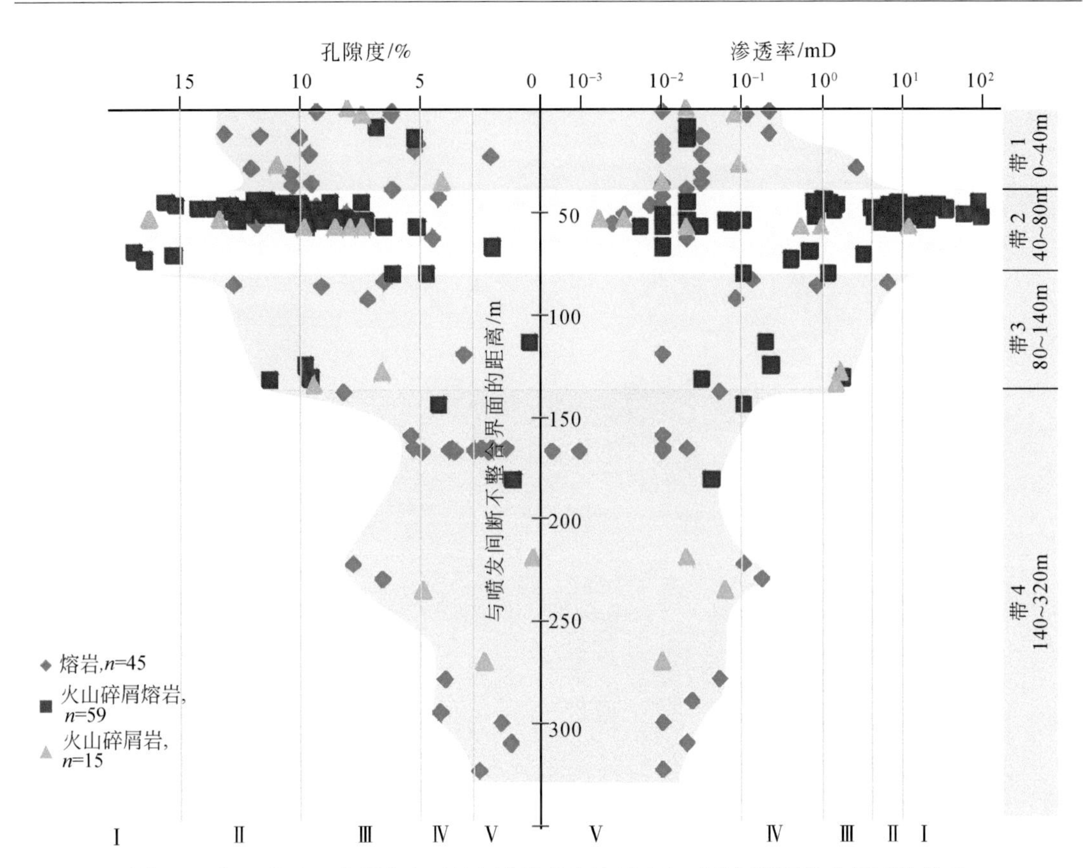

图 7.2　松辽盆地王府断陷火石岭组孔隙度和渗透率与喷发间断不整合界面的关系

Fig. 7.2　Relationship between porosity, permeability and the eruptive interval unconformity boundaries in the Huoshiling Formation (Wangfu Rift Depression, Songliao Basin, NE China)

中、高倾角度裂缝。在 2549.5m 和 2562.5m 深度的铸体薄片中发现基质和斑晶发生大面积的蚀变，形成丰富的筛状孔和铸模孔。2549.5m 和 2562.5m 深度的样品显示，小面积基质发生蚀变，形成了少量筛状孔。2630m 和 2692m 深度的样品显示，裂缝旁的部分基质区域经历了蚀变，产生了少量的筛状孔。在 2617m 和 2660m 深度的杏仁孔被绿泥石和方解石充填（图 7.3a）。其次，介绍喷发间断不整合界面 1 的详细信息。井壁岩心显示有少量高倾角和规则裂缝。但是 FMI 图像显示几乎没有裂缝。在 2699m 和 2720m 深度的铸体薄片中发现大面积的基质和斑晶发生蚀变，形成丰富的筛状孔和铸模孔。在 2765.0m、2767.0m 和 2769.0m 深度的样品中基质和长石小面积发生蚀变，形成了筛状孔和铸模孔，见方解石和石英充填孔隙。2776.0m 和 2784.0m 深度样品的基质和斑晶发生少量蚀变，形成筛状孔（图 7.3b）。

在 CS5 井有一个喷发间断不整合界面。2299～2320m 的井壁取心显示，存在大量充填程度较低的网状裂缝。而在 2321m 和 2423.9m 处存在少量规则、充填程度高的微裂缝。FMI 图像显示，在 2320～2360m 处存在网状裂缝。这些裂缝可分为两种类型，一种是规则裂缝，另一种是不规则裂缝。FMI 图像表明，在远离界面处仅存在规则的高角度裂缝。因此，裂缝密度随离喷发间断不整合界面的距离增加而减小（图 7.3c）。

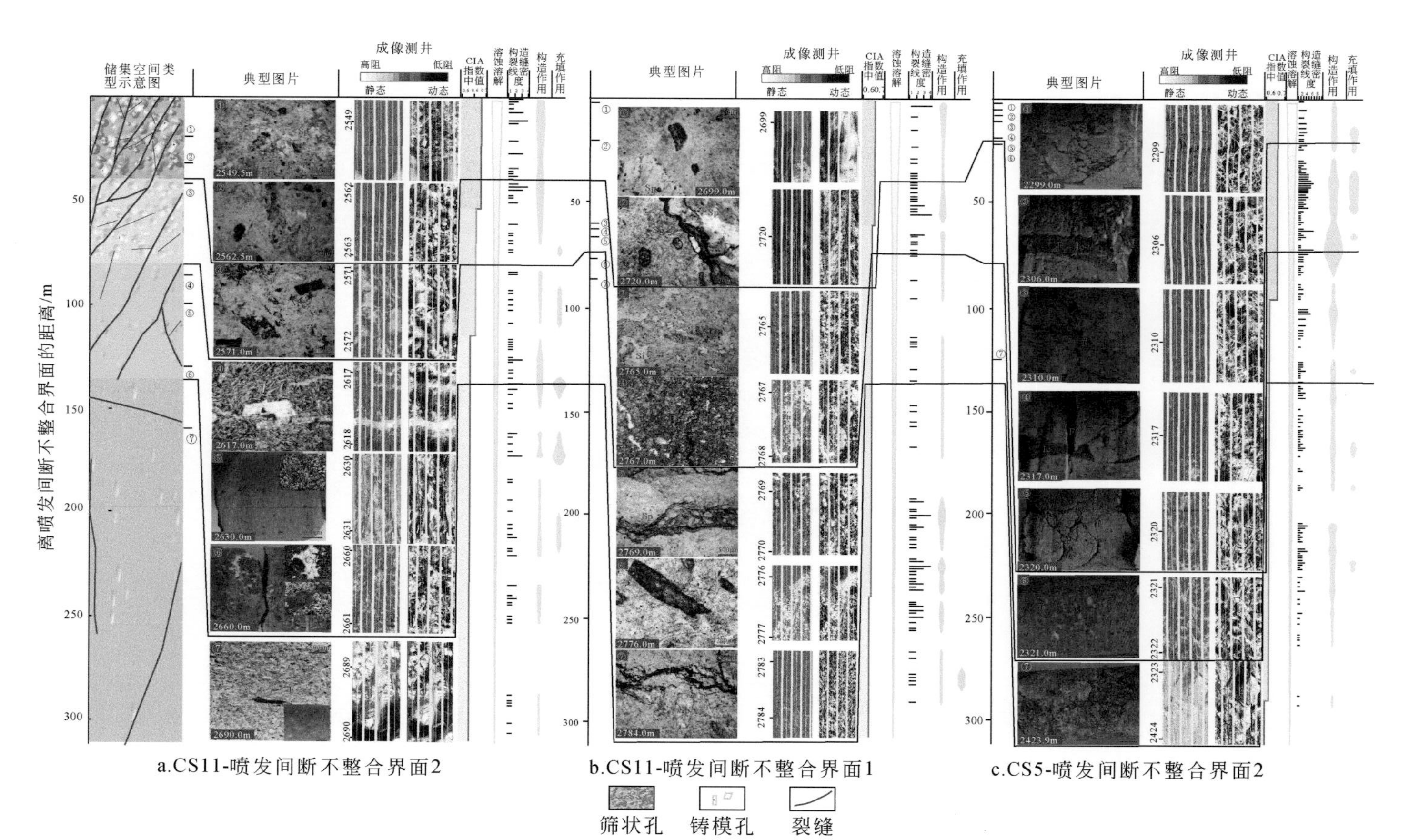

图7.3 松辽盆地王府断陷火石岭粗安质火山地层界面与储层的关系

Fig. 7.3 The relationship between reservois and boundaries in thick volcanostratigraphy of Huoshiling Formation of the Wangfu Fault Depression，Songliao Basin

CIA= [Al_2O_3/ (Al_2O_3+CaO+Na_2O+K_2O)], 氧化物数据来源于元素测井(ECS)。裂缝线密度单位为n/m，将高角度的规则裂缝识别为构造缝。线密度资料中黑线表示根据成像测井资料估算，在线密度资料中红线表示从井壁取心中获得的数据。充填程度用高阻缝的线密度占比来表示。A–杏仁体内孔，M–铸模孔，Sp–筛状孔，F–裂缝，Si–硅质，Ca–钙质，Ch–绿泥石，Ic–岩汁，Ze–沸石

7.2　各盆地钻井揭示特征

钻井揭示了多数有利储层分布于喷发间断不整合和构造不整合界面之下的200m范围内，少数情况可延伸到500m的范围。不同盆地之间该范围存在差异，同一盆地不同区块的范围也不同，同一区块不同井之间也存在一些差别（图7.4b）。研究表明，准噶尔、海拉尔和松辽等盆地的喷发间断不整合和构造不整合界面之下的有利储层具有分带性（Ma et al.，2019；崔鑫 等，2016；马尚伟 等，2019；赵然磊 等，2016）。有利储层的厚度和垂向分布范围受多种因素控制，如风化壳的古地貌分带、残丘及其边缘地带要好于缓坡带，更好于沟槽带和洼地带（范存辉 等，2017）；岩性/岩相特征也是影响储层分布范围的重要因素，如准噶尔盆地滴西地区石炭系构造不整合界面之下为爆发相岩石可延伸到界面之下400m，为喷溢相岩石可延伸到界面之下250m（Chen et al.，2016）；断裂带的存在也可使风化作用影响的范围变大（王京红 等，2011a）。

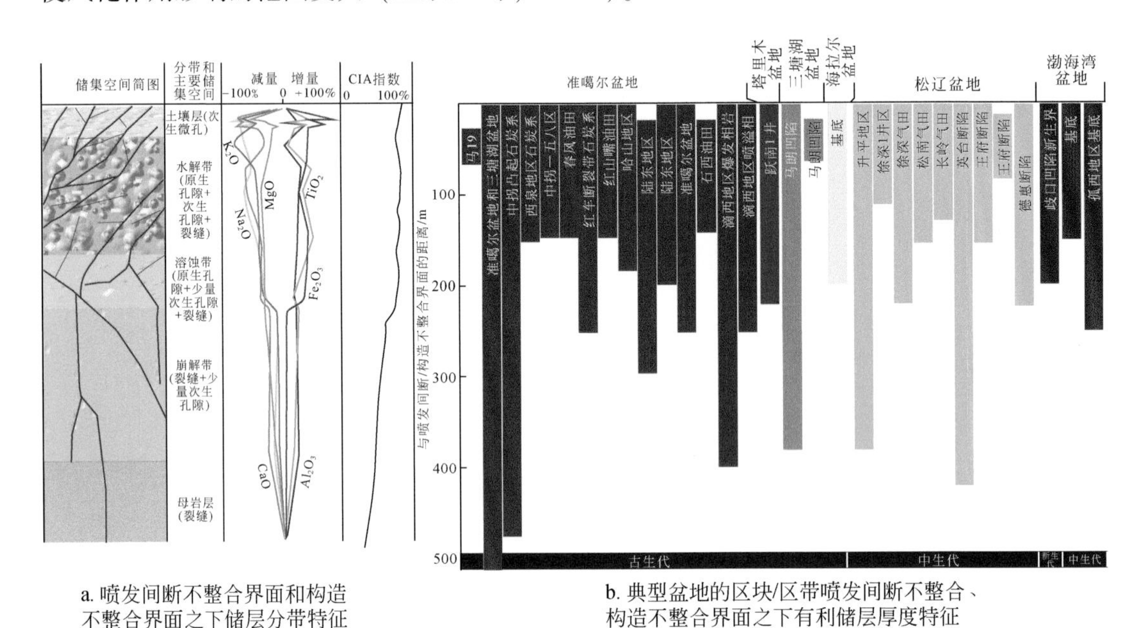

a. 喷发间断不整合界面和构造不整合界面之下储层分带特征

b. 典型盆地的区块/区带喷发间断不整合、构造不整合界面之下有利储层厚度特征

图7.4　喷发间断不整合、构造不整合界面与储层的关系（唐华风 等，2020a）

Fig. 7.4　Relationships between eruptive interval unconformity boundaries, tectonic unconformity boundaries, and volcanic reservoirs

$CIA = \{(Al_2O_3)/[(Al_2O_3)+(CaO^*)+(Na_2O)+(K_2O)]\}\times 100\%$，主成分均指摩尔分数，$CaO^*$ 仅为硅酸盐中的CaO

有利储层的发育也促进了油气聚集。从钻井揭示的情况来看，多数油层/气层/气水层/油水层在喷发间断不整合和构造不整合界面之下150m范围以内［图7.5a］，油层/气层/气油同层更多的是集中在100m范围之内（图7.5b），该深度段应该是油气勘探的重要层位。

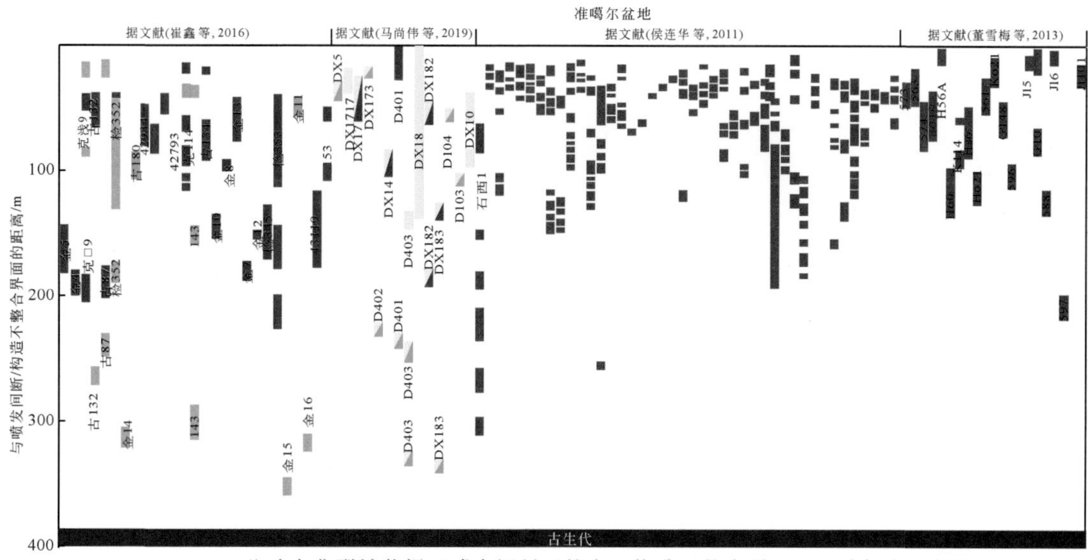

a.盆地中典型钻井揭示喷发间断不整合、构造不整合界面之下油气水分布特征

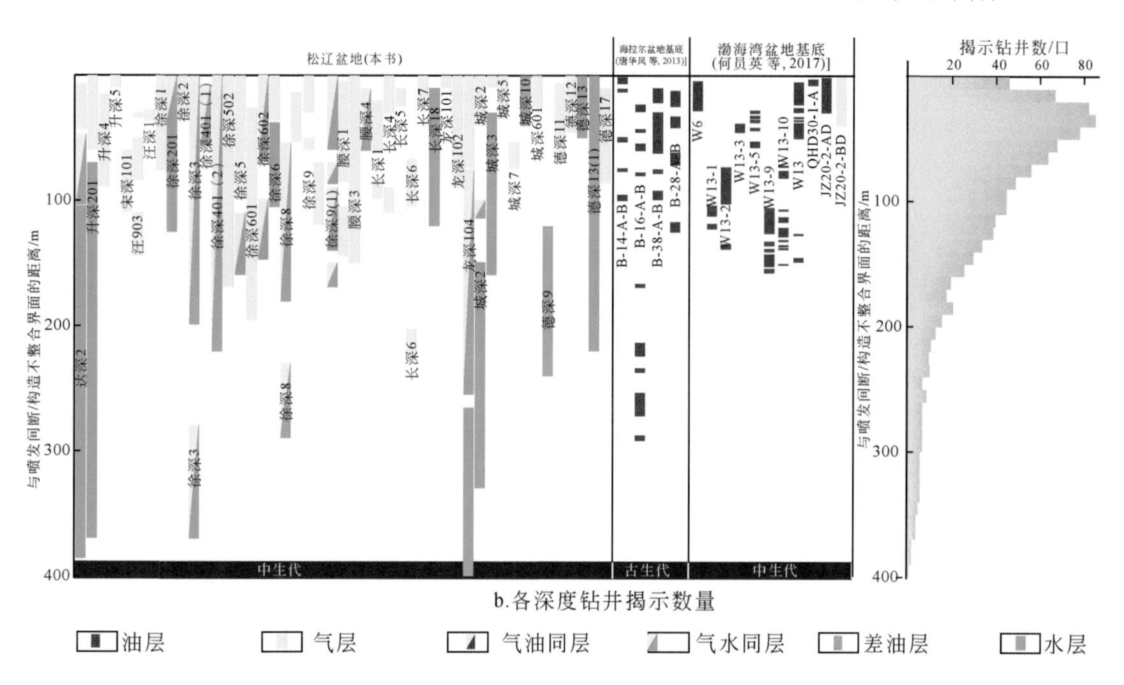

b.各深度钻井揭示数量

图7.5 喷发间断不整合、构造不整合界面与油气层分布的关系(唐华风 等,2020a)

Fig. 7.5 Relationship between eruptive interval unconformity boundaries, tectonic unconformity boundaries, and oil-gas distribution

构造不整合界面与喷发间断不整合界面在储集空间和储层物性分布规律方面具有相似性。不同的是,构造不整合界面的形成时间较长,地表流体与火山岩有充足的接触时间,特别是当与网状的喷发不整合界面组合时,流体可沿着高孔隙带向下渗透,可达到更大的

影响范围。新疆准噶尔盆地石炭系火山岩风化壳可达到数百米，风化壳处的储层明显高于未风化的部位（侯连华 等，2012；王京红 等，2011a；邹才能 等，2011）。

7.3　界面对储层分布的控制机理

关于火山地层界面对储层的影响，主要表现在埋藏前风化淋滤、埋藏溶蚀和埋藏后抬升风化时界面系统对流体的导通作用（Laubach and Ward，2006；Sruoga and Rubinstein，2007）。本书主要介绍该界面对储层分布的控制机理。

7.3.1　风化淋滤

由于火山建造时容易形成高大的正地形地貌，所以火山地层在形成后的长期间断时间就开始接受埋藏前的风化作用。当火山岩石埋藏后再次暴露在地球表面或地表附近时，就会再次发生风化作用。岩石风化有如下过程，首先岩石会因物理风化产生次生裂缝，为大气水溶蚀溶解岩石提供通道。其次是流体作用于岩石发生化学风化作用，产生次生溶蚀孔隙（Neuendorf et al.，2011），在此过程中，微生物可以增强岩石的蚀变（Shun et al.，2014）。在风化过程中，岩石的颜色、质地、成分、硬度或形状都会发生变化。值得一提的是，火山岩通常会经受埋藏前风化，持续时间是从火山地层形成到上覆地层完成覆盖的期间，这是火山岩区别于沉积岩的显著特征。

王府断陷火石岭组火山岩经历了不同的埋藏过程。东部隆起区、中部斜坡区和西部凹陷区是三个埋藏历史不同的主要地区。东部隆起区和中部斜坡区风化淋滤相似，但也存在一定的差异。东部隆起区不存在火石岭组上段、沙河子组和营城组。此外，其楔形形态暗示了沙河子期和营城期的古斜坡。地层自西向东重叠置。东部隆起区经历了长期、大规模的风化淋滤。风化淋滤时间应持续 20Ma 以上。中部斜坡区（CS5 井、CS9 井）位于正断层下盘形成的火山高地，缺少火石岭组上段和沙河子组下段。从地层厚度来看，该火山高地也经历了数百万年的风化淋滤作用。风化淋滤作用使储层分布与喷发间断不整合界面密切相关。由于风化作用是自火山岩顶部向下逐渐发生的，所以在界面处影响最大。在 CS5 井的喷发间断不整合界面下方，越靠近喷发间断不整合界面，裂缝密度越高。CS5 井的上部为网状裂缝；CS5 井的下部仅存在高倾角裂缝。风化过程是 CS5 井上部网状裂缝形成的主要原因。风化裂缝在火山岩出露地表时产生；冷凝收缩缝和构造裂缝由于大气水的溶蚀作用可显著扩大（唐华风 等，2016）。

7.3.2　埋藏溶蚀

在热演化过程中，这些泥岩和煤层中的有机质产生了有机酸、CO_2 和 CH_4 等化合物，导致火山岩溶蚀溶解。含煤地层通常在两个阶段产生大量的酸。首先，在埋深 200 ~ 400m 范围内，将植物残体转化为泥炭和褐煤的过程可以产生 3.3 ~ 4.6 的 pH（Zheng and Ying，1997；Zhong et al.，2003）。其次，泥岩和煤层在有机质（70 ~ 170℃）演化过程中排出的酸能显著降低地层水的 pH，从而使物质再次被酸溶蚀溶解（Yang et al.，2004；Zhang et al.，2011；刘林玉 等，1998）。海绵孔、筛状孔、溶洞和铸模孔是通过蚀变和溶蚀作用产生的（Blum and Stillings，1995；David and Walker，1990；Sruoga and Rubinstein，2007）。

CS9 井火山岩中存在次生石英中的含油气包裹体，表明火山岩在热演化过程中经历了有机酸或 CO_2 的埋藏蚀变。有机酸或 CO_2 可能来自上覆优质烃源岩，如泥岩（干酪根类型 $Ⅱ_2$，总有机碳含量为 0.4% ~2.5%）和煤，钻孔证明了这一点（张炬，2013）。该井未能穿透火石岭组下部。然而，由于地震资料具有杂乱、空白和低频的特征，判断底部发育烃源岩的概率较低。王府断陷火石岭组火山岩中含有长石、玻璃屑、火山灰等不稳定组分，对次生孔隙的形成起重要作用。如图 7.6 所示，有四种蚀变现象可以产生孔隙。海绵

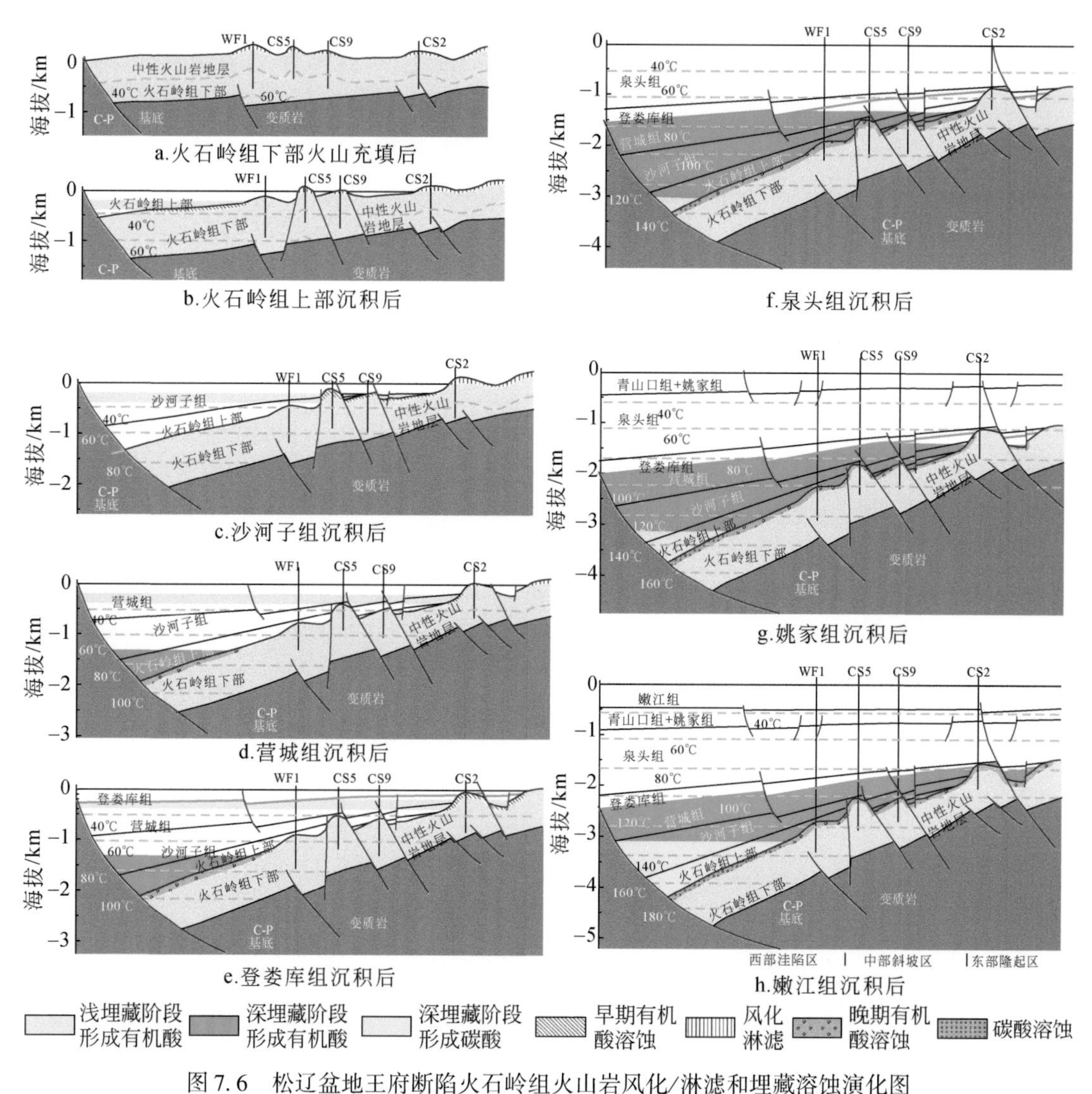

图 7.6 松辽盆地王府断陷火石岭组火山岩风化/淋滤和埋藏溶蚀演化图

Fig. 7.6 Evolution of acidic dissolution and weathering/leaching in Huoshiling Formation volcanic rocks during burying processes (Wangfu Rift Depression, Songliao Basin, NE China)

状孔隙是由粗安山质岩屑蚀变形成的。角闪石蚀变产生铸模孔。粗安山质基质部分蚀变产生海绵状孔隙。溶解形成的铸模孔和筛状孔直径大，溶蚀形成的海绵状孔直径小。这些孔隙共同形成了高孔隙度、小喉道的储层。CS9 井含油气包裹体显微测温结果显示，大部分包裹体的峰值温度为 90 ~ 107℃，从埋藏历史来看，包裹体的峰值温度出现在 Cenomanian-Campanian 期。因此，储层形成年龄等于或早于包裹体充注年龄。

X-Ray 分析结果表明，凸起区和斜坡地区火山的黏土矿物主要为绿泥石，含少量伊利石和蒙脱石（表 7.1）。本区火山地层层序的最大古温度为 135 ~ 190℃。因此，温度条件有利于伊利石等黏土矿物转化为绿泥石。另外，当岩石暴露于地表时，基质中的长石斑晶和长石会风化成蒙脱石、高岭石等黏土矿物，随着埋藏深度的增加，这些黏土矿物会转化为伊利石（Battaglia, 2004; Cathelineau and Izquierdo, 1988; Noguera et al., 2011）。当铁、镁离子充足时，伊利石会转化为绿泥石。CS6 井裂缝充填黄铁矿，表明后火山期流体中铁元素含量较高。上述各项均有利于伊利石和/或高岭石转化为绿泥石。这些因素是黏土矿物向绿泥石转变的主要原因（黄思静 等, 2009; 黄思静 等, 2003; 李家珍 等, 1988; 王建伟 等, 2005）。该区溶蚀孔不仅具有高孔隙度的重要作用，而且具有较好的连通性（即高渗透率）（Wang et al., 2013; 蔡东梅 等, 2010; 罗静兰 等, 2012; 罗静兰 等, 2013; 张丽媛 等, 2012）。

表 7.1 王府断陷火石岭组火山岩矿物成分特征

Table 7.1 Minerals in the volcanic rocks of the Huoshiling Formation (Wangfu Fault Depression)

样品	钻井	深度/m	与喷发间断不整合界面的距离/m	矿物含量/%								黏土矿物相对含量/%				
				Q	Kfs	Ab	Cal	Dol	Am	Ap	Lmt	TCMC	I/S	I	K	Chl
1	CS11	2577	27	4.3	10.8	65.4	1.1	—	—	—	4	14	3	3	—	94
2	CS11	2579	29	1.7	3.3	56.1	3.6	—	—	—	19.1	16	—	—	—	100
3	CS11	2583	33	23	12.7	45.3	1.1	—	1.5	—	5.4	11	—	—	—	100
4	CS11	2585	35	36	6	41	2	—	—	—	—	15	4	6	—	90
5	CS11	2588	38	—	8.6	53.5	1.1	—	1.4	—	10.4	25	—	—	—	100
6	CS606	2409	49	9.2	9.8	46.1	7	—	—	5.3	—	23	—	1	—	99
7	CS606	2410	50	—	10	86	—	—	—	—	—	4	—	—	50	50
8	CS606	2413	53	—	1	97	—	—	—	—	—	2	—	—	100	—
9	CS606	2414	54	—	5.2	42.7	18.1	—	—	4.6	—	29	—	4	—	96
10	CS606	2417	57	—	3.2	53.1	—	—	—	6.9	—	37	—	1	—	99
11	WF1	3590	160	27	7	56	—	—	—	—	—	10	6	9	—	85

注：Q-石英，Kfs-钾长石，K-高岭石，Ab-钠长石，Chl-绿泥石，Cal-方解石，Dol-白云石，Am-角闪石，Ap-磷灰石，Lmt-浊沸石，TCMC-总黏土含量。I-伊利石，I/S-伊蒙混层。样品 3 和 4 经受了硅质充填，样品 9 经受了钙质充填。

火山岩 CS11 井的次生孔隙数量随距离 EIUB1 和 EIUB2 距离的增加而减少。由于上覆地层溶蚀流体运移到火石岭组火山岩中，使火山岩顶部溶蚀较早，增强了该区的储层品质（图 7.6）。此外，由于火石岭组火山岩埋深不同，东部隆起区、中部斜坡区和西部凹陷区的热演化程度也不同。西部凹陷区在营城组沉积末期就进入有机质成熟阶段，临近有机质成熟区的火山岩在该时间段就开始接受溶蚀溶解（图 7.6d），该过程一直持续到登娄库组沉积末期（图 7.6e）。然后，随着泉头组沉积了较厚的地层，使得中部斜坡区的沙河子组进入有机质成熟阶段，中部斜坡区火石岭组火山岩接受溶蚀溶解而产生次生孔隙（图 7.6f）。东部隆起区的上覆地层营城组在嫩江组沉积末期才进入有机质成熟阶段，使得东部隆起区的火山岩遭受溶蚀溶解作用。因此，凹陷区深埋蚀变的持续时间要长于隆起区深埋蚀变的持续时间。

7.4 界面控储及勘探意义

东部隆起区和中部斜坡区风化淋滤区钻孔有效储层厚度较大，范围为 21.5 ~ 59.5m，而仅经历深埋蚀变的中部斜坡区和西部凹陷区的有效储层的钻孔厚度相对较小，为 20 ~ 22m（表 7.2）。因此，风化淋滤对该地区储层的影响较大。

天然气日产量数据表明，风化淋滤是生产工业气藏的必要条件。特别是对中部斜坡区钻孔具有较好的聚集效果。仅经历过深埋蚀变的西部凹陷区和中部斜坡区钻孔产量较低。

风化淋滤区应与具有形成构造圈闭优先条件的火山古隆起区相对应，构造圈闭对油气成藏有利。仅经历了深埋蚀变的区域应与王府裂谷凹陷的稳定沉降区相关。对于天然气聚集来说，这种方法并不理想（图 7.6）。因此，在王府断陷厚火山地层中，火山隆起区是最佳勘探目标区，尤其是靠近烃源岩的区域。

综上所述，由于四个有利因素，最佳勘探目标区应为中部斜坡区的火山隆起区：储层质量好（数百万年的风化淋滤），靠近烃源岩，处于流体运移通道，区域盖层分布广泛（即沙河子组泥岩和营城组泥岩）。西部凹陷区的隆升区储层质量好（百万年的风化淋滤耦合，深埋蚀变强烈），烃源岩包裹，运移距离近，区域盖层分布广泛，是该区第二有利的勘探目标区。第三个最佳勘探目标区是东部隆起区，有利因素是储层质量较好（20Ma 风化淋滤，表明次生孔隙度较高），但不利因素包括气体运移距离长、封闭性差等。因此，最佳勘探目标区顺序为中部斜坡区火山继承性隆起区、西部凹陷区继承性古隆起区和东部隆起区（表 7.2）。

表 7.2 王府断陷火石岭组岩性、位置、储层特征及产气量特征

Table 7.2 Lithology, locations, reservoir characteristics, and gas production of the Huoshiling Formation (Wangfu Fault Depression)

井号	岩性	位置	储层成因	日产气量 /m^3	日产水量 /m^3	有效储层 层数/厚度/m	采气指数数量/ [(m^3/(d·m)]	采气指数/ [(m^3/(d·m)]
CS2	粗安质集块岩	EU	WL, PS, AOA	12950	24	1/21.5	1728	602
CS13	含集块粗安岩	EU	WL, PS, AOA	2100	142	2/28.5	5063	74

续表

井号	岩性	位置	储层成因	日产气量/m^3	日产水量/m^3	有效储层层数/厚度/m	采气指数数量/[(m^3/(d·m)]	采气指数/[(m^3/(d·m)]
C9	粗安质集块岩	EU	WL, PS, AOA	0	80	1/30.0	2697	0
CS8	粗安岩	EU	WL, AOA	0	120	4/50.0	2400	0
CS4	粗安岩	MS	AOA	3000	12	2/22.0	682	137
CS5	粗安岩	MS	WL, AOA	73860	19	2/26.7	3485	2766
CS6	粗安岩	MS	WL, AOA	154790	0	2/30.9	5009	5009
CS7	粗安岩	MS	WL, AOA	10860	20	3/59.5	518	182
CS11	粗安岩	MS	VMR, WL, AOA	50750	135	2/31.0	3388	1637
CS12	粗安岩	MS	AOA	1500	30	2/21.0	1500	71
WF1	粗安质集块熔岩	WS	AOA, WL, PS	16900	70	2/36.6	2372	462
CS20	粗安岩	WS	AOA	100	40	1/20.0	405	5

注：WS-西部凹陷区，MS-中部斜坡区，EU-东部隆起区；PS-颗粒支撑，WL-风化淋滤，AOA-有机酸溶蚀溶解，VMR-挥发分逸出；采气指数当量=（日产气量+日产水量×1000）/有效储层厚度。

7.5 小　　结

火山地层界面对火山岩储层的分布具有重要影响，特别是喷发间断不整合和构造不整合界面会产生丰富的次生孔隙，控制着储层的分布。钻井揭示多数有利储层分布于喷发间断不整合和构造不整合界面之下的200m范围内，少数情况可延伸到500m的范围；多数油层/气层/气水层/油水层在喷发间断不整合和构造不整合界面之下150m范围内，油层/气层/气油同层更多的是集中在100m范围内，该深度段应该是油气勘探的重要层位。造成这种现象的原因主要是埋藏前风化和埋藏溶蚀均是从界面顶部往地层内部作用，促进了界面顶部储层更为发育。对于半地堑盆地，靠近烃源岩的斜坡区火山继承性隆起区的喷发间断不整合界面以下150m是最有利的勘探层系。

8　地层单元与储层的关系

火山地层单元成因单位是堆积单元，明确了堆积单元的储层特征，就可以通过叠置样式得到火山机构或组段的储层模式。本章主要讨论熔岩流堆积单元、熔岩穹丘堆积单元、侵入岩和沉火山碎屑堆积单元的储层分布模式和主控因素。

8.1　熔岩流的储层分布模式

火山在喷溢过程中火山产物会沿着斜坡流动形成熔岩型火山地层单元。火山喷发的脉动性和多源性使得熔岩流具有不同的叠置关系；根据熔岩流喷发前的就位环境和喷发后形成的环境，可以划分出不同的就位环境。不同的叠置关系和就位环境控制着不同储层的发育模式。本节以松辽盆地王府断陷火石岭组流纹质简单熔岩流为例，开展就位环境对储层发育模式的分析。

8.1.1　就位环境

火山地层就位环境的古地貌恢复与沉积地层研究方法一致，常用方法有沉积学分析方法、层序地层学方法和印模法等，其中关键基础是等时界面的确定（庞军刚 等，2013）。本节选取流纹质火山地层底面和火石岭组顶部煤层底面作为火山岩就位环境分析的等时面。就位前古地貌分析采用下伏地层岩相分析方法，就位后古地貌分析采用上覆地层印模法。下面分别详细叙述。

8.1.1.1　就位前古地貌

流纹质火山地层的下伏岩性为泥岩、砂砾岩和粗安质火山岩。如图 8.1a 所示，CS9、CS10、CS12、CS14、CS607 和 WF1 井流纹质火山地层下伏泥岩厚度可达数十米，表明该区为稳定的湖相区，按照盆地充填的规律可知该区为凹陷区；CS1 和 CS7 井流纹质火山地层下伏岩性为厚层砂砾岩与薄层泥岩，具有冲积扇的特征，指示这两口井流纹质火山地层应就位于隆起区边缘；CS11、CS13、CS20、CS603 和 CS604 井流纹质火山地层直接与下伏粗安质岩石接触，表明上述各井区流纹质火山地层应就位于隆起区。所以火山岩就位环境可划分为凹陷区-湿环境、隆起区-干环境。通过剖面和岩相图分析恢复流纹质火山地层就位时的古地貌（图 8.1a）。该区整体上东高西低，东部为大规模的隆起区，西南部和中部为补丁状隆起区（图 8.1b）。

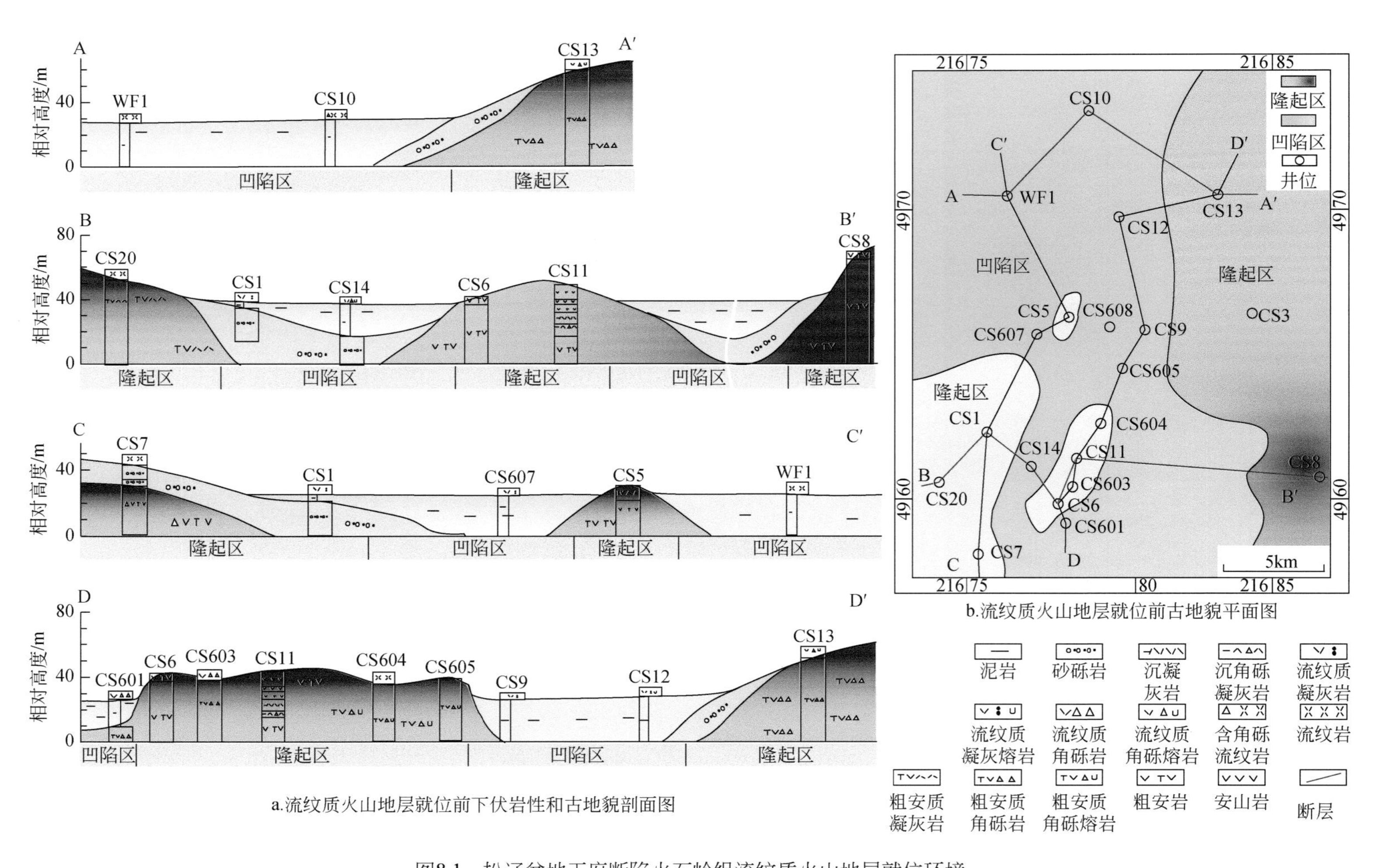

图8.1　松辽盆地王府断陷火石岭组流纹质火山地层就位环境

Fig.8.1　Emplacement environment of rhyolitic volcanic rocks in the Huoshiling Formation (Wangfu fault depression, Songliao Basin, NE China)

8.1.1.2 就位后古地貌

依据印模法恢复火山地层充填后的古地貌，选取煤层底界面为参照面拉平，根据煤层和火山岩顶面间的岩性和厚度分析流纹质火山地层就位后的古地貌。沉积岩厚（尤其泥岩厚）的地方为凹陷区，没有沉积岩或厚度薄（以砂砾岩为主）的区域为隆起区（图 8.2a）。通过剖面和地层厚度图分析可知，流纹质火山地层就位后整体上地形仍是东高西低，而隆起区分布范围变小，凹陷区分布范围扩大。发生变化的区域有 CS6 井隆起区转变为水下低隆起，分布范围缩小，CS5 井区由于断层的活动该隆起进一步扩大，CS20 井区由隆起区变成凹陷区（图 8.2b）。

8.1.1.3 就位环境类型

将图 8.1 和图 8.2 叠置得到就位环境图（图 8.3），就位环境可划分为就位前凹陷区-就位后凹陷区（Ⅰ类）、就位前凹陷区-就位后隆起区（Ⅱ类）、就位前隆起区-就位后隆起区（Ⅲ类）和就位前隆起区-就位后凹陷区（Ⅳ类）4 类。Ⅰ类就位环境的火山地层可与上覆下伏厚层泥岩形成良好的生-储-盖组合。Ⅱ类就位环境的火山地层可与下伏泥岩形成良好的生-储组合，火山地层就位后可经受风化淋滤作用改造增加孔隙。Ⅲ类就位环境的火山地层就位后至沙河子组早期经受了风化淋滤作用改造，形成风化壳型储层，但与下伏烃源岩距离较远。Ⅳ类就位环境不利于风化壳型储层发育，与下伏烃源岩距离较远。

8.1.2 储层分布特征

从图 8.4 可以得出Ⅰ类就位环境的孔隙度更高，其形态以正态和偏右正态型为主，7 口井中峰值大于 5% 的有 6 口井。Ⅲ类和Ⅳ类就位环境的储层物性较Ⅰ类就位环境差，孔隙度分布为偏左正态型，4 口井中的 3 口井峰值小于 5%；CS603 井（Ⅲ类就位环境）和 CS7 井（Ⅳ类就位环境）的非储层段占地层厚度比例大于 50%。相比较而言，Ⅲ类就位环境比Ⅳ类就位环境要好，因为Ⅲ类就位环境中也有储层物性好的钻井，如 CS13 井孔隙度峰值可达 9%。所以从钻井揭示情况看，Ⅰ类就位环境有利于储层发育，Ⅲ类就位环境有部分区域可发育好储层，Ⅳ类就位环境不利于储层发育。

8.1.3 储层分布模式

8.1.3.1 Ⅰ类就位环境火山地层的“下好上差”储层分布模式

就位于Ⅰ类就位环境的流纹质火山地层储层较发育，CS14 和 CS607 井取心段储集空间类型多样，如原生气孔、冷凝收缩缝、次生裂缝和溶蚀孔，其分布模式如下。

CS14 井岩性以流纹质角砾熔岩为主，气孔、裂缝和溶蚀孔发育。气孔面孔率可达 8.5%，占孔隙度贡献的 70%，裂缝和溶蚀孔对于该井的孔隙度贡献率只占 30%。取心段表明岩石组分没有明显的差别，但气孔只发育在 2996.2 ~ 3006.0m 井段，气孔形状呈椭圆

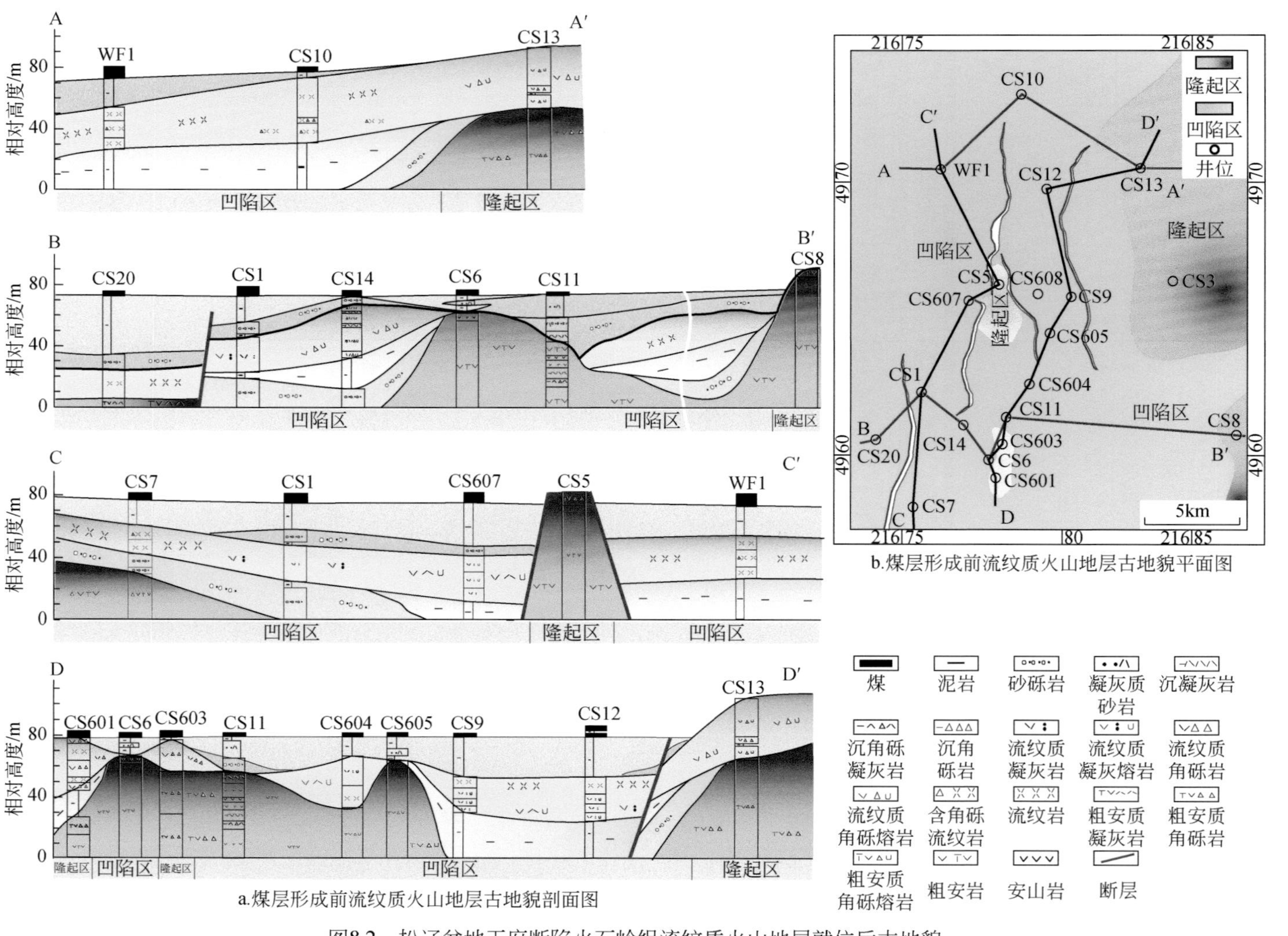

图8.2　松辽盆地王府断陷火石岭组流纹质火山地层就位后古地貌

Fig.8.2　Post-emplacement paleogeomorphology of rhyolitic volcanic rocks in the Huoshiling Formation (Wangfu fault depression, Songliao Basin, NE China)

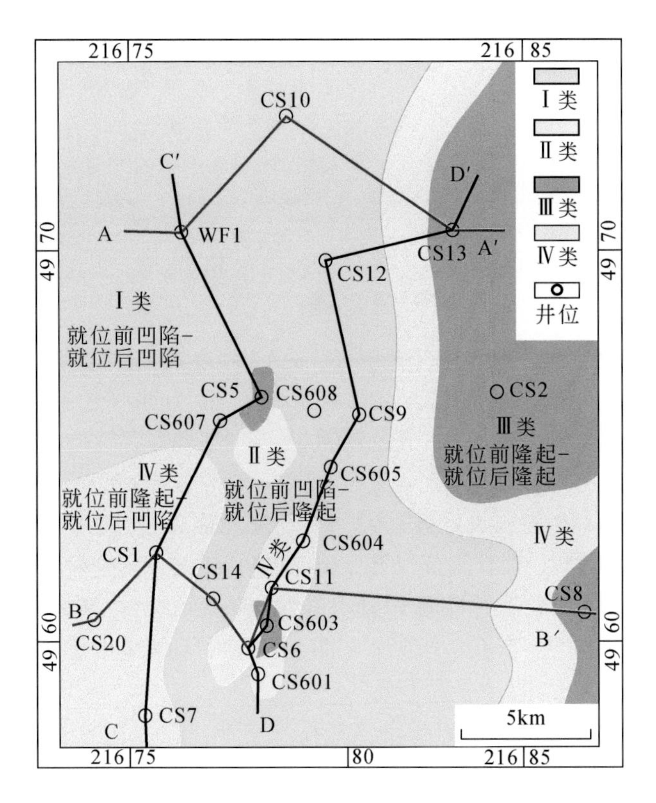

图 8.3　松辽盆地王府断陷火石岭组流纹质火山地层就位环境类型

Fig. 8.3　Assemblages associated with pre- and post- emplacement paleogeomorphology of the Huoshiling Formation (Wangfu fault depression, Songliao Basin, NE China)

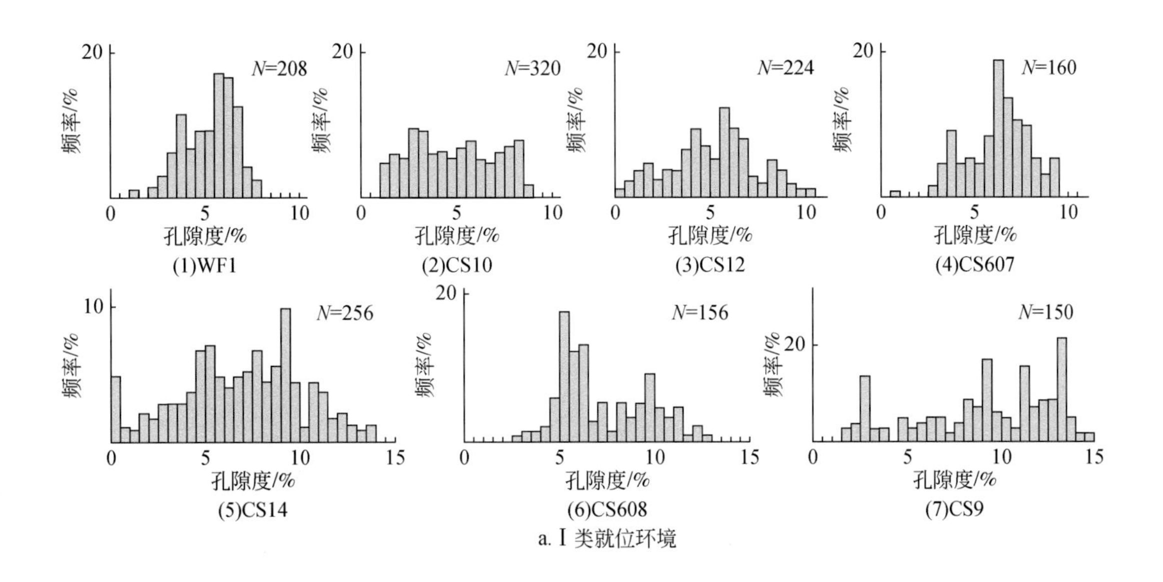

a. Ⅰ类就位环境

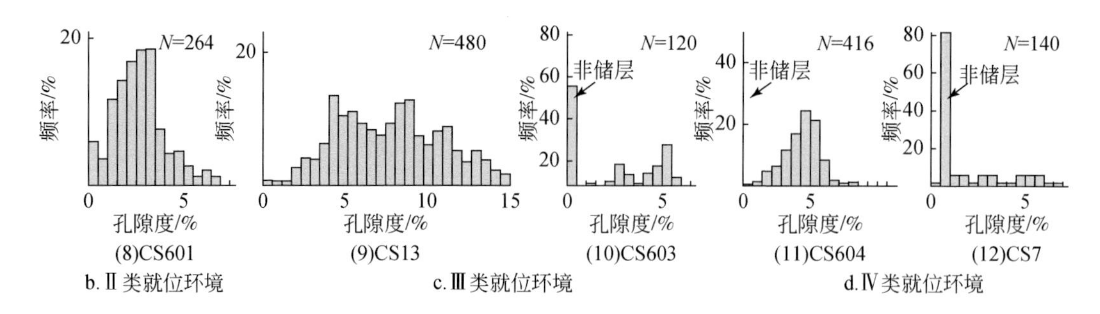

图 8.4　松辽盆地王府断陷火石岭组流纹质火山地层就位环境类型与储层关系

Fig. 8.4　Correlation between logging porosity and emplacement environment of rhyolitic volcanostratigraphy in the Houshiling Formation (Wangfu fault depression, Songliao Basin, NE China); N-Sample numbers

状，直径 1～2cm，离散状分布；上部 2992.5～2996.2m 不发育气孔；再向上过渡为流纹岩和流纹质晶屑角砾熔岩，也不发育气孔。从实测孔隙度和渗透率资料来看，下部为高孔-高渗（如果考虑到孔渗样品中不能包括大孔隙，其测试值往往小于实际值，因此下部孔渗可能会更高），上部为中低孔-中低渗（图 8.5a）。所以处于Ⅰ类就位环境的 CS14 井的火山地层的储层分布模式是“下好上差”。

CS607 井岩性以流纹质角砾熔岩为主，气孔不发育，裂缝和溶蚀孔发育，物性比 CS14 井稍差。从图 8.5b 中可以看出，顶底部冷凝收缩缝更发育，呈网状，裂缝宽度变化较大，充填程度为 90%；下部岩层裂缝发育，延伸远；面缝率高。中部发育隐爆缝，缝宽 1～2cm，充填程度 95%，充填物为岩汁和方解石。此外，整个井段溶蚀微孔发育，脱玻化孔发育于顶部和底部，构造裂缝不发育。根据实测孔隙度和渗透率资料来看，下部中高孔-中高渗、上部中低孔-中低渗。所以处于Ⅰ类就位环境的 CS607 井的火山地层的储层分布模式是“下好上差”。

综上所述，虽然处于Ⅰ类就位环境的火山地层的储层发育程度存在差别，但储层分布模式均是“下好上差”，即底部储集空间类型或数量更多，孔隙度渗透率相对高，顶部储集空间类型或数量变少，孔隙度渗透率相对低。这种“下好上差”的分布模式是一种特殊成因的储层分布模式，它的发现表明大套就位于凹陷区的火山地层的底部可能发育好储层。

8.1.3.2　Ⅲ类就位环境火山地层的“上好下差”储层分布模式

王府断陷火石岭组流纹质火山岩处于Ⅲ类就位环境的火山岩储层整体上相对不发育，只有少部分井发育好储层。如 CS13 井熔岩流的顶部发育丰富的储集空间类型，储层物性较好，以 CS13 井为例来分析其储层分布模式。由图 8.6 可知，该熔岩流顶部（2228～2240m）发育丰富的溶蚀孔，包括粒内溶蚀孔、基质溶蚀孔和气孔溶蚀扩大孔（洞），此外还发育丰富的微裂缝，缝宽 0.2mm，充填程度 10%；成像测井表现为中低阻（静态图像）、不规则团块状（动态图像）；熔岩流底部（2240～2249m）成像测井表现为中高阻、斑状，推测储集空间发育程度较上部差，测井解释孔隙度和渗透率显示物性比上部差。所

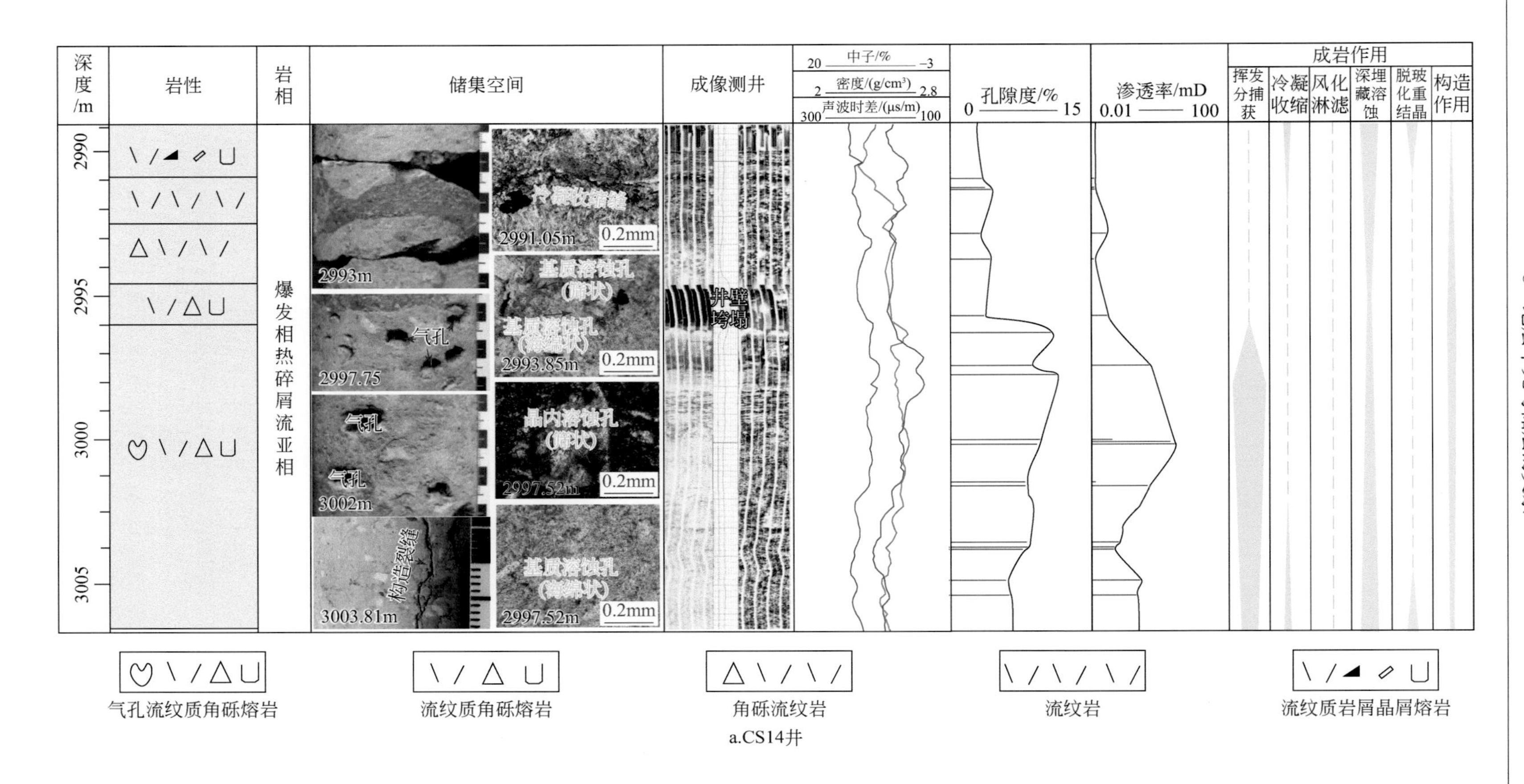
深度/m
2990
2995
3000
3005
岩性
岩相
爆发相热碎屑流亚相
储集空间
2993m
2997.75
气孔
3002m
3003.81m
构造裂缝
冷凝收缩缝
2991.05m
基质溶蚀孔(筛状)
基质溶蚀孔(蜂窝状)
2993.85m
晶内溶蚀孔(筛状)
2997.52m
0.2mm
成像测井
井壁垮塌
20 中子/% -3
2 密度/(g/cm³) 2.8
300 声波时差/(μs/m) 100
0 孔隙度/% 15
0.01 渗透率/mD 100
成岩作用
挥发分捕获
冷凝收缩
风化淋滤
深埋藏溶蚀
脱玻化重结晶
构造作用
气孔流纹质角砾熔岩
流纹质角砾熔岩
角砾流纹岩
流纹岩
流纹质岩屑晶屑熔岩

a.CS14井

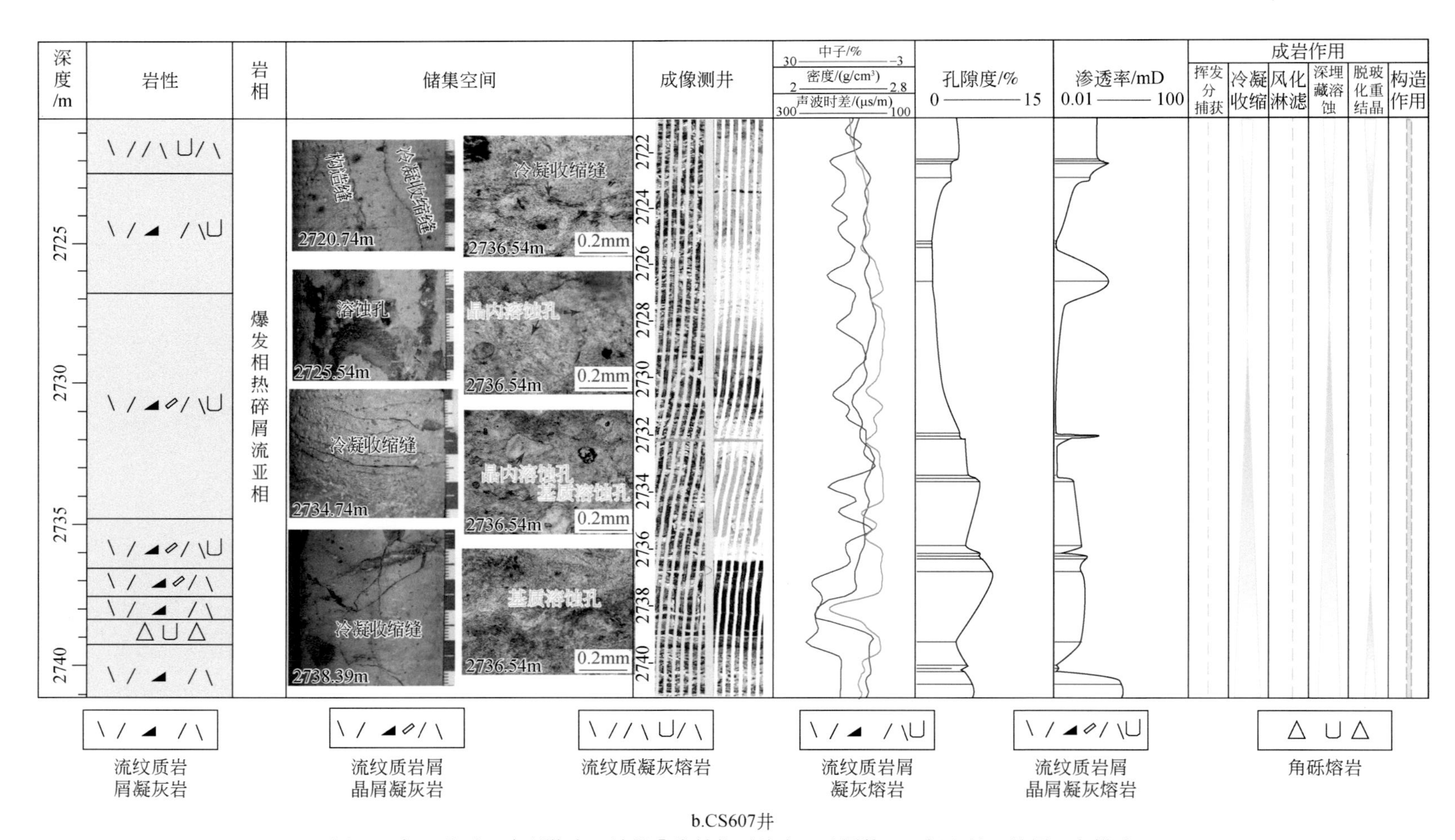

b.CS607井

图8.5　松辽盆地王府断陷火石岭组Ⅰ类就位环境火山地层的“下好上差”储层分布模式

Fig.8.5　The “worse upper-better lower” reservoir distribution patterns of type I emplacement environments in the Houshiling Formation (Wangfu rift depression, Songliao Basin, NE China)

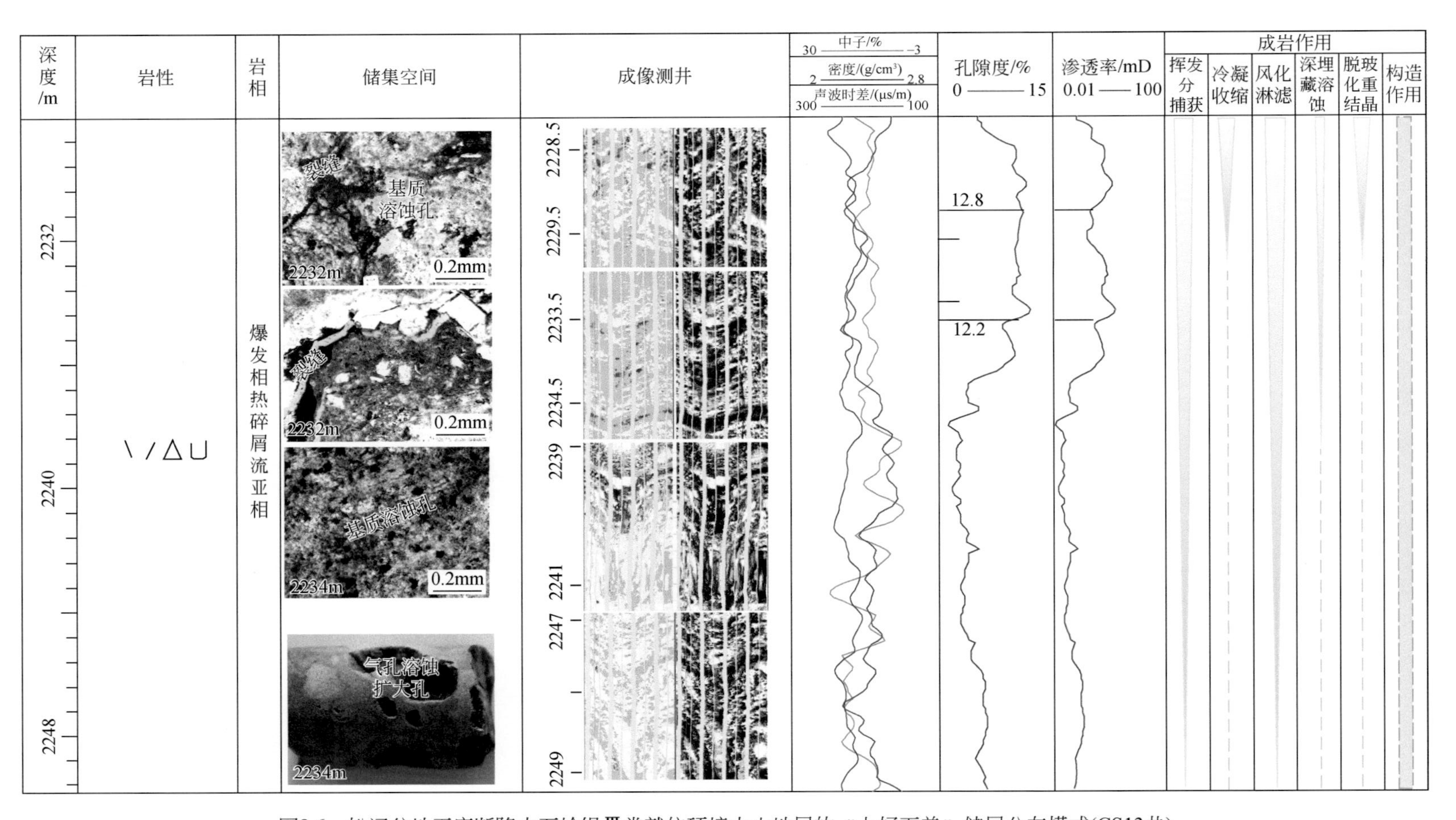

图8.6 松辽盆地王府断陷火石岭组Ⅲ类就位环境火山地层的“上好下差”储层分布模式(CS13井)

Fig.8.6 The “better upper-worse lower” reservoir distribution patterns of type III emplacement environments in the Houshiling Formation (Well CS13, Wangfu fault depression, Songliao basin, NE China)

以处于Ⅲ类就位环境的火山地层的储层分布模式是“上好下差”，即顶部储集空间发育，物性好，底部储集空间相对不发育，物性相对差，这与处于Ⅰ类就位环境的火山地层的储层分布模式正好相反。

上好下差的模式是断陷盆地熔岩流的最常模式，在露头和其他钻井中也常见该模式，但不同的熔岩流之间还存在一些差别，下面分辫状和简单两类熔岩流来叙述。辫状熔岩流储层整体发育，熔岩流顶部面孔率可达40%，中下部面孔率可达13.9%（图8.7a）。简单熔岩流上部气孔稀疏带面孔率在5%~10%，最高可达20%，中下部致密带面孔率在1%~2%（图8.7b）。实测数据也同样支持上述储层分布特征，辫状熔岩流顶部孔隙度可达30%，中下部孔隙度可达10%；简单熔岩流上部孔隙度可达20%，中下部孔隙度只有2%~4%（图8.8）。总体来看两种熔岩流均可是上好下差的模式；不同的是，辫状熔岩流的孔隙度和储层与单元厚度的比例较简单熔岩流高。

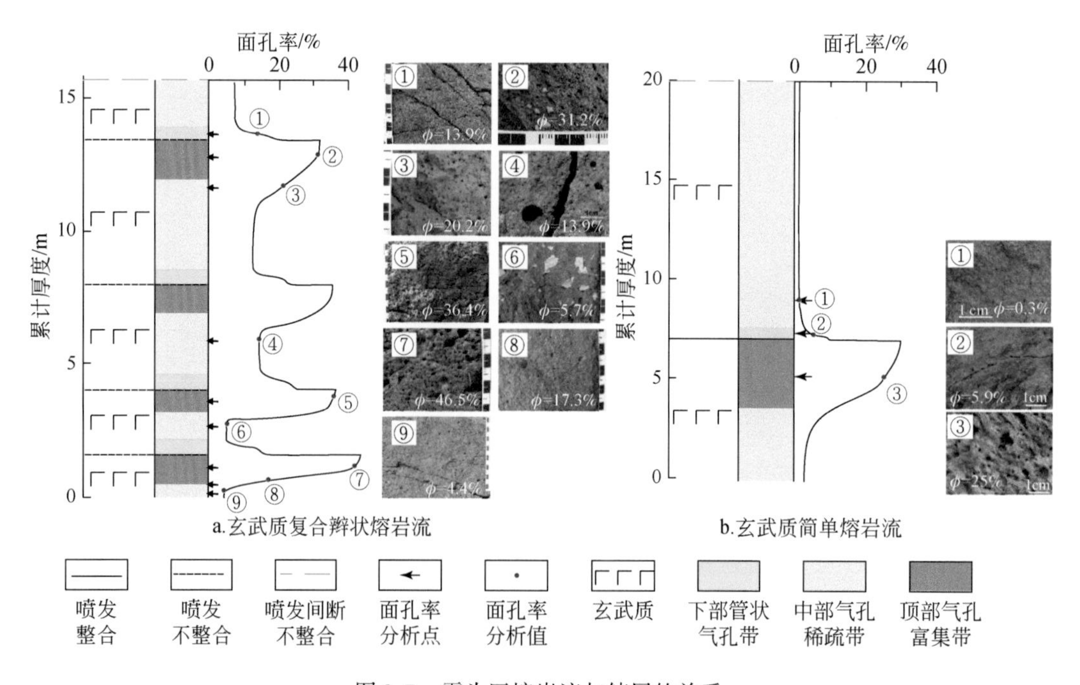

图8.7　露头区熔岩流与储层的关系

Fig. 8.7　Relationship between lava flows and reservoirs in outcrops

8.1.4　储层形成机理

8.1.4.1　挥发分捕获作用

钻井揭示本区挥发分捕获作用主要发育在Ⅰ类和Ⅲ类就位环境中，并表现出不同的分布特征。按照处于Ⅲ类就位环境的气孔形成过程来看，气孔在熔浆流动过程中会上升，发生合并和膨胀，形成熔岩流的上部气孔发育，下部致密，且顶部气孔带通常不超过15m

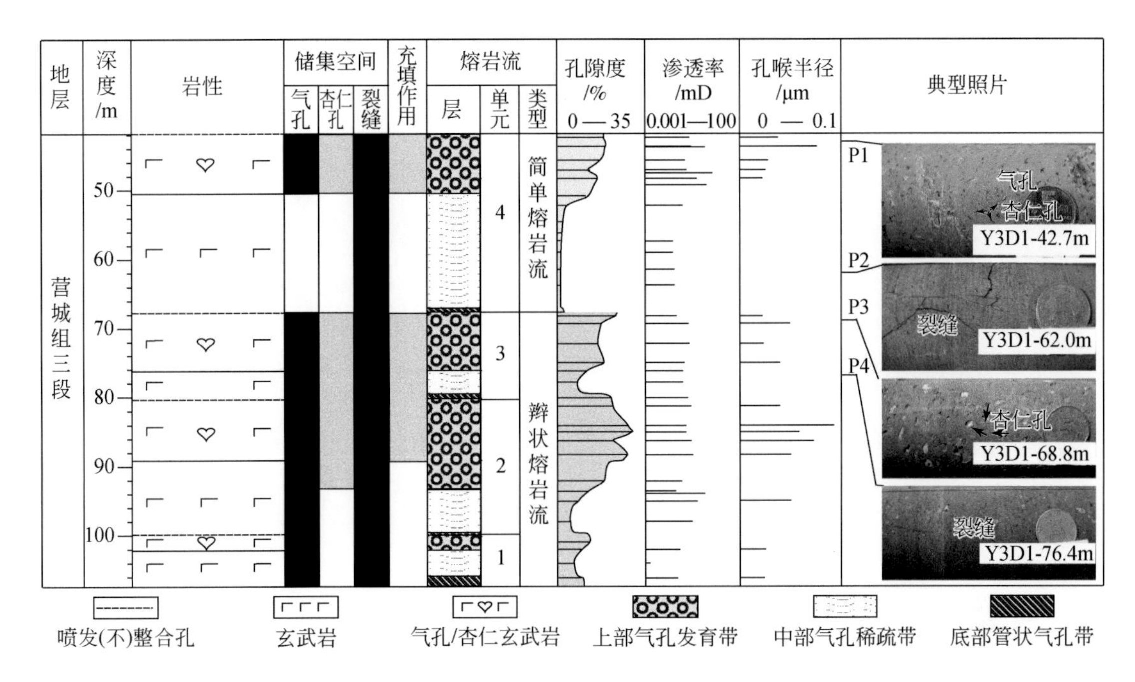

图 8.8 Y3D1 井熔岩流与储层的关系

Fig. 8.8 Correlation of porosity with ECBs or EUBs in the basaltic lava flows of the third member of the Yingcheng Formation (Well Y3D1, Songliao basin, NE China)

(Tang et al., 2015)。而处于Ⅰ类就位环境的 CS14 井气孔只发育于底部，厚度约 10m（图 8.5a、图 8.9a）。这与 Lockwood 和 Hazlett（2010）提及的就位于湿环境的熔岩流气孔分布模型一致（于红娇 等，2009）。这两种气孔分布模型存在显著差别，这是因为就位于Ⅰ类就位环境的熔浆在流经下伏湿环境区域时，其挤压和烘烤作用使湿环境中的水排出成为挥发分，如果被熔浆捕获则形成气孔，对储层的贡献率可超过 50%；但该类气孔分布模式的形成条件较为特殊，需要有合适的水与熔浆的比例。挥发分捕获作用为处于Ⅰ类就位环境的火山地层形成“下好上差”的储层分布模式提供了支持。

8.1.4.2 熔浆淬火作用

王府断陷地区的钻井揭示熔浆淬火作用主要发育在Ⅰ类就位环境的火山地层中。当熔浆与凹陷区水体接触时就会发生熔浆淬火作用，可形成冷凝收缩缝（图 8.5b、图 8.6a）；蓄水量与熔浆体积的比值大，形成冷凝收缩缝的岩层厚度可能大。通常而言，受湖盆水体深度的限制，就位在Ⅰ类就位环境的熔浆顶部可能是出露于水面之上，所以其底部和前缘淬火厚度更大，产生更为丰富的冷凝收缩缝。熔浆淬火作用为处于Ⅰ类就位环境的火山地层形成“下好上差”的分布模式提供了支持。

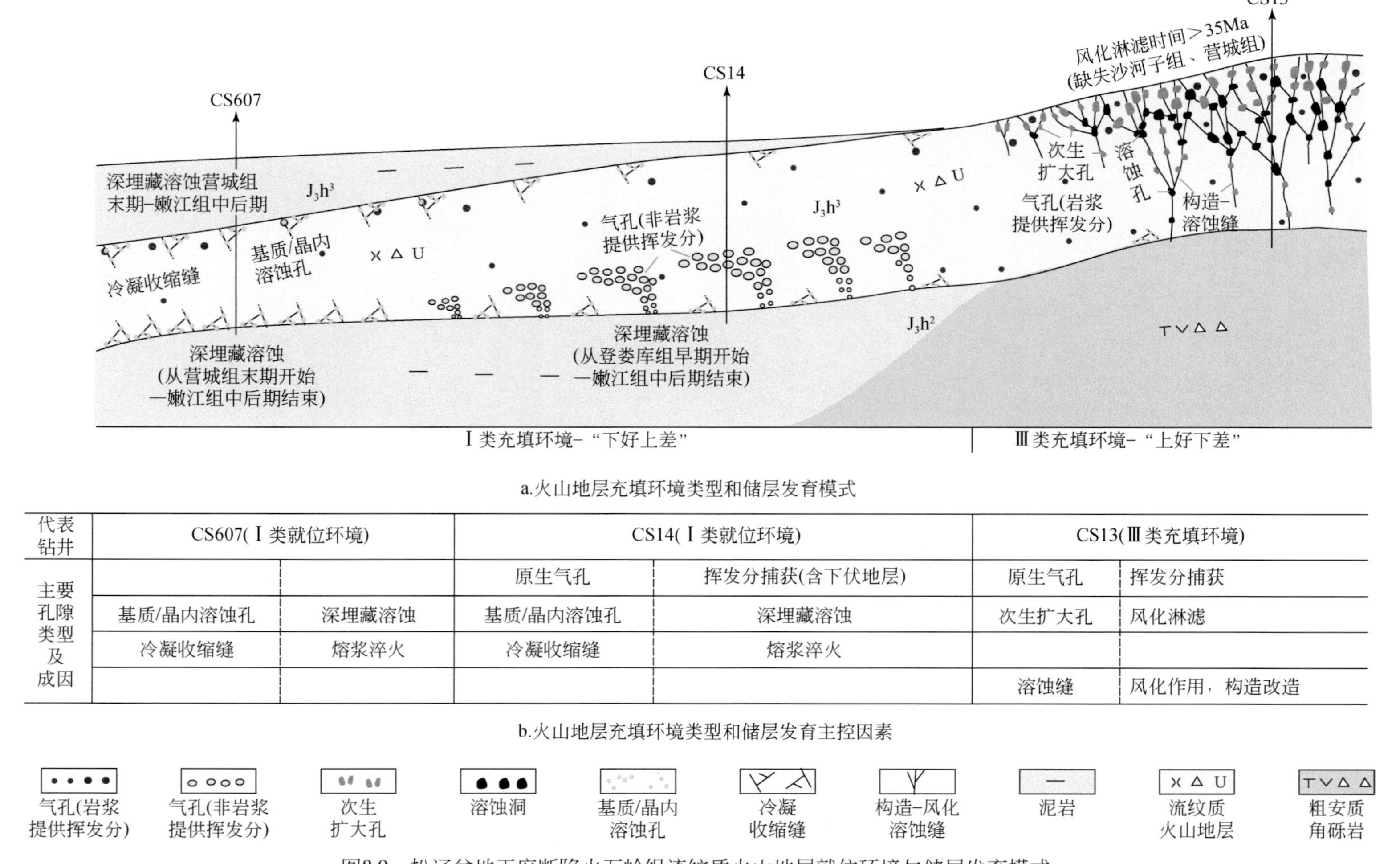

代表钻井	CS607(Ⅰ类就位环境)		CS14(Ⅰ类就位环境)		CS13(Ⅲ类充填环境)	
主要孔隙类型及成因			原生气孔	挥发分捕获(含下伏地层)	原生气孔	挥发分捕获
	基质/晶内溶蚀孔	深埋藏溶蚀	基质/晶内溶蚀孔	深埋藏溶蚀	次生扩大孔	风化淋滤
	冷凝收缩缝	熔浆淬火	冷凝收缩缝	熔浆淬火		
					溶蚀缝	风化作用，构造改造

图8.9　松辽盆地王府断陷火石岭组流纹质火山地层就位环境与储层发育模式

Fig.8.9　Relationship between reservoir pattern and EDVE in the Houshiling Formation (Wangfu fault depression, Songliao Basin, NE China)

8.1.4.3 风化淋滤作用

王府断陷地区钻井揭示风化淋滤作用主要发生于Ⅲ类就位环境的火山地层中。由图8.2可知，CS13井在流纹质火山地层就位后为隆起区，一直到登娄库组沉积覆盖结束；根据沙河子组和营城组为楔状外形，证明CS13井区为长期剥蚀区并形成古斜坡，其剥蚀时间从145Ma到110Ma，这也是王府断陷东部普遍存在的现象。结合沙河子期和营城期处于湿热环境可知，CS13井火山地层经受约35Ma的风化剥蚀和淋蚀。结合风化壳层结构的特征（侯连华 等，2013），在CS13井识别出水解带和淋蚀带，水解带分布在2222～2228m，表现为高伽马、低电阻、中密度，测井解释孔隙度平均值仅有3%；淋蚀带分布在2228～2236m，表现为中伽马、中电阻和低密度，基质、粒内溶蚀孔和洞均发育，储集物性好，实测孔隙度达12.8%（图8.6）。淋蚀带之下风化淋滤作用对孔隙的改造作用不明显。所以风化淋滤作用为Ⅲ类就位环境火山地层形成“上好下差”的分布模式提供了支持，这与准噶尔盆地风化壳型储层分布模式相似（邹才能 等，2011）。

8.1.4.4 深埋藏溶蚀作用

根据TOC和S_1+S_2可知，与该套火山地层接触的沙河子组和火石岭组发育中-好的烃源岩，火石岭组有机质类型以$Ⅱ_2$型为主，沙河子组有机质类型以Ⅲ型为主（张炬，2013）；烃源岩在演化过程中排出的酸可为火山地层溶蚀提供物质基础，CS9和CS11井中长石溶蚀孔的含烃盐水包裹体发育（叶龙，2014），表明溶蚀的存在。王府断陷为西断东超的构造样式，沙河子组和火石岭组经历了差异埋深作用，其有机质演化存在差异，深埋藏溶蚀过程和溶蚀程度均存在差别；如CS14井可见斜长石溶蚀转化为绿泥石，并经机械搬运作用形成晶内溶蚀孔（筛状），基质转化为绿泥石过程中见有大团块基质溶蚀孔（海绵状）产生（图8.5a），而CS607井的溶蚀多发育于裂缝附近的基质中，有小团块基质溶蚀孔（海绵状）形成（图8.5b）。由图8.10a可知，断陷西侧在营城组末期就进入生烃阶段，营城组末期—嫩江组末期均有酸性物质排出；由图8.10b可知，中部斜坡区在泉头组早期进入生烃阶段，最大埋藏温度和深度均在嫩江组末期达到，在此过程中排出酸性物质。上述酸性物质的排出为深埋藏溶蚀作用提供了必要条件。有研究表明越靠近烃源岩溶蚀作用越强（张琴 等，2003；朱筱敏 等，2006），所以处于Ⅰ类就位环境的火山地层接受溶蚀作用更容易，溶蚀程度更高，处于Ⅲ类和Ⅳ类就位环境的火山地层则接受后期深埋藏溶蚀作用较难，溶蚀程度较低。溶蚀过程通常从火山地层外部向内部递进发生，底部经受更长时间的溶蚀。所以深埋藏溶蚀也是促使Ⅰ类就位环境的火山地层的溶蚀孔在底部更发育，在中上部较差的主要因素。

8.1.4.5 构造作用

松辽盆地在火石岭期至营城组末期受到深部挤压作用致使区域性拱张（侯贵廷 等，2004），其地层受到张性应力作用的影响产生裂缝；此外，在嫩江组末期发生了大规模的反转作用，受剪切应力作用也可产生裂缝。王府断陷火石岭组流纹质火山地层经历了上述两个阶段的造缝过程，从岩心揭示的情况来看，构造裂缝可能欠发育，特别是对孔隙度的

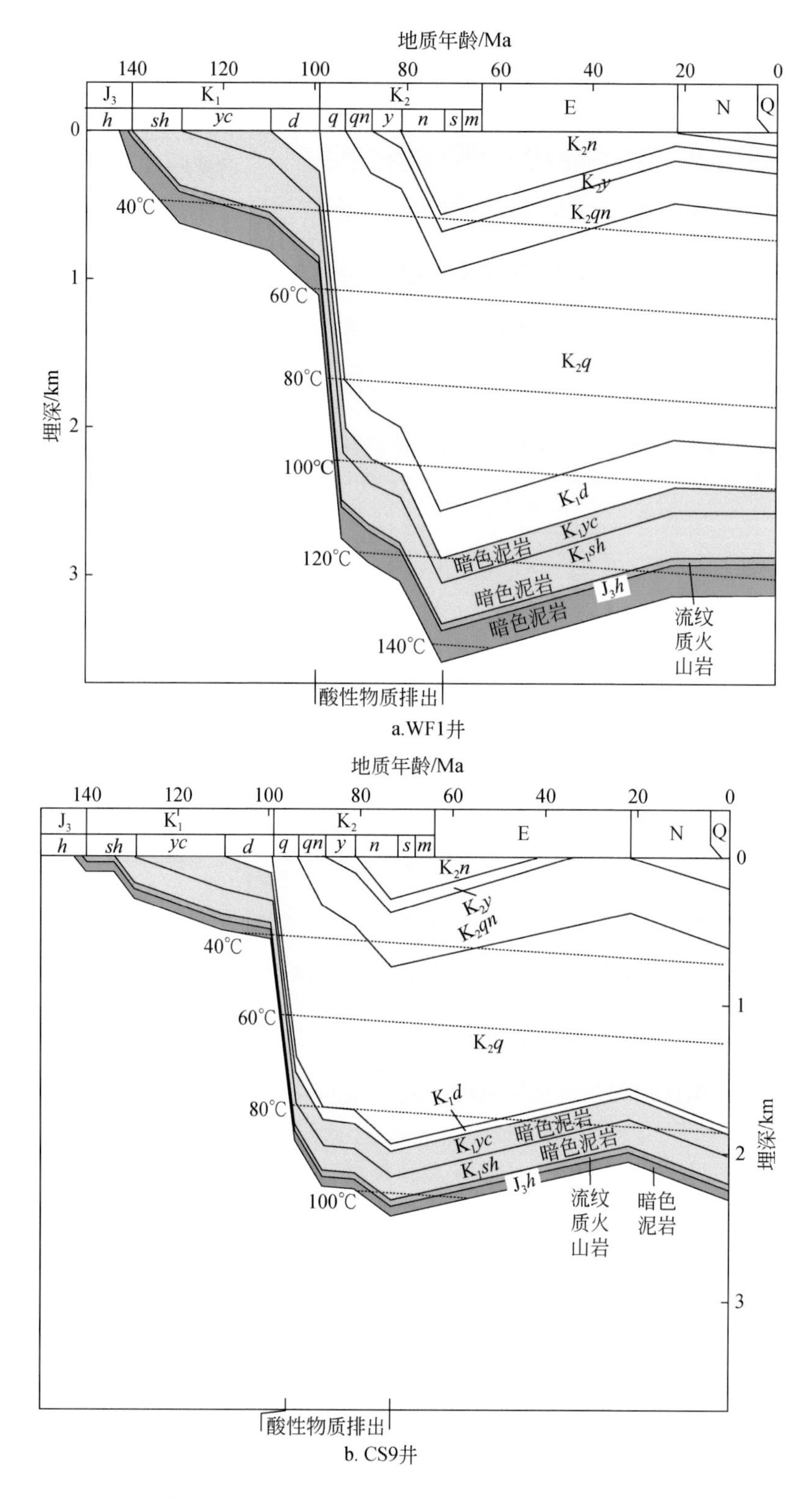

图 8.10　松辽盆地王府断陷 WF1 井和 CS9 井埋藏史

Fig. 8.10　Burial history of Well WF1 and Well CS9 (Wangfu fault depression, Songliao Basin, NE China)

贡献率有限。但构造作用产生的裂缝可促进风化淋滤作用和深埋藏溶蚀作用的发生。如地表水可沿着裂缝向下渗透至更深的部位，使形成溶蚀孔的区域增大，随着溶蚀作用的加强可使孤立的原生孔隙连通性变好，提高储层充注流体的效率（侯连华 等，2009；王京红 等，2011a）；再如在深埋藏阶段，富含酸性物质的流体运移到火山地层，构造裂缝的存在可使流体由顶部或底部直接向内部运移，使流体作用于岩石的区域增大，随着溶蚀作用的增强，可使孤立的原生孔隙连通性变好，提高储层充注流体的效率（刘成林 等，2008；刘为付 和 朱筱敏，2005）。因此构造作用为Ⅲ类就位环境火山地层形成“上好下差”的储层分布模式提供了支持，同时也可为Ⅰ类就位环境火山地层形成“下好上差”的储层分布模式提供支持。

8.1.5　储层发育主控因素及勘探意义

基于铸体薄片、岩心、成像测井及孔渗资料，笔者研究了Ⅰ类、Ⅲ类和Ⅳ类就位环境火山地层的主控因素；并根据就位环境与储层主控因素、分布模式的关系进行对比分析，指出Ⅰ类和Ⅲ类就位环境火山地层的勘探重点。

Ⅰ类就位环境火山地层的储层发育主控因素为挥发分捕获、熔浆淬火和深埋藏溶蚀，其中挥发分捕获作用提供的气孔只发育于底部；熔浆淬火作用在底部产生更为丰富的冷凝收缩缝；深埋藏溶蚀作用可形成大量的次生孔隙。由表8.1可知，处于Ⅰ类就位环境的火山地层获得高产气的可能性更高，对比储层分布模式可知火山地层的下部是有利的勘探目标。

Ⅲ类就位环境火山地层的储层发育主控因素为风化淋滤作用、挥发分捕获和构造作用。由表8.1可知，处于该类就位环境的火山地层具备获得高产气的基础，结合储层分布模式可知火山地层上部是有利的勘探目标。

表8.1　松辽盆地王府断陷火石岭组流纹质火山地层就位环境与产能的关系

Table 8.1　Relationship between gas production and emplacement environment of rhyolitic rocks of the Houshiling Formation (Wangfu fault depression, Songliao Basin, NE China)

井号	就位环境类型	岩性	日产量		有效储层厚度		采气指数当量
			气 /m^3	水 /m^3	各层 /m	合计 /m	/(m^3/d·m)
WF1	Ⅰ	含角砾流纹岩	45000	0	19	19	2368
CS9	Ⅰ	流纹质凝灰熔岩、流纹岩	72430	11.6	10.7+17.4+10.5	38.6	2177
CS10	Ⅰ	流纹质凝灰熔岩、流纹岩	0	62.9	8+17	25	2516
CS12	Ⅰ	流纹岩，流纹质凝灰岩	10990	21.6	5.4+9.4+1.8+1.5	18.1	1801
CS14	Ⅰ	流纹质角砾熔岩	20070	10.5	7.4	7.4	4131
CS608	Ⅰ	流纹质角砾熔岩、流纹岩	11300	13.3	15	15	1640

续表

井号	就位环境类型	岩性	日产量		有效储层厚度		采气指数当量 /(m^3/d · m)
			气 /m^3	水 /m^3	各层 /m	合计 /m	
CS13	Ⅲ	流纹质角砾熔岩	2570	5.04	8.2	8.2	928
CS604	Ⅳ	流纹岩	少量	10	9.6	9.6	1042

注：采气指数当量=（日产水量×1000+日产气量）/有效储层厚度。

Ⅱ类就位环境火山地层在王府断陷分布较少，钻井揭示也少，从测井资料来看储层不发育。但从地层充填特征来看，该类就位环境的火山地层可兼得Ⅰ类和Ⅲ类就位环境储层发育的有利因素；应该可以在Ⅱ类就位环境的火山地层大规模分布区域内寻找到优质储层，有利勘探目标涵盖地层的上部和下部。Ⅳ类就位环境不利于外部作用力形成孔隙，需要熔浆本身作用力形成孔隙才能形成储层有利区。

近年来，国内发现的火山岩油气藏多赋存于火山地层的上部（王成 等，2006；王洪江 和 吴聿元，2011；赵文智 等，2009）。如松辽盆地徐家围子断陷 XS1 井、长岭断陷 YS1 井，营城组火山地层就位于隆起区，就位后形成隆起（顶部存在风化壳）（迟唤昭 等，2015；李洪革 和 林心玉，2006），可归结为Ⅲ类就位环境；准噶尔陆东地区火山地层就位前地形可能是凹陷也可能是隆起，就位后形成隆起区（王仁冲 等，2008；杨辉 等，2009），可归结为Ⅱ类或Ⅲ类就位环境，此处风化壳型储层发育，并形成大规模油气藏。目前火山岩勘探集中于火山地层的上部，从Ⅰ类就位环境的火山地层的储层分布模式来看，火山岩底部也可发育良好的储层，也应该受到重视。

8.2　熔岩穹丘的储层分布模式

伊通火山群出露典型的熔岩穹丘，本节以此为例进行熔岩穹丘的储层特征分析。

8.2.1　概况

伊通火山群位于吉林省伊通盆地，其分布受郯庐断裂带北段西半支的佳木斯—伊通断裂带控制，由 16 座火山构成（刘纯青 等，2009；王振中，1994）。火山群形成于中新世—早更新世，其残余形态为锥状、穹窿状，相对高差为几十米至百余米。西尖山地区火山岩的 K-Ar 年龄为（20.8±0.9）Ma，大孤山地区火山岩的 K-Ar 年龄为 11.5～11.9Ma，东小山地区火山岩的 K-Ar 年龄为（5.46±0.32）Ma（刘嘉麒，1987；王慧芬，1988；邹瑜 等，2011）。与伊通盆地的沉积地层相比，火山岩的形成晚于伊通盆地的中新统岔路河组，从时空关系来看，火山岩属于盆地沉积充填后火山活动的产物。火山岩的岩性多为灰黑色致密块状粗面玄武岩，主要矿物成分为斜长石、橄榄石和辉石，含少量磁铁矿和磷灰石等副矿物。西尖山地区发育碱性橄榄玄武岩，东小山地区发育碧玄岩并见尖晶石辉石橄榄岩包裹体（付长亮 等，2009；武殿英，1989；张辉煌 等，2006）。

西尖山火山的海拔为 354m，相对高度为 79m，直径为 330m，火山锥的坡度较大。其火山岩体发育规则柱状节理，柱体直径为 30～40cm，并呈向上收敛和向下散开的形状。火山岩呈致密块状，其中斜长石晶体直径达 1mm。大孤山火山是伊通火山群中最高大的火山穹丘，海拔为 430.5m，相对高度为 150m，其火山岩体的柱状节理发育，产状多变，柱体的视长度较小，直径为 10～25cm。火山岩呈致密块状，其中斜长石晶体直径达 0.5mm。东小山火山呈低平丘形，其火山岩体的柱状节理发育，产状多变，柱体直径为 10～20cm。火山岩呈致密块状，发育少量杏仁构造、气孔构造，其中斜长石晶体的直径达 0.3mm。

根据现代火山岩体的研究揭示，完整的熔岩穹丘的下部发育规则柱状节理，柱体直径大，岩石结晶相对好，中部—上部发育不规则状柱状节理，柱体直径小，岩石结晶相对差，在熔岩流的顶部还可发育气孔构造、杏仁构造（黄玉龙 等，2010）。将西尖山、大孤山、东小山地区火山岩的岩石组构与完整的熔岩穹丘的岩石组构对比可知，3 座火山分别揭示穹丘的下部、中部和上部特征。

8.2.2　典型火山的储层特征

依据储层的形成过程，可将储集空间划分为原生孔隙、原生裂缝、次生孔隙、次生裂缝 4 类（何登发 等，2010；王仁冲 等，2008；赵澄林，1996）。研究区的火山岩体包含 3 类储集空间：原生裂缝（规则/不规则冷凝收缩缝、柱状节理缝）、原生孔隙（气孔、杏仁孔）和次生裂缝（构造节理和断层）。

①西尖山火山

西尖山火山岩体以发育冷凝收缩缝为主，见少量构造缝（构造横节理和断层）。冷凝收缩缝的缝面平直，缝宽为 0.5～2.0mm，充填程度达 5%～10%，充填物为方解石，缝间距为 25～40cm，视长度为 10～50m（图 8.11a 中的Ⅰ）。在山顶处可见冷凝收缩缝受物理风化扩宽的现象，缝宽可达 5cm（图 8.11a 中的Ⅱ）。构造横节理缝的缝面平直，多与冷凝收缩缝垂直相交，宽度为 0.5～2.0mm，缝间距为 5～15cm，几乎无充填，视长度小于 30cm。断层表现为破碎带、网状缝发育特征，缝宽为 0.5～2.0mm，缝间距为 10～30cm，充填程度达 20%，充填物为断层泥和角砾，视长度可达 10m（图 8.11a 中的Ⅲ）。整体上，该火山的裂缝以向东倾为主，还可见北东、北西、南东和南西倾向的裂缝（图 8.11b）；从节理缝的倾角统计来看，以近垂直裂缝为主（图 8.11c）。

Ⅰ.冷凝收缩缝-柱状节理(D03)

Ⅱ.冷凝收缩缝-柱状节理横截面(D08)

Ⅲ.次生缝-构造节理(D03)

a.西尖山储集空间类型

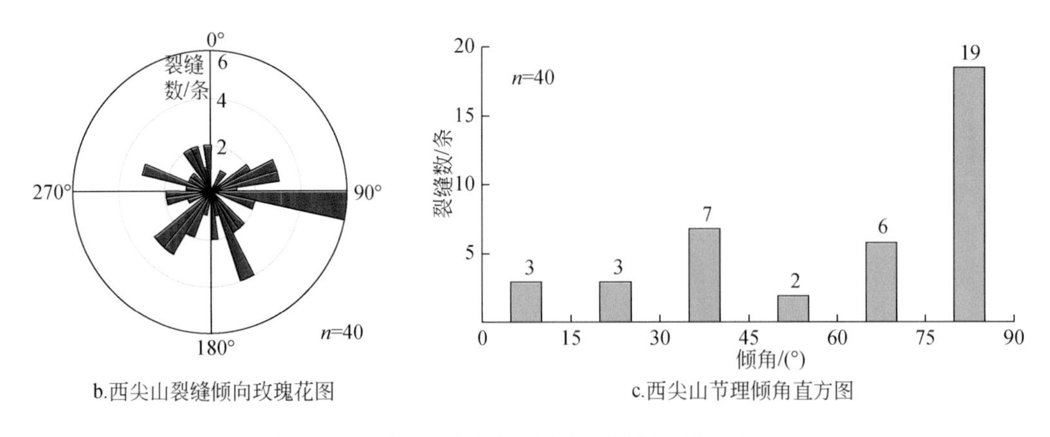

b.西尖山裂缝倾向玫瑰花图　c.西尖山节理倾角直方图

图 8.11　西尖山火山的储集空间类型及裂缝产状

Fig. 8.11　Reservoir space and fracture occurrence in the Xijianshan volcano

②大孤山火山

大孤山火山岩体以发育冷凝收缩缝为主，部分地区发育少量构造缝。冷凝收缩缝的缝面呈平直—弯曲状，缝宽为 1.5～4.0mm，几乎无充填，缝间距为 10～25cm，视长度为 10～30m，可见受物理风化扩宽的现象（图 8.12a）。构造缝主要分布在塔林地区，缝面平直，缝宽为 1.5～2.0mm，几乎无充填，缝间距为 5～15cm，视长度为 5～15m。整体上，该火山的裂缝倾向多变，见 7 个方向的倾向，以北东倾向为主，还见北西西、北北西、南西、南东、南东东和南倾向（图 8.12b）；从节理缝的倾角统计来看，以高角度近垂直裂缝为主（图 8.12c）。

③东小山火山

东小山火山岩体以发育冷凝收缩缝为主，有少量气孔、杏仁孔和构造缝，含有橄榄岩包体。冷凝收缩缝的缝面呈平直—弯曲态，缝宽为 1～3mm，充填程度达 5%～10%，充填物为方解石，缝间距为 5～20cm，视长度为 5～20m（图 8.13aⅠ）。气孔、杏仁孔呈圆状—椭圆状，孔径为 5～10mm，杏仁体的充填程度达 80%，充填物为沸石（图 8.13aⅡ）。二辉橄榄岩包体的直径可达 10cm，经风化后较为疏松（图 8.13aⅢ），可能含有次生孔隙。整体上，该火山岩体的裂缝倾向多变，见 7 个方向的倾向，以北东东倾向为主，还见北北东、北西西、南西西和南东等倾向（图 8.13b）；从节理缝的倾角统计来看，裂缝从中—低倾角至近垂直均有发育（图 8.13c）。

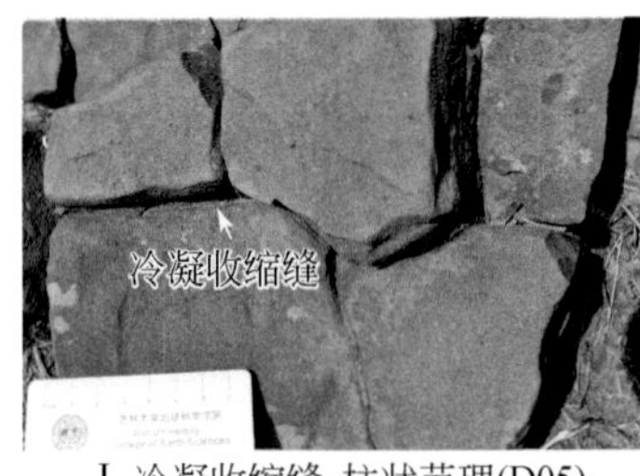

Ⅰ.冷凝收缩缝-柱状节理(D05)

Ⅱ.次生缝-构造缝(D04)

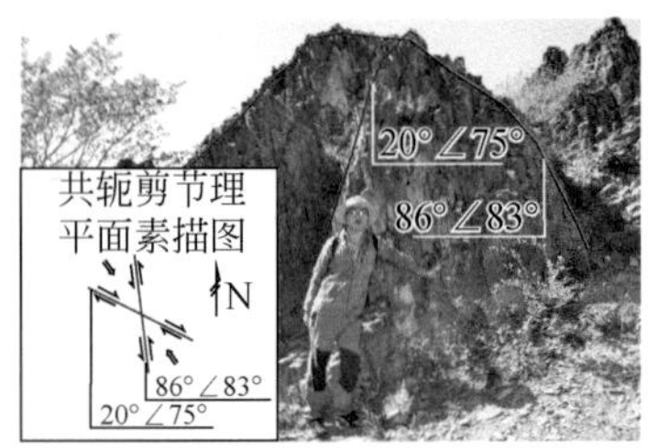

Ⅲ.次生缝-构造节理(D10)

a.大孤山储集空间类型

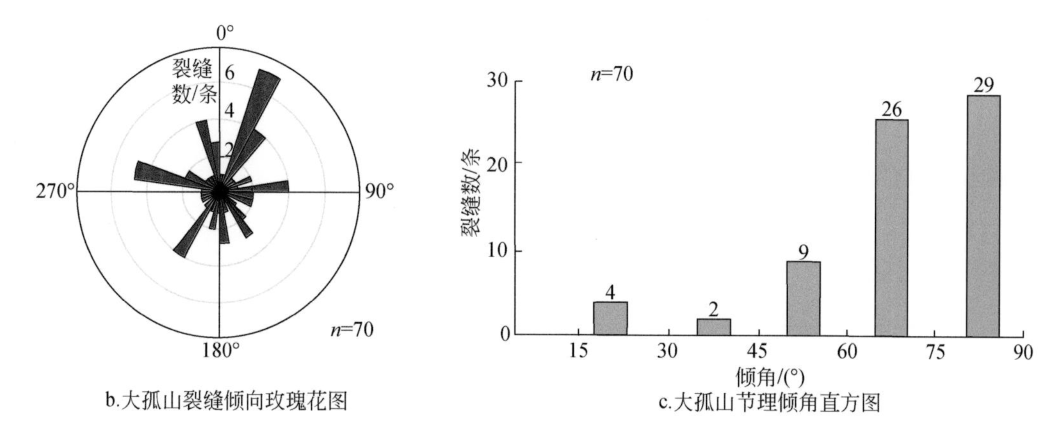

b.大孤山裂缝倾向玫瑰花图

c.大孤山节理倾角直方图

图 8.12 大孤山火山的储集空间类型及裂缝产状

Fig. 8.12 Reservoir space and fracture occurrence in the Dagushan volcano

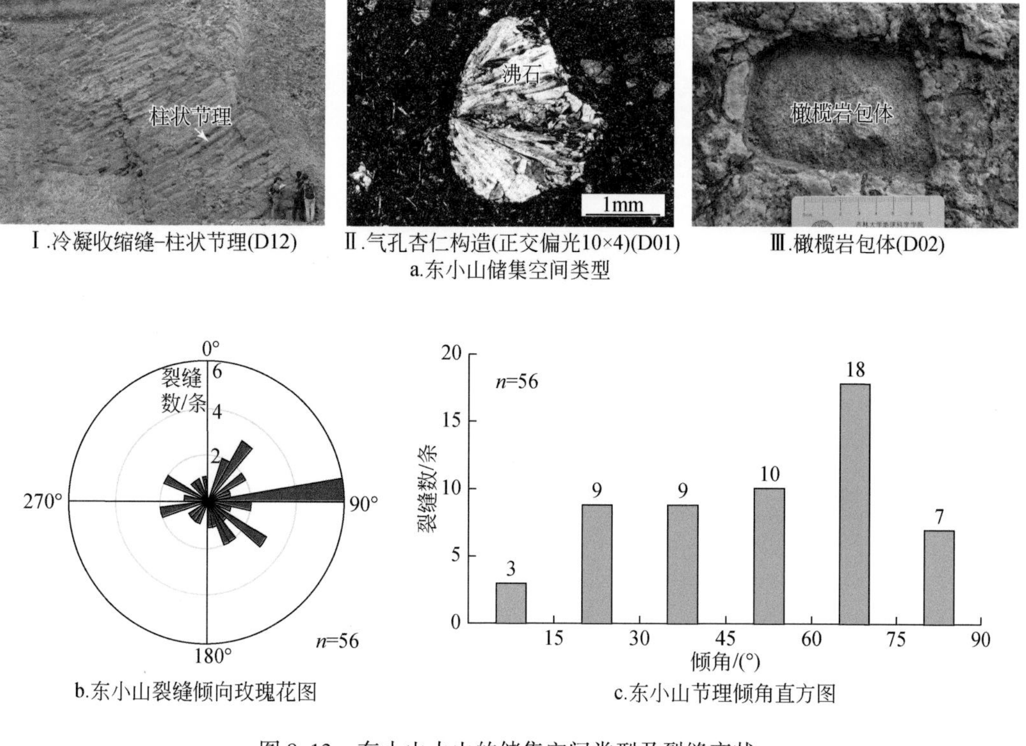

Ⅰ.冷凝收缩缝-柱状节理(D12)　Ⅱ.气孔杏仁构造(正交偏光10×4)(D01)　Ⅲ.橄榄岩包体(D02)

a.东小山储集空间类型

b.东小山裂缝倾向玫瑰花图

c.东小山节理倾角直方图

图 8.13 东小山火山的储集空间类型及裂缝产状

Fig. 8.13 Reservoir space and fracture occurrence in the Dongxiaoshan volcano

8.2.3　储层分布模式

西尖山、大孤山、东小山 3 座火山的火山岩分别揭示了熔岩穹丘下部、中部和上部的岩石组构特征，综合分析 3 座火山的储层特征可获得熔岩穹丘的储集空间（图 8.14a）和储层的分布模式（图 8.14b）。熔岩穹丘在原始状态下，其上部（顶部）发育少量气孔和冷凝收缩缝，孔隙度较高。由东小山火山可知，气孔和杏仁孔对该火山岩体孔隙度的贡献较大，储层为孔隙—裂缝型，其中冷凝收缩缝的缝面呈平直—弯曲状，缝宽较宽，缝间距小。

熔岩穹丘的中部主要发育冷凝收缩缝，孔隙度中等。由大孤山火山可知，冷凝收缩缝对该火山岩体孔隙度的贡献较大，储层为裂缝型，其中冷凝收缩缝的缝面呈平直—弯曲状，缝宽中等，缝间距中等。

熔岩穹丘的下部主要发育冷凝收缩缝，孔隙度较低。由西尖山火山可知，冷凝收缩缝对该火山岩体孔隙度的贡献大，储层为裂缝型，其中冷凝收缩缝的缝面平直，缝宽较小，缝间距大。

整合东小山地区、大孤山地区和西尖山地区的火山岩储层特征，分析表明在火山机构的上部可发育一套有利储层，而中、下部储层与上部储层可通过视长度大的柱状节理缝沟通（图 8.14a）。

熔岩穹丘多呈穹窿状产出，在地形上多形成一个坡度较大的山丘且存在较大的相对高差，因此通常会遭受剥蚀。结合原型模式的特征，首先剥蚀掉的是火山中心的顶部，其上部好储层可能会被移除，而边部的好储层由于有上覆地层覆盖可以免于剥蚀，并在经历风化淋滤后可进一步提升储层孔隙度（张兆辉 等，2018）。由此可知，火山在经受改造后可形成“秃顶”模式。在西尖山火山或大孤山火山被埋藏的边缘部位可能存在储层较好的区域。

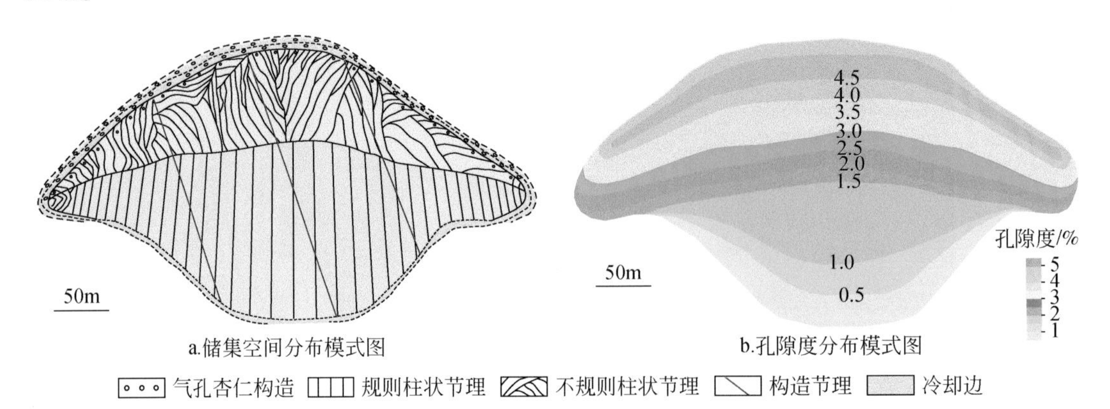

图 8.14　熔岩穹丘的储层分布模式

Fig. 8.14　Reservoir distribution patterns in lava dome

8.2.4 储层发育的主控因素

伊通火山群的储层形成机理为火山岩冷凝收缩、挥发分逸出、构造作用和风化作用，其中，风化作用主要发生在火山岩出露的表层，所形成的残积层厚度较小且未成岩，对储层改造的贡献估计不大且估算有一定困难。为了探讨冷凝收缩、挥发分逸出、构造作用和风化作用对储层孔隙度的贡献，笔者选取了伊通火山群的50件样品和DS17井的12件样品进行分析（图8.15），其中对孔隙度贡献大的即为主控因素。

大孤山火山和西尖山火山的岩石组构特征分别对应熔岩穹丘的中、下部，二者储层空间的构成类似，冷凝收缩缝对储层的贡献率可超过90%（图8.15a、图8.15b），故火山岩的冷凝收缩作用是火山机构中、下部储层的主控因素。东小山火山的岩石组构特征对应熔岩穹丘的上部，气孔-杏仁孔、柱状节理、构造缝对储层孔隙的贡献率分别占54.8%、30.9%、14.3%（图8.15c）；故挥发分逸出作用和冷凝收缩作用是熔岩穹丘上部储层的主控因素。考虑到有利储层分布在顶部，所以地表的熔岩穹丘的储层主要受挥发分逸出作用和冷凝收缩作用共同控制。火山在埋藏过程中还可能产生丰富的溶蚀孔，其储层孔隙的贡献率可达45.7%，而埋藏条件下冷凝收缩缝的贡献率为33.7%（图8.15d），因此，在埋藏的熔岩穹丘中，储层的主控因素包括溶蚀作用、挥发分逸出作用和冷凝收缩作用。

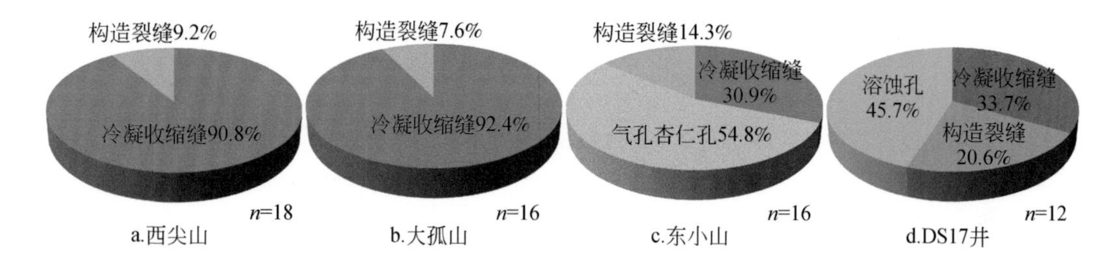

图8.15 熔岩穹丘的储集空间类型及其孔隙度贡献

Fig. 8.15 Reservoir spaces and porosity contributions of lava dome

熔岩穹丘的储层多为低孔—中孔型，由于高角度裂缝发育，其渗透率通常非常高，从下到上储层可通过冷凝收缩缝系统沟通。通常情况下，熔岩穹丘的有利储层只有一层，其厚度可达数十米。未遭受剥蚀时，有利储层可以分布于整个火山机构的顶部；当遭受强烈剥蚀时，有利储层可能只分布在火山机构的边缘部位。

8.2.5 勘探意义

松辽盆地南部德惠断陷DS17井钻遇英安岩类火山机构，其测井曲线表现为箱形、微齿化，表明岩性较为稳定和单一（图8.16a）；取心段揭示冷凝收缩缝和构造缝较为发育（图8.16b）；地震剖面上表现为穹窿状，同相轴的连续性为差—中等，振幅为中—弱、低频（图8.16c）。上述特征表明，DS17井的火山机构与熔岩穹丘的特征一致。从储集空间类型来看，DS17 井的储层分布模式（图 8.16d）与伊通火山群可对比，如 DS17 井火山岩的冷凝收缩缝“似缝合线”（图 8.16b 的Ⅰ和Ⅱ）与伊通火山群的冷凝收缩缝（柱状节理缝）可对应，DS17 井中构造角砾岩的网状构造缝（图 8.16b 的Ⅲ和Ⅳ）与伊通火山群的构造节理缝可对应，而不同之处在于 DS17 井中储层的后期改造过程更复杂、更强烈，岩石裂缝遭受溶蚀作用，发育海绵状溶蚀孔或筛状溶蚀孔（图 8.16b 的Ⅳ），可进一步提升总孔隙度和次生孔隙的占比。DS17 井火山岩的铸体薄片显示，“似缝合线”冷凝收缩缝的缝宽为 40 ~ 50μm，缝间距为 1 ~ 3cm；岩心中构造缝的缝宽为 0.5 ~ 1cm，缝面较平直，缝

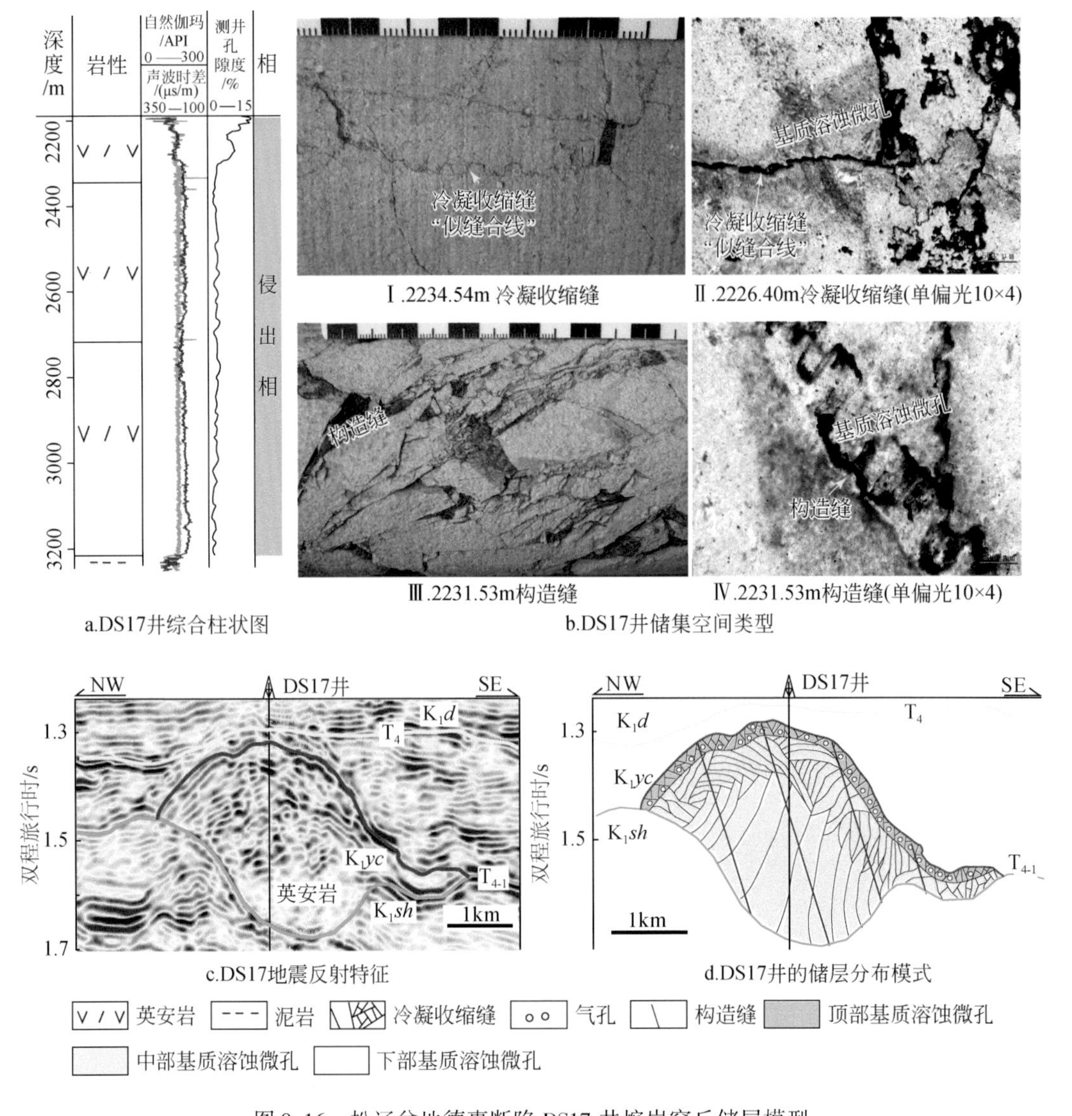

图 8.16　松辽盆地德惠断陷 DS17 井熔岩穹丘储层模型

Fig. 8.16　Reservoir model of lava dome (Well DS17, Dehui Fault Depression, Songliao Basin, NE China)

K_1d-下白垩统登娄库组；K_1yc-下白垩统营城组；K_1sh-下白垩统沙河子组；T_4-营城组顶面；T_{4-1}-营城组底面

间距为1～2cm。孔隙度构成的分析结果表明，溶蚀孔的贡献占45.7%，冷凝收缩缝中“似缝合线”的贡献占33.7%，构造缝的贡献占22.4%，次生孔隙的贡献占68.1%。DS17井在1km进尺中仅在顶部见到一层优质储层，整体上储层与地层的厚度比较小，与伊通火山群揭示的单期火山机构的储层分布特征相似。依据储层分布模式，对未遭受剥蚀的单期火山机构可采取揭示其中心相带的方法，即在火山中心上层钻进100～200m就可完全揭示出该火山机构的有利储层位置，而无需将整个火山机构全部揭示出来。对于剥蚀严重的单期火山机构，可采取揭示其翼部的方法，即在火山中心的侧翼上层钻进约100m就可揭示出火山机构的有利储层位置，然后依据层结构可采用斜井的钻探方式向四周扩展。

8.3　岩脉的储层分布模式

目前研究发现的岩脉储层多为裂缝型和裂缝-孔隙型，以原生裂缝、次生裂缝及溶蚀产生的次生孔隙为储集空间，具有中低孔隙度-中低渗透率的特征。岩脉中的裂缝对储集能力的贡献较大，同时是油气的有效运移通道（Tang et al.，2017b；Wu et al.，2010；刘惠民 等，2000）。但对于具有原生气孔的岩脉的储层特征、分布规律和成因等方面的分析还未引起重视，导致对该类储层低估。

8.3.1　原生孔隙-原生裂缝发育的岩脉

8.3.1.1　概况

利特尔顿火山出露大量岩脉，并发育丰富的原生气孔，为明确原生孔隙发育的浅成岩脉的储层分布模式提供了实物基础。下面就典型岩脉进行介绍。

岩脉1发育丰富的柱状节理，柱体形状规则，以水平方向为主（图8.17a、b），节理缝较平直，缝宽0.2～0.9mm，几乎无充填，缝间距为16～21cm，面密度为8.4m/m^2，视长度为16～49cm（图8.17c）；岩脉与围岩接触处，微观冷凝收缩缝较发育，方向整体由接触面向内延伸，视长度5～18cm；岩脉发育定向拉长的椭圆形气孔及离散的圆形小气孔，气孔面孔率约为2.2%，直径为0.1～5.0cm（图8.17d）。岩脉岩性为辉绿玢岩，呈斑状结构，斑晶主要为斜长石、辉石和橄榄石，基质为间粒结构，部分长石斑晶发生熔蚀形成熔蚀孔（图8.17e、f）。

岩脉11主要发育宏观柱状节理缝（图8.18a、b），缝面不规则，发育在岩脉上部的节理缝宽0.1～0.2mm，缝间距为6～9cm，面密度为17.6m/m^2，视长度8～27cm（图8.18c）；发育在岩脉下部的节理缝宽0.3～0.9mm，缝间距为19～46cm，面密度为5.8m/m^2，视长度9～127cm（图8.18d）；微观冷凝收缩缝于岩脉与围岩接触处较发育，方向整体由接触面向内延伸，视长度1.5～5cm；岩脉见垂直定向拉长的椭圆形气孔及离散的圆形小气孔，气孔面孔率约为9.7%，直径为0.1～1.4cm（图8.18e）；水平定向拉长的椭圆形气孔及离散的圆形小气孔发育，气孔面孔率约为5.9%，直径为0.1～1.6cm（图8.18f）。岩脉岩性为闪长玢岩，呈斑状结构，斑晶主要为斜长石和黑云母，基质为交

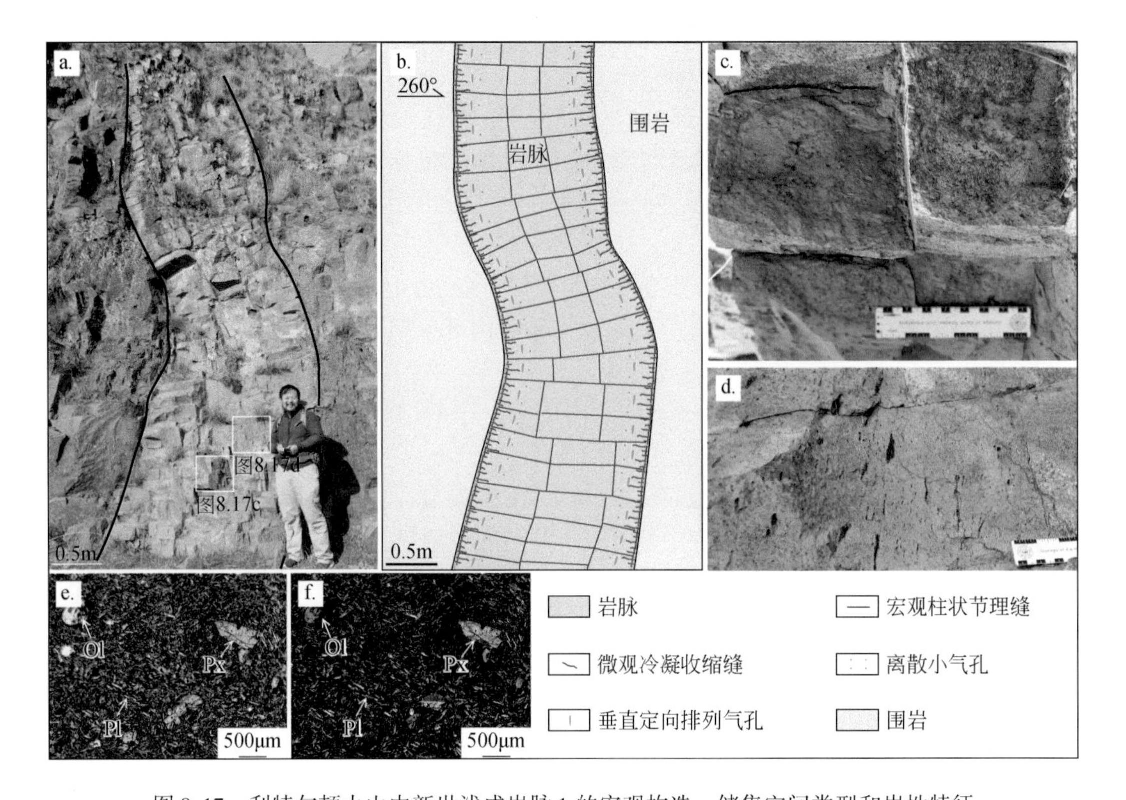

图 8.17　利特尔顿火山中新世浅成岩脉 1 的宏观构造、储集空间类型和岩性特征

Fig. 8.17　Macrostructure, reservoir space, and lithologic characteristics of Miocene hypabyssal dyke 1, Lyttelton volcano, New Zealand

Ol-橄榄石；Px-辉石；Pl-斜长石

织结构，见少量磁铁矿（图 8.18g、h）；见气孔合并和定向拉长现象，部分气孔由裂缝连通，部分后期充填硅质（图 8.18i、j）。

8.3.1.2　储层物性特征

岩脉 11 在垂直和水平方向均可见定向排列的椭圆形气孔，取 20 个岩石样品进行孔渗测试，主要是针对样品一定体积内直径较小的气孔和各类微孔，结果见表 8.2。由测试结果可知，样品孔隙度几何平均值为 22.34%，渗透率几何平均值为 $0.09\times10^{-3}\mu m^2$，其中，沿垂直方向的样品孔隙度范围为 19.33%~31.76%，几何平均值为 24.83%，渗透率范围为 0.11×10^{-3} ~ $1.03\times10^{-3}\mu m^2$，几何平均值为 $0.29\times10^{-3}\mu m^2$；沿水平方向的样品孔隙度范围为 11.81%~31.54%，几何平均值为 21.10%，渗透率范围为 0.01×10^{-3} ~ $0.12\times10^{-3}\mu m^2$，几何平均值为 $0.05\times10^{-3}\mu m^2$。整体上储层物性较好，应属于中孔-中渗型储层，局部为高孔-高渗。由孔渗关系图可知（图 8.19），垂直方向样品的孔隙度和渗透率较高；水平方向样品的孔隙度较高，但渗透率较低；所以垂直方向的渗透性较好。

柱状节理可具有良好的渗透性，由于其规模大延伸远，是影响地层渗透性的关键因素之一（Lamur et al., 2018）。柱状节理的渗透性主要与裂缝密度相关，裂缝密度多受柱体

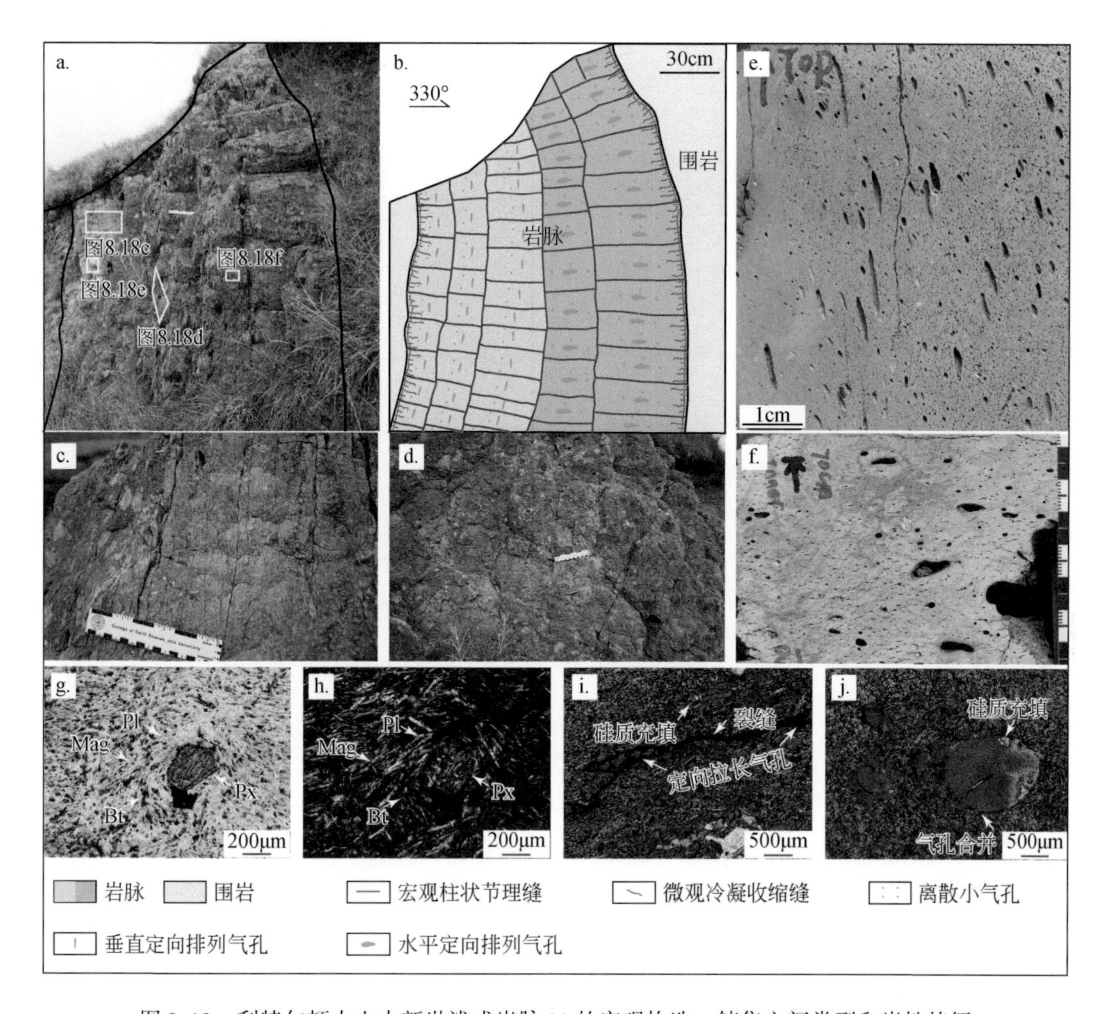

图 8.18　利特尔顿火山中新世浅成岩脉 11 的宏观构造、储集空间类型和岩性特征

Fig. 8.18　Macrostructure, reservoir space, and lithologic characteristics of Miocene hypabyssal dyke 11, Lyttelton volcano, New Zealand

Mag-磁铁矿；Bt-黑云母；Pl-斜长石；Px-辉石

横截面的形状以及柱体大小控制（巢志明 等，2016；唐华风 等，2020b）。本节主要讨论柱状节理的规则程度与渗透性的关系。

通过计算各取样点的地层渗透率，对地层的渗透性进行讨论，经验关系式如下（Zimmerman and Bodvarsson，1996）：

$$K_f = \phi_f b^2 / 12$$

式中：K_f为地层渗透率（$\times 10^{-3}\mu m^2$）；ϕ_f为裂缝孔隙度（%）；b为缝宽（m）。

假设缝宽为 0.1mm、0.5mm、1.0mm，图 8.20 展示了规则和不规则柱状节理面密度与地层渗透率之间的关系。柱状节理的渗透率计算结果表明，岩脉发育的柱状节理对储层的渗透率贡献较大，渗透率随面密度的增加而增加；不规则柱状节理渗透性较规则柱状节

表 8.2　利特尔顿火山中新世浅成岩脉 11 的样品和孔隙度特征

Table 8.2　Samples and porosity characteristics of Miocene hypabyssal dyke 11, Lyttelton volcano, New Zealand

样品编号	长度/mm	直径/mm	孔隙度/%	渗透率/($\times10^{-3}\mu m^2$)	样品编号	长度/mm	直径/mm	孔隙度/%	渗透率/($\times10^{-3}\mu m^2$)
1	34.99	24.87	14.43	0.01	11	33.34	24.32	11.81	0.02
2	28.22	24.57	31.54	0.10	12	25.34	24.33	16.97	0.02
3	31.19	25.02	29.23	0.10	13	29.11	24.98	17.18	0.10
4	44.38	24.29	18.01	0.09	14	30.67	24.65	31.76	0.35
5	18.49	23.62	27.64	0.12	15	30.17	24.79	26.26	0.52
6	24.83	24.43	24.67	0.04	16	29.52	24.84	29.32	0.11
7	34.38	24.82	19.32	0.02	17	48.00	25.18	20.55	0.12
8	25.70	25.02	22.17	0.06	18	36.85	24.81	24.89	0.22
9	24.96	24.51	24.82	0.04	19	24.21	24.15	24.03	1.03
10	23.75	24.98	27.48	0.04	20	23.89	24.52	19.33	0.36

注：水平方向样品编号 1～13；垂直方向样品编号 14～20。

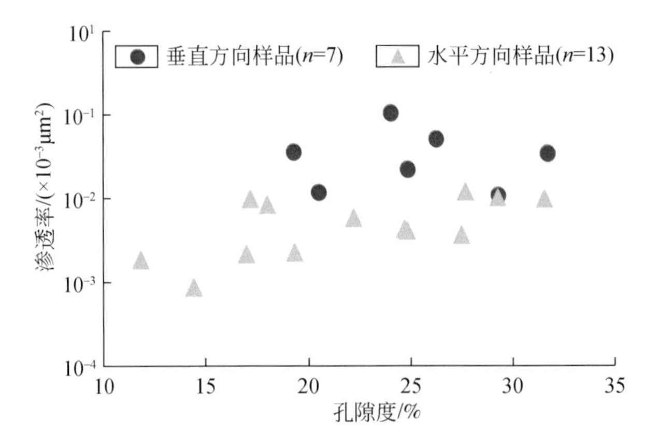

图 8.19　利特尔顿火山中新世浅成岩脉 11 的孔隙度与渗透率特征（柱状节理不在测试范围内）

Fig. 8.19　Porosity and permeability characteristics of Miocene hypabyssal dyke 11, Lyttelton volcano, New Zealand (Columnar joints are not included)

理高。见于不规则柱状节理通常分布于岩脉上部，因此，岩脉上部的渗透性好于下部。由于熔浆压力降低，岩脉上部分布的气孔面孔率高于下部，因此，研究区浅成岩脉上部多具有高孔-高渗的特征，下部具有中低孔-高渗的特征。

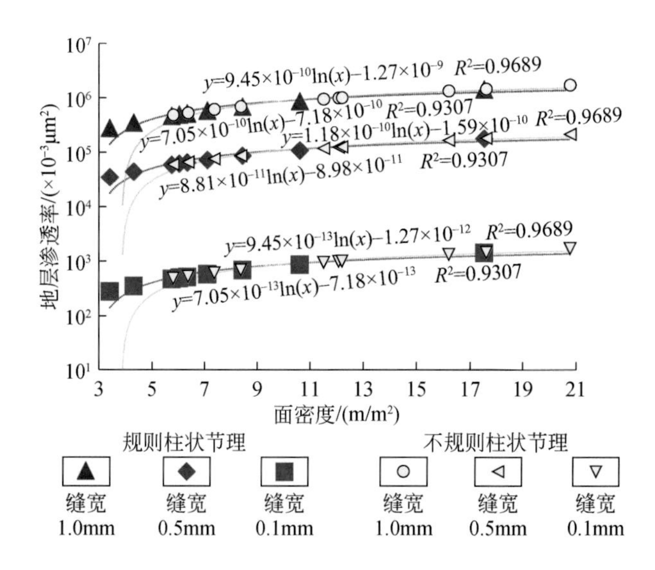

图 8.20　利特尔顿火山中新世浅成岩脉柱状节理面密度与地层渗透率的关系

Fig. 8.20　Relationship between columnar joint surface density and permeability of Miocene hypabyssal dykes, Lyttelton volcano, New Zealand

8.3.1.3　浅成岩脉孔缝分布模式

统计研究区内 11 条岩脉的上覆地层厚度，上覆地层厚度大时柱状节理往往规则，上覆地层厚度小时柱状节理往往不规则。据此特征将不规则柱状节理归为岩脉的上部，规则柱状节理归为岩脉的下部，来分析岩脉的孔缝分布特征。

利用典型岩脉 1、岩脉 3、岩脉 7 和岩脉 11 建立岩脉孔缝分布模式图（图 8.21），总体来看，浅成岩脉发育丰富的气孔，定向拉长气孔多数情况下分布在岩脉中熔浆流动单元的边部，圆形小气孔分布较为离散，发育冷凝边，细密且覆盖面积大，方向整体由冷凝边向内延伸，但视长度小。整体上岩脉中的节理发育，但在空间上存在一定的差异。基于对岩脉的野外观察和统计分析可见（图 8.22），发育在岩脉下部的规则节理缝平直贯穿岩脉，延伸距离远，面密度多集中于 3.4 ~ 10.6m/m²，线密度多集中于 2 ~ 6 条/m；发育在岩脉上部的不规则节理和较规则节理，具有节理缝弯曲，延伸距离短，面密度多集中于 12.1 ~ 20.8m/m²，线密度多集中于 8 ~ 13 条/m 的特征。

8.3.1.4　储层成因

①气孔成因及储层意义

气孔形成于熔浆中挥发分的出溶过程，根据气孔的形状和大小可将其成因分为两个阶段：早期挥发分出溶形成直径较大的气泡，随熔浆的上升，经受了降压、膨胀合并及流动剪切，最终固结形成沿水平方向和垂直方向定向拉长的椭圆形气孔，说明熔浆存在两个流动方向；晚期挥发分出溶形成离散的圆形小气泡，其可能是熔浆在浅地表或地表停止流动或缓慢流动过程中固结为气孔。

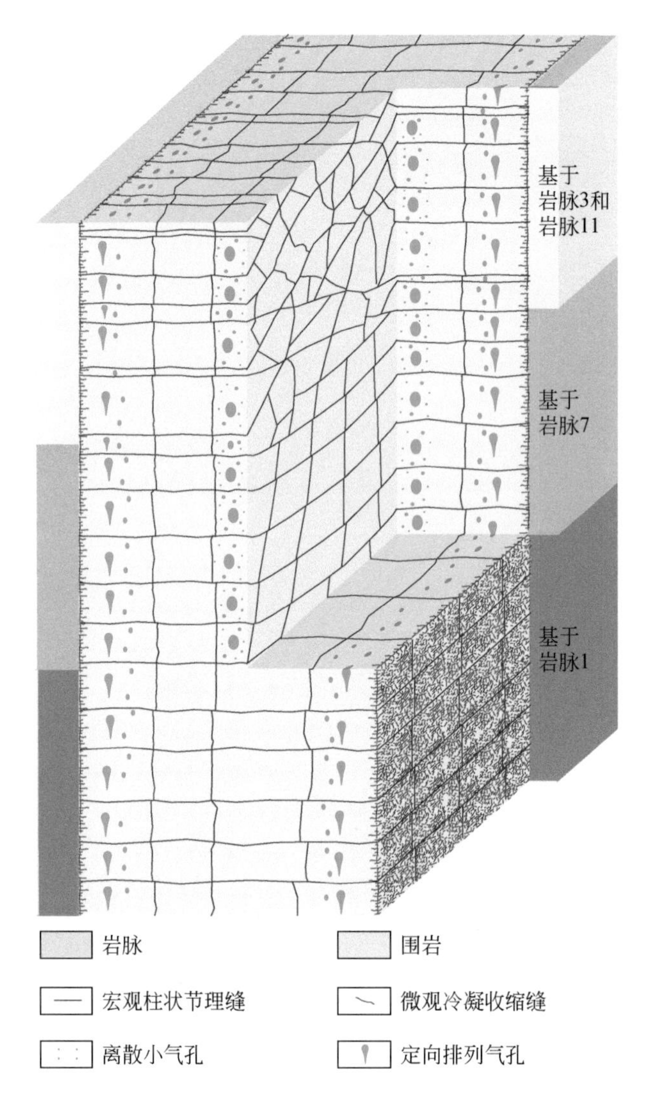

图 8.21　利特尔顿火山中新世浅成岩脉孔缝模式（未按比例尺）

Fig. 8.21　Pore-fracture patterns in Miocene hypabyssal dykes, Lyttelton volcano, New Zealand (not to scale)

选取典型岩脉 1、岩脉 3 和岩脉 11 上共 4 处取样位置，运用孔隙特征图像分析，进行平面上定向型气孔和离散型气孔数量、面孔率贡献对比。由图 8.23 可知，多数岩脉中离散型气孔的数量占比超过 50%，而定向型气孔的面孔率贡献均超过 50%。对比两个阶段气孔的特征可知，早期挥发分出溶对气孔形成起主要作用。

②柱状节理成因

柱状节理常见于中、基性熔岩流以及中、酸性火山穹丘中，如北爱尔兰的“巨人堤”和美国加利福尼亚东部的“魔鬼柱”（Beard，1959；Tomkeieff，1940）；中国香港世界地质公园粮船湾组碎斑熔岩（Wang et al.，2015）。火成岩中柱状节理是熔浆在停止流动或极缓慢流动过程中不断冷却，沿收缩中心固结而成的原生节理，柱体多垂直于火成岩的底界

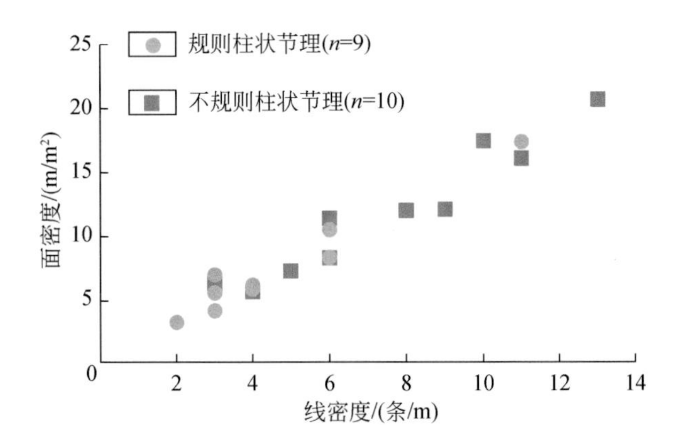

图 8.22　利特尔顿火山中新世浅成岩脉裂缝特征

Fig. 8.22　Characteristics of fractures in Miocene hypabyssal dykes, Lyttelton volcano, New Zealand

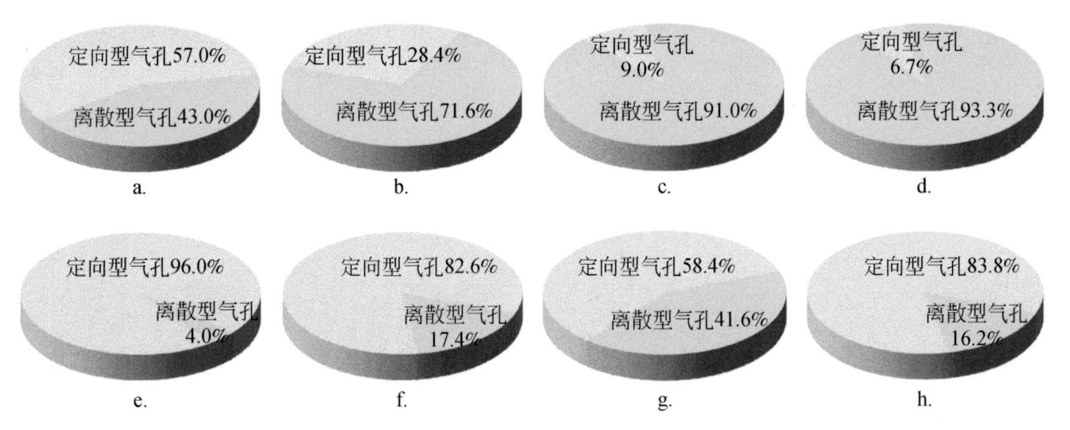

图 8.23　利特尔顿火山中新世浅成岩脉的气孔构成特征和面孔率贡献

Fig. 8.23　Types, percentages, and porosity contributions of vesicles in Miocene hypabyssal dykes, Lyttelton volcano, New Zealand

a, e. 岩脉 1（n=79）；b, f. 岩脉 3（n=81）；c, g. 岩脉 11-1（n=1721）；d, h. 岩脉 11-2（n=1094）

面，柱体的横截面形状多为规则或不规则的四边形、五边形和六边形等（Hetényi et al., 2012；李全海 和 张环，2013）。

研究区发育的浅成岩脉，可能是中、基性岩浆侵位到张性节理内，并沿破裂末端水平或垂直扩展，当岩浆供应停止，裂隙内充填的岩浆停止流动，缓慢冷却，由于岩脉两侧接触围岩散热，形成垂直方向的等温面，在此条件下可以形成水平方向的柱状节理（侯贵廷 等，2005；徐松年，1980；方世明 等，2011）。在岩脉下部温度变化梯度较小，柱体形态保持较好，形成的节理缝平直规则，在垂直和水平方向延伸于整个岩脉；在岩脉上部温度变化梯度较大，柱体形态不稳定，形成的节理缝弯曲不规则，这可能是由于顶部存在向上散热的过程，所以等温面会在顶部存在水平方向的分量，使得柱状节理变得弯曲或不规则。

8.3.1.5　柱状节理缝与定向排列气孔连通性的关系

基于野外观察和现有资料分析，岩脉的储集空间类型主要为柱状节理缝和定向拉长的大直径椭圆形气孔，孔隙连通性是衡量气孔作为储层有效性的重要指标，运用建立气孔分布模式与孔隙特征图像分析相结合的方法进行统计。

根据柱状节理缝和气孔在岩脉上的分布关系特征，建立两种典型的气孔分布模式，分别为单一方向气孔分布模式（图 8.24）、正交方向气孔分布模式（图 8.25），以形象刻画柱状节理缝与定向排列气孔之间的连通关系。两种模式均取 120cm×60cm 的区域作为岩脉孔缝示意图，并假设气孔规则且分布均匀，柱状节理缝平直贯穿岩脉，缝宽设为 0.1mm、0.5mm、1.0mm，缝间距设为 10cm、20cm、30cm，设垂直定向排列气孔的方向为 0°，对柱状节理统计时假设起始点为节理缝的等间距分布中心，顺时针取柱状节理缝与垂直排列气孔的夹角为 0°、30°、45°、60°、90°，分析柱状节理缝连通气孔的个数占比和气孔面孔率占比情况。

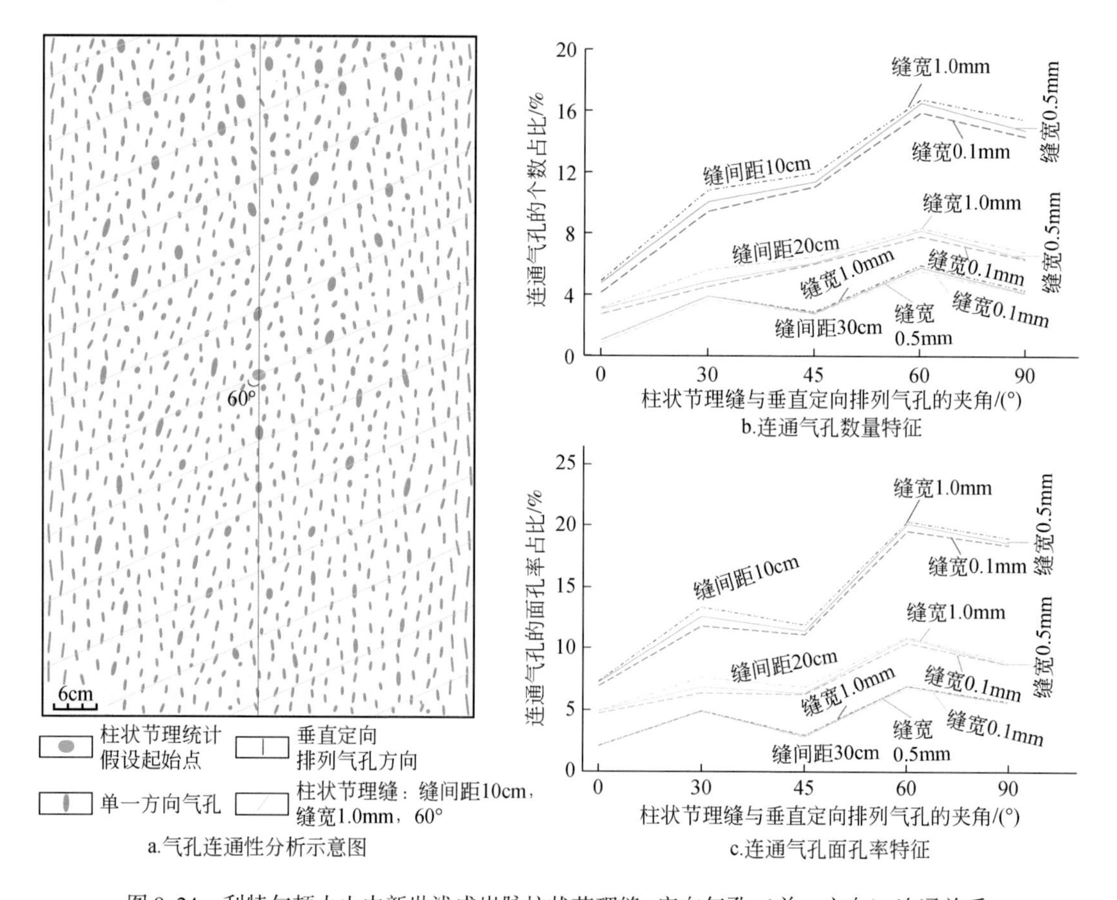

图 8.24　利特尔顿火山中新世浅成岩脉柱状节理缝-定向气孔（单一方向）连通关系

Fig. 8.24　Connectivity between columnar joints and directional vesicles in Miocene hypabyssal dykes, Lyttelton volcano, New Zealand

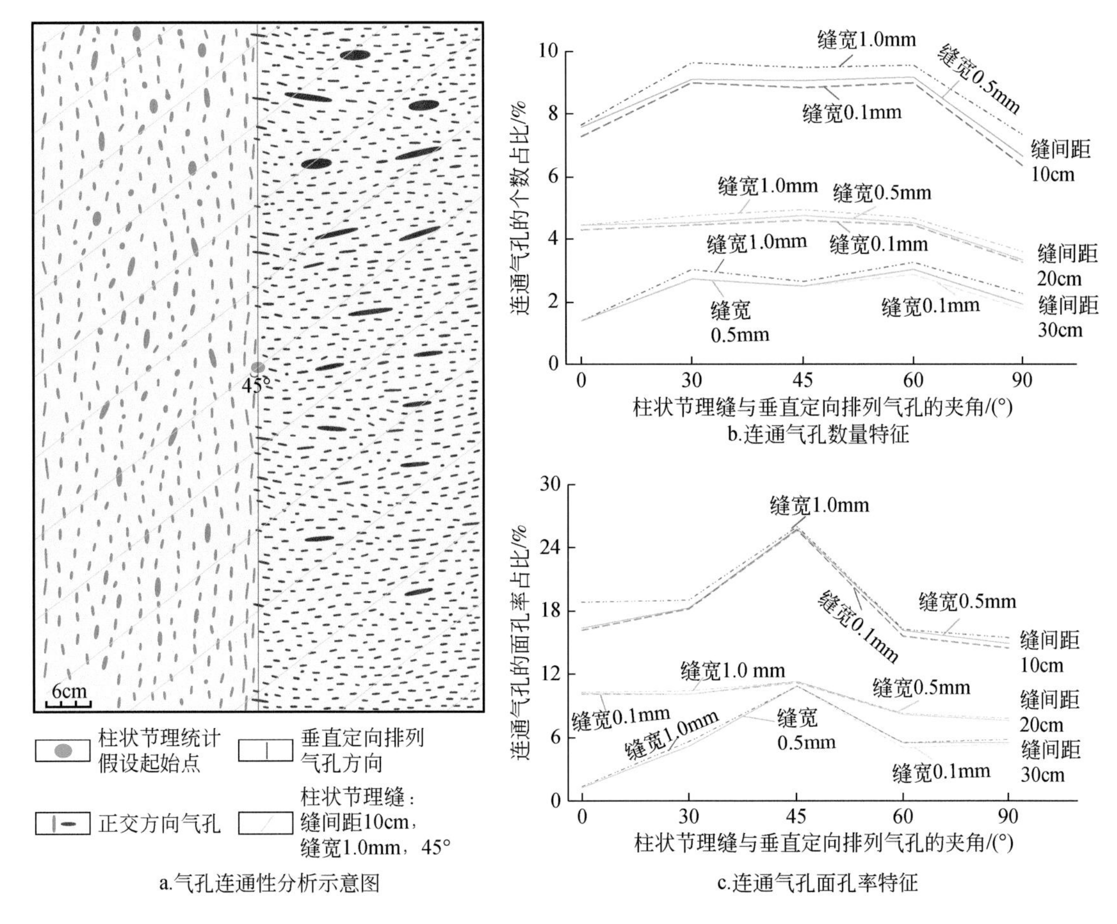

图 8.25 利特尔顿火山中新世浅成岩脉柱状节理缝-定向气孔（正交方向）连通关系

Fig. 8.25 Connectivity between columnar joints and vesicles in orthogonal direction in Miocene hypabyssal dykes, Lyttelton volcano, New Zealand

由图 8.24b 和图 8.24c 可知，随着节理缝与垂直定向排列气孔之间的夹角增大，连通气孔的个数占比和气孔面孔率占比整体呈上升趋势，当节理缝与垂直定向排列气孔之间的夹角为 60°时，节理缝的连通能力最高。相同缝宽的节理缝，随缝间距减小，连通气孔的个数占比和气孔面孔率占比增大；缝间距相同，缝越宽，连通气孔的个数占比和气孔面孔率占比越大。如图 8.24b 和图 8.24c 所示，节理缝与垂直定向排列气孔之间的夹角在 30°～60°内均呈现较好的连通效果，且 45°夹角时节理缝的连通能力最高。相同缝宽的节理缝，随缝间距的减小，连通气孔的个数占比和气孔面孔率占比增大；缝间距相同，随缝宽的增加，连通气孔的个数占比和气孔面孔率占比增加。两种典型的气孔分布模式均表明，当柱状节理缝间距越小，缝越宽，节理缝与垂直定向排列气孔之间的夹角较大时，气孔连通性越高。

运用孔隙特征图像进行统计分析，岩脉样品 0.01m^2 的视域里，节理缝宽 0.03～0.06mm，连通气孔的数量为 244～279 个，个数占比为 14.2%～25.5%，气孔面孔率占比为 10.6%～35.0%。在上述两种气孔分布模式 0.72m^2 的面积里，单一方向气孔分布模式中，缝宽1.0mm，缝间距10cm，节理缝与垂直定向排列气孔之间的夹角为60°时，连通气孔的数量最多，可达174个，个数占比可达16.7%；连通气孔的面孔率占比最大，可达20.3%。正交方向气孔分布模式中，缝宽1.0mm，缝间距10cm，节理缝与垂直定向排列气孔之间的夹角为30°~60°时，连通气孔的数量较多，最大可达130个，个数占比最大可达9.6%；节理缝与垂直定向排列气孔之间的夹角为45°时，连通气孔的面孔率占比最大，可达26.1%。这是由于上述两种模式重点考虑柱状节理缝对气孔的连通性，而实际上岩脉还存在很多微小的冷凝收缩缝和风化缝，也起到连通气孔的作用，因而岩脉样品的气孔连通性更好。

8.3.2　原生裂缝-次生裂缝发育的侵入岩体

LS208井营城组二段侵入岩取心段长度为8.5m，岩心整体上为破碎屑。通过岩心详细描述和镜下鉴定可知，英台断陷LS208井侵入岩发育原生和次生孔隙，如原生裂缝、海绵状溶蚀孔、筛状溶蚀孔、次生裂缝。根据裂缝充填特征可将裂缝划分为两期，一期裂缝呈不规则网状，缝宽1~10mm，视长度10~30mm，充填沥青和钙质，充填程度30%~95%，主要分布在岩心段下部；二期为一组近直立裂缝，缝面平直，未破碎段缝宽约1mm，视长度可达3m，缝间距2~4cm，基本不充填，岩心沿此组裂缝破裂（图8.26）。在铸体薄片中可见海绵状溶蚀孔、筛状溶蚀孔，在铸体薄片中显示为浅蓝色—蓝色不规则团块状，边缘不清楚，直径在50~100μm，暗示该类孔隙不发育。所以储集空间类型为裂缝—孔隙型。

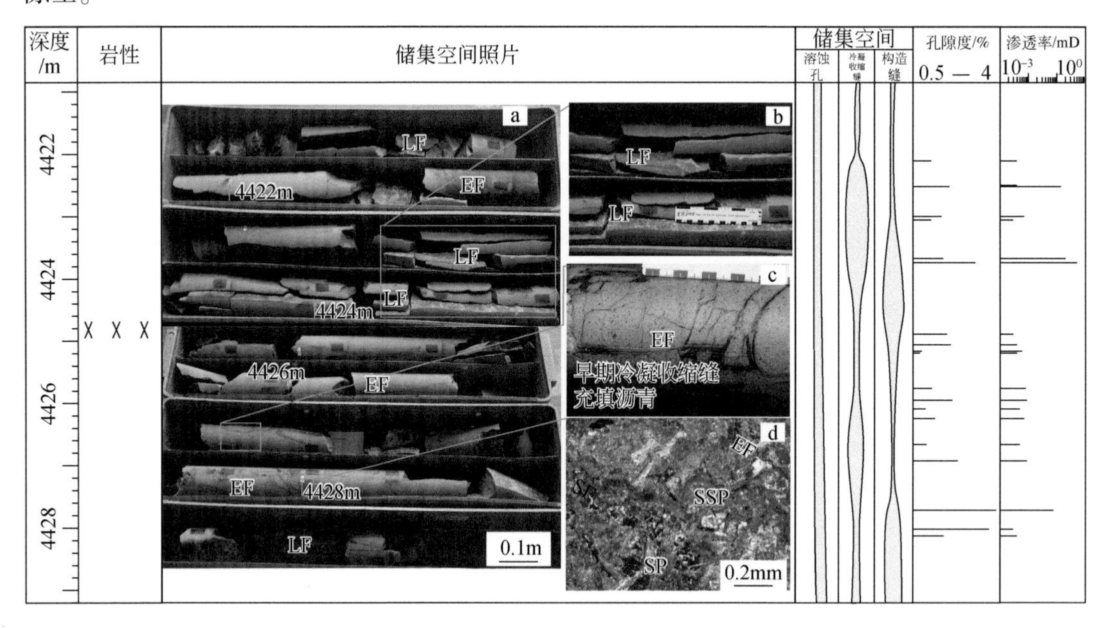

图8.26　松辽盆地英台断陷LS208井营城组二段侵入岩储层特征

Fig. 8.26　Reservoir characteristics of intrusive rocks in the second member of the Yingcheng Formation (LS208, Yingtai fault depression, Songliao Basin, NE China)

SP-海绵状溶蚀孔；SSP-筛状溶蚀孔；EF-早期裂缝；LF-晚期裂缝

LS208 井营城组二段侵入岩孔渗数据显示为低孔低渗储层，孔隙度为 0.747%～3.843%，渗透率为 0.003～0.513mD（图 8.26）。图 8.27 显示 LS208 井侵入岩储层具有小孔喉、细歪度、中高排驱压力和中低进汞饱和度的特征，如平均孔隙半径为 0.010～0.028μm，歪度为 -1～0.012，排驱压力为 6.871～30.994MPa，进汞饱和度为 39.011%～75.058%。

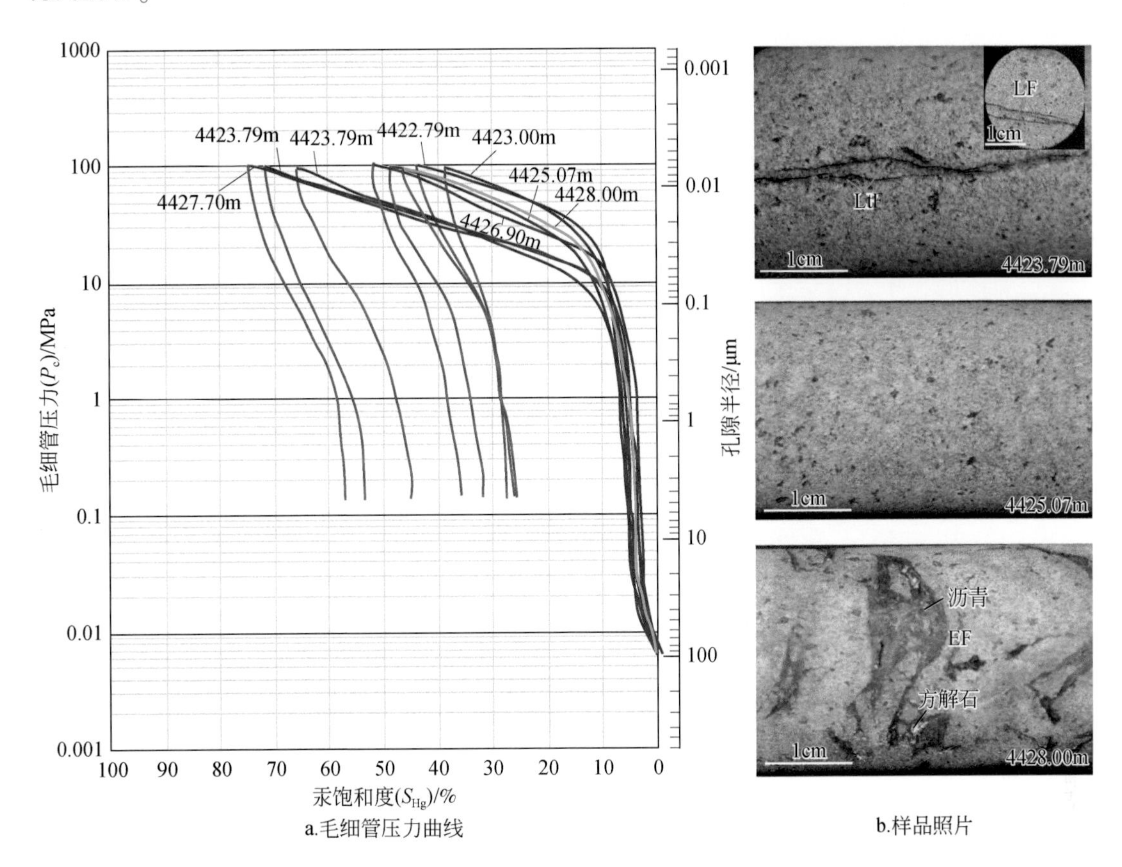

图 8.27　松辽盆地英台断陷 LS208 井营城组二段侵入岩毛细管压力曲线与样品特征

Fig. 8.27　Capillary pressure curves and sample characteristics of intrusive rocks in the second member of the Yingcheng Formation (LS208, Yingtai fault depression, Songliao Basin, NE China)

表 8.3 和图 8.26 样品中的储集空间组合有三类，即 LF+SP+SSP、EF+SSP+SP 和 SSP+SP，这三类样品的孔隙度和渗透率均有差异。相比较而言 LF+SP+SSP 的孔隙度为中高孔高渗，EF+SSP+SP 样品为中高孔中低渗，SSP+SP 样品为中低孔中低渗。所有样品均发育 SSP+SP，只需要对比发育裂缝和未发育裂缝的样品就可明确裂缝对孔隙度的贡献。裂缝发育样品共有 8 个，孔隙度平均值为 2.542%；裂缝不发育样品共有 12 个，孔隙度平均值为 1.240%。可以近似看成裂缝平均孔隙度为 1.302%，其平均贡献率达到 51.2%。这还不包括岩心段中无法参与测试的裂缝，所以真实的裂缝孔隙度贡献率会超过上述比例，所以该气藏储层类型为裂缝—孔隙型。

表 8.3　松辽盆地英台断陷 LS208 井营城组二段侵入岩样品及孔隙度特征

Table 8.3　Samples and porosity characteristics of intrusive rocks of the second member of Yingcheng Formation (K_1y^2), Well LS208 (Yingtai fault depression, Songliao Basin, NE China)

序号	深度/m	长度/mm	直径/mm	储集空间组合	孔隙度/%	渗透率/mD	序号	深度/m	长度/mm	直径/mm	储集空间组合	孔隙度/%	渗透率/mD
1	4422.12	38.66	25.26	SP+SSP	1.202	0.004	11	4425.20	37.53	25.25	SP+SSP	0.747	0.004
2	4422.42	36.84	25.25	SP+SSP	1.173	0.004	12	4425.78	32.73	25.25	SSP+SP	1.220	0.008
3	4422.52	35.23	25.24	EF+SP	1.935	0.141	13	4425.97	37.48	25.30	LF+SSP+SP	2.051	0.009
4	4423.00	33.19	25.26	SP+SSP	1.624	0.007	14	4426.10	36.18	25.25	SP+SSP	0.972	0.005
5	4423.05	41.58	25.25	SP+SSP	1.195	0.003	15	4426.25	40.50	25.25	SSP+SP	1.348	0.007
6	4423.69	35.08	25.23	EF+SP	1.684	0.205	16	4426.65	41.73	25.25	SP+SSP	1.011	0.005
7	4423.79	37.41	25.24	LF+SSP+SP	3.000	0.513	17	4426.90	38.22	25.26	EF+SSP+SP	2.274	0.009
8	4424.95	33.01	25.25	SSP+SP	1.848	0.003	18	4427.70	33.78	25.24	LF+SSP+SP	3.843	0.075
9	4425.07	34.22	25.25	EF+SSP+SP	1.992	0.004	19	4428.00	35.62	25.24	EF+SSP+SP	3.560	0.003
10	4425.17	32.63	25.26	SP+SSP	0.820	0.006	20	4428.05	37.55	25.24	SSP+SP	1.721	0.004

注：SP-海绵状溶蚀孔，SSP-筛状溶蚀孔，EF-早期裂缝，LF-晚期裂缝。

英台断陷 LS208 井侵入岩岩心为蚀变和构造改造提供了有力证据。其中构造改造对储层贡献大，从岩心揭示的情况来看可划分为两期裂缝，早期裂缝充填程度较高，晚期裂缝充填程度较低或基本不充填（图 8.26 和图 8.28）。对应埋藏史曲线（图 8.29）可知，早期裂缝形成于侵入岩就位期的原生裂缝和营城组末期的次生裂缝，但是二者之间在本取心段难以区分，暂时统称为早期裂缝；从图 8.30a 侵入岩的顶底部均有一个低阻带，可能就是冷凝淬火形成的边缘，应该发育冷凝收缩裂缝。晚期裂缝的倾向为南南东（图 8.30b、c），走向为北北东，其走向与嫩江组末期形成的反转构造的走向一致（张功成 等，1996），二者在产状方向的耦合，暗示晚期裂缝形成于嫩江组晚期。

基质、斜长石和辉石的蚀变形成次生孔隙，如海绵状溶蚀孔和筛状溶蚀孔。结合埋藏史曲线可知侵入岩的溶蚀作用可划分为两期，一期是从侵入岩就位开始到营城组末期，持续了数百万年，该期处于营城组二段排烃早期，地层流体以有机酸为主。二期是从登娄库组中期到嫩江组中期，持续了约 30Ma；依据有机质演化特征可知，在地温达到 130℃时有机酸含量就少于 CO_2 含量，结合古地温特征可将该期溶蚀划分为两段，一阶段是泉头组末期之前以有机酸溶蚀为主，另一阶段是从青山口期到嫩江组中期，可能以碳酸溶蚀为主（图 8.29）。

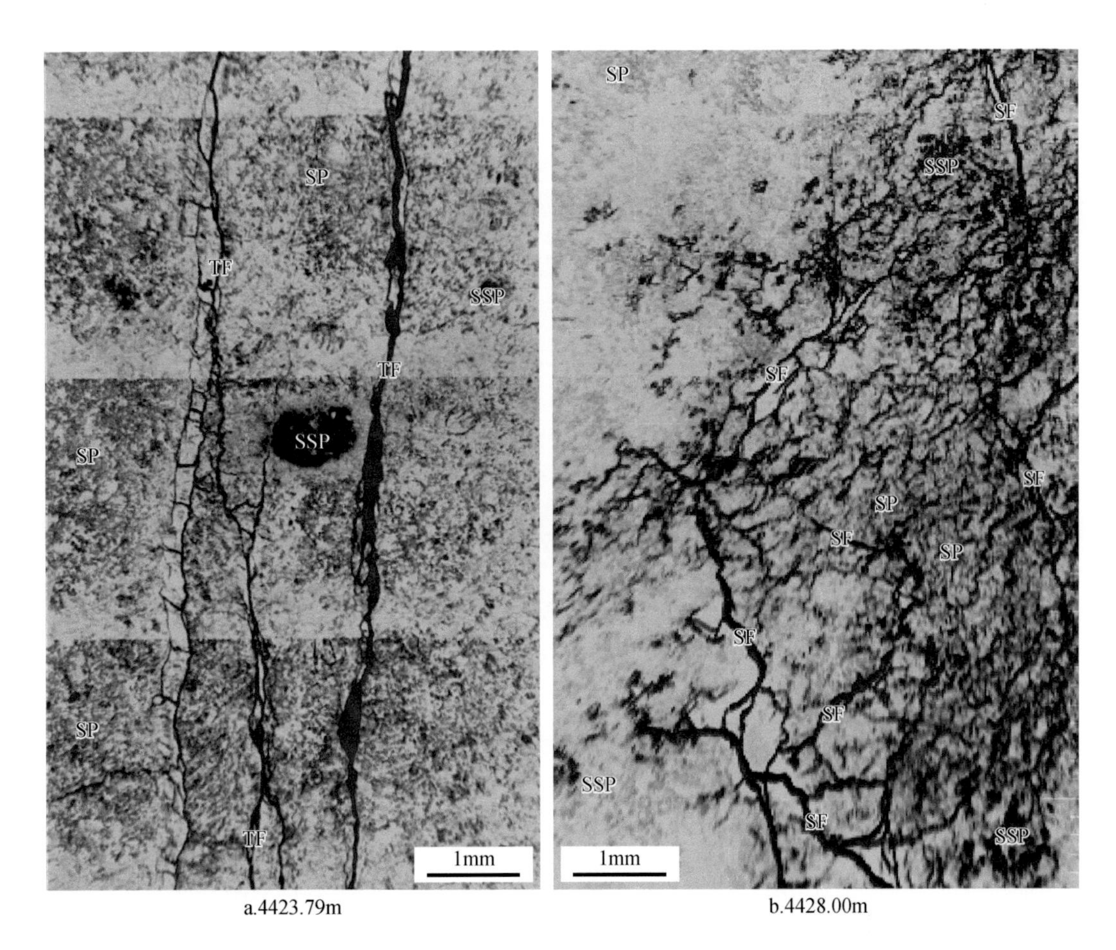

a.4423.79m　　b.4428.00m

图 8.28　利用激光共聚焦扫描显微镜对 LS208 井岩体进行孔隙度成像

Fig. 8.28　Reservoir space image of intrusive rocks in Well LS208 under laser confocal scanning microscopy

TF-构造裂缝，蓝色的规则的线；SF-冷凝收缩缝，蓝色的网状线；SP-海绵状溶蚀孔，灰色团块状；SSP-筛状溶蚀孔，红色和蓝色的不规则斑点状

8.3.3　勘探意义

岩脉可以作为遮挡层，促进圈闭的形成（李春光，1997；李亚辉，2000；吴昌志 等，2005），也可以作为储层赋存油气，如辽河盆地辉绿岩脉中发现的油气藏（李军 等，2013；孙昂 等，2016）。但对于岩脉的油气藏的发现还只是偶然的，缺少针对性的部署。通过对 11 条浅成岩脉分析可知，浅成侵入岩可具有丰富的原生气孔（且具有一定的原始连通性）和裂缝。通过对研究区岩脉柱状节理缝与定向排列气孔之间连通关系的研究，证明了柱状节理缝有效连通气孔，能够改善地层渗透性，提高岩脉的储集性能，对孔隙连通性有着重要影响（何松林，2016）。所以大型的浅成岩脉或岩盖具有形成高孔-中高渗储层

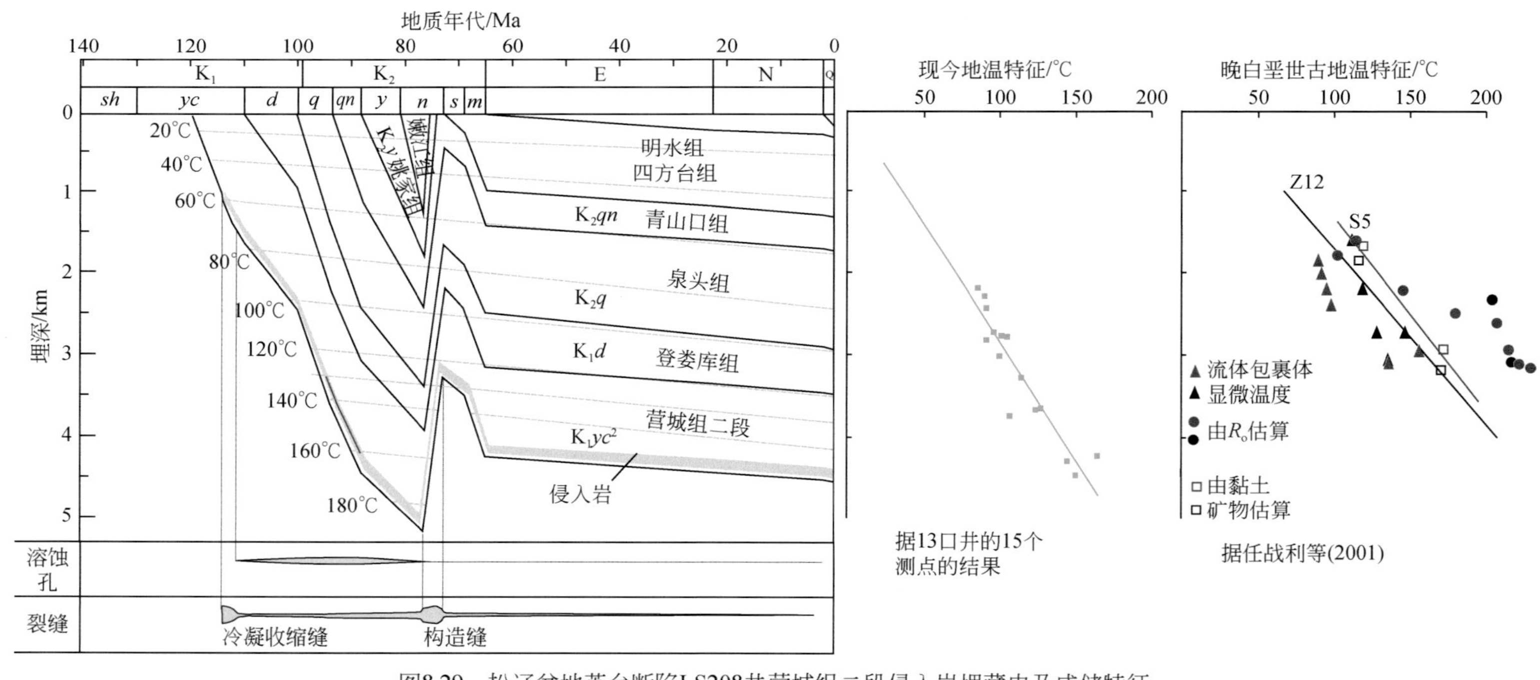

图8.29　松辽盆地英台断陷LS208井营城组二段侵入岩埋藏史及成储特征

Fig.8.29　Burial history and reservoir formation of intrusive rocks in the second member of the Yingcheng Formation (LS208, Yingtai fault depression, Songliao Basin, NE China)

黑色符号表示Z12井；红色符号表示S5井

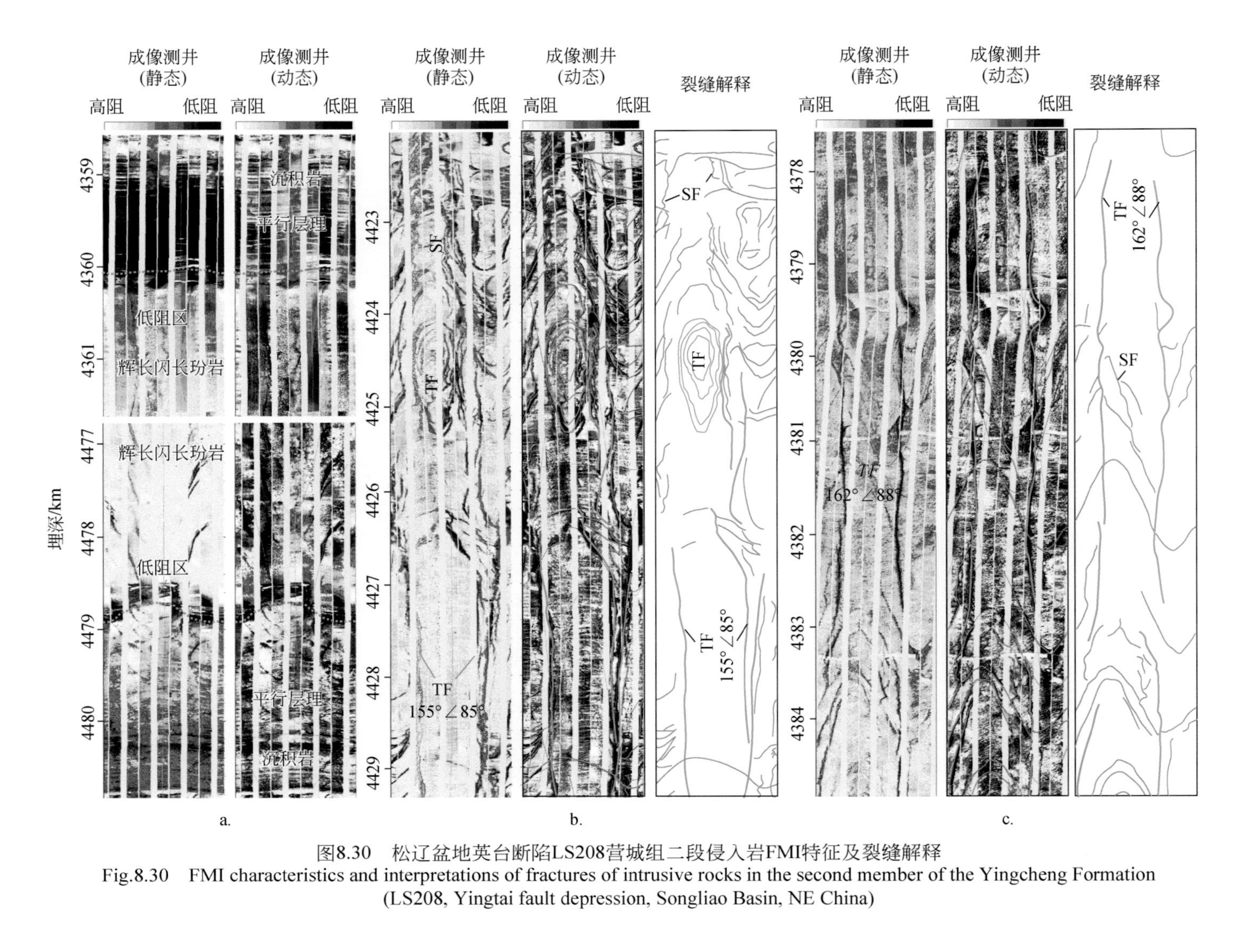

图8.30 松辽盆地英台断陷LS208营城组二段侵入岩FMI特征及裂缝解释

Fig.8.30 FMI characteristics and interpretations of fractures of intrusive rocks in the second member of the Yingcheng Formation (LS208, Yingtai fault depression, Songliao Basin, NE China)

的潜力。含火山岩盆地的浅成侵入岩广泛分布，具有形成大规模、高丰度油气藏的潜力，应当受到勘探的关注，可以有针对性地进行勘探部署，特别是当富含挥发分的岩浆侵位于泥岩段中则更有利于形成孔隙-裂缝型侵入岩油气藏。

8.4　沉火山碎屑堆积单元的储层分布模式

8.4.1　概况

沉火山碎屑岩指火山碎屑物含量为50%~90%，经水流搬运作用，成岩方式为压实胶结（孙善平 等，2001；王璞珺 等，2007b）。碎屑颗粒分选差，磨圆程度可为各种类型；按粒度可细分为沉凝灰岩、沉角砾岩和沉集块岩等；按成分可划分为复成分和单成分，单成分可以是流纹质、安山质和玄武质等。

CS6 井区位于松辽盆地中东部的王府断陷，CS6 井和 CS601 井岩心揭示该区沉火山碎屑岩主要是沉火山集块岩和沉火山角砾岩两种（图 8.31）。火山碎屑成分主要是粗安岩（85%），少量石英岩砾石（5%）和流纹岩砾石（10%）。多数集块和角砾呈次棱角状—次圆状，也见少量次圆状角砾，颗粒定向性不明显，分选差，颗粒支撑—杂基支撑，填隙物多为岩屑、晶屑和火山灰。上述特征表明该沉火山碎屑岩应为近距离搬运和快速堆积的产物。

a.CS6-2523.0m，沉集块岩，
颗粒支撑，角砾成分为绿灰色粗安岩

b.CS6-2530.0m，沉角砾岩，
颗粒支撑，角砾成分为绿灰色粗安岩

图 8.31　王府断陷 CS6 井沉火山碎屑岩类型和特征

Fig. 8.31　Types and features of reworked volcaniclastic rocks in Well CS6 (Wangfu fault depression, Songliao Basin, NE China)

CS6 井区沉火山碎屑岩在平面上呈近南北向展布的扇状（图 8.32a），地震剖面揭示沉火山碎屑岩呈楔形和丘形，内部是中弱振幅，连续性好（图 8.32b）；根据井震联合波阻抗反演结果可知厚度最大可达 200m，分布在 CS602 井和 CS6 井南侧。沉集块岩主要分布在 CS6 井、CS601 井和 CS603 井，其他钻井揭示均为沉角砾岩（图 8.32a、b）。以下伏煤层为参照面，利用岩性和测井曲线资料进行沉火山碎屑岩对比，可将沉火山碎屑岩划分为4个砂组，纵向上存在两种岩性序列，一是厚层状沉角砾/集块岩，二是薄层沉角砾/集块岩与泥岩互层；上部沉火山碎屑岩较为发育，下部沉火山碎屑岩分布较为局限，整体上表现为向上变粗的序列（图8.32c）。目前产气段主要集中在砂组3中。

8.4.2 储层分布特征

通过实测孔隙度、测井解释孔隙度与岩石学特征对比可知，储层主要受火山碎屑颗粒支撑类型、粒度、埋深和发育岩屑内气孔的粗安岩角砾的含量密切相关。如CS6井的孔隙度峰值为10%~11%，高于CS14井的8%~9%；利用成像测井资料和岩心资料对比可知，二者之间的差别是CS6井为沉集块岩和沉角砾岩，颗粒支撑，岩屑内气孔发育（成像测井中表现为低阻集块和角砾），而CS14井为沉角砾/凝灰岩，颗粒/杂基支撑，岩屑内气孔较少（成像测井中表现为中高阻角砾）。CS601井孔隙度峰值具有两个，均低于CS6井，岩心资料揭示二者的差别在于发育岩屑内气孔的粗安岩角砾/集块含量的差别，CS6井含量高达90%，而CS601井只有55%。所以优质储层分布于沉集块岩、含岩屑内气孔的集块/角砾含量高的区域，这也说明优质储层主要受母岩挥发分逸出、颗粒支撑作用控制；主要分布在沉火山碎屑岩扇体平面位置的中部。如果结合烃源岩分布，则是位于扇体前缘部位更容易形成良好的生-储-盖组合。结合孔隙度与埋深的关系可知，在埋深小于3000m时沉凝灰、沉角砾和沉集块均可，当埋深大于3000m时沉角砾和沉集块更为有利。所以沉火山碎屑岩优质储层勘探潜力最大的区域是埋深小于3000m，母岩区挥发分逸出作用发育、近距离搬运、颗粒直径较大的扇体中部区域，其次是扇体前缘区域。

8.4.3 储层形成机理

8.4.3.1 （母岩）挥发分逸出作用

沉火山碎屑岩母岩在冷凝固结成岩过程中，熔浆中的挥发分，如水、二氧化碳、氟、氯等组分，在岩浆温度、压力下降时从熔浆中逸出，并随熔岩的迁移发生膨胀—上升—合并（Gaonac'h et al.，2005；Lockwood and Hazlett，2010；Lovejoy et al.，2004），被冷却的熔浆捕获，则形成气孔，并在剥蚀、搬运和沉积分散过程中得以保存。通过面孔率分析可知，岩屑内气孔的面孔率可达7.8%，如图8.33所示岩屑内气孔对孔隙的贡献可达80%，粒间—溶蚀孔仅有20%，该作用对于沉火山碎屑岩优质储层形成有着至关重要的作用。CS6井和CS14井的角砾均为粗安岩，CS601井含有流纹岩角砾，而该部分角砾不发育岩屑内气孔。岩屑内气孔得以保存的先决条件是岩屑直径需要足够大，因为只要气孔暴露就会遭受侵蚀而消失，即使得以保存由于细火山碎屑充填孔隙也难以形成有效孔隙。如图8.34所示，颗粒直径大于8mm时含有岩屑内气孔，颗粒直径小于3mm时则不含岩屑内气孔；大颗粒发育岩屑内气孔的比例高，小颗粒发育岩屑内气孔的比例低。这可能与离物源近、颗粒大、外碎屑含量低，离物源远、颗粒小、外碎屑含量高相关，CS601井岩心中就

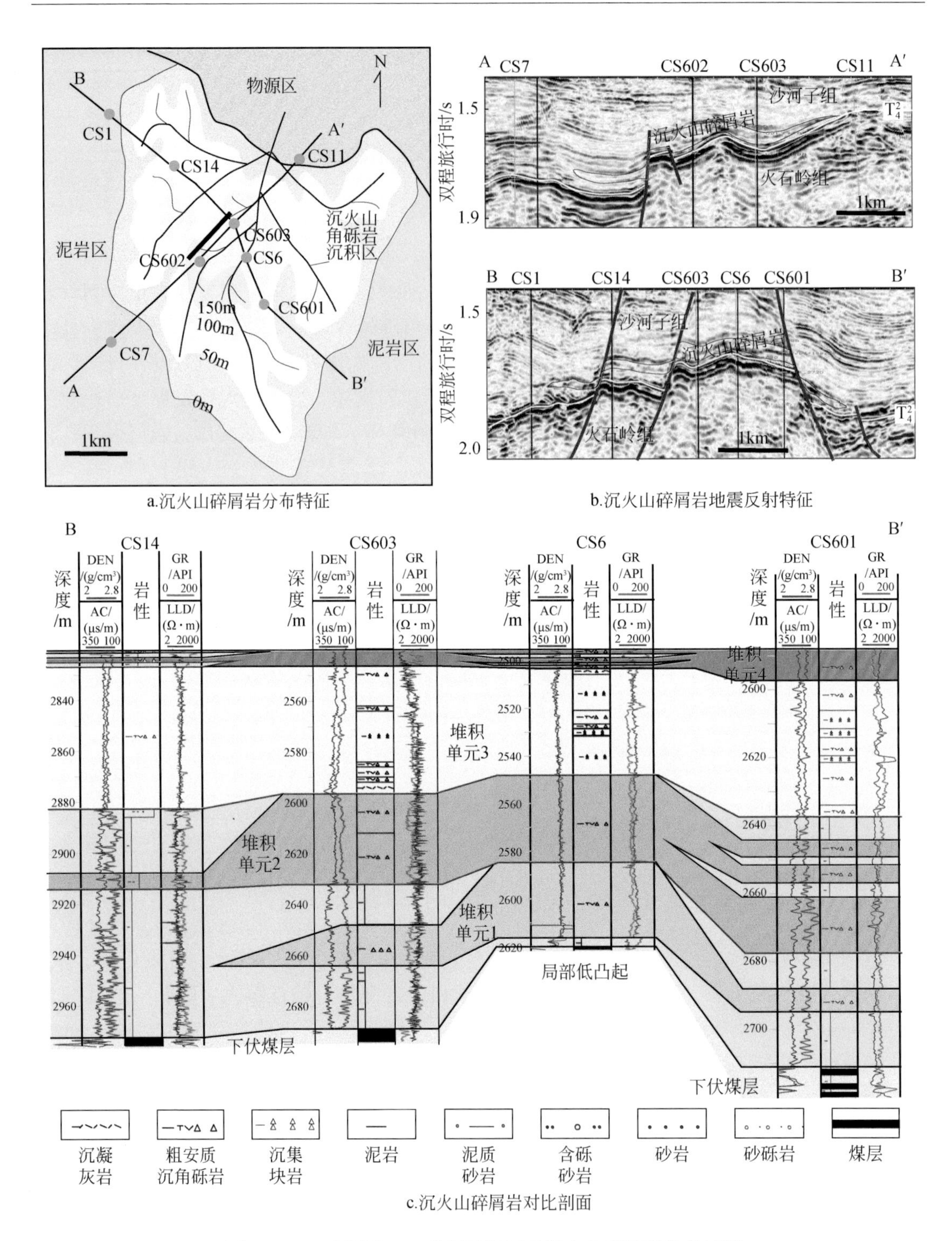

图 8.32　王府断陷 CS6 井区沙河子组沉火山碎屑岩分布特征

Fig. 8.32　Distribution of reworked volcaniclastic rocks in Well Block CS6 (Wangfu fault depression, Songliao Basin, NE China)

含有流纹岩角砾（不含岩屑内气孔）。所以岩屑气孔保存的最好方式就是大直径的岩屑，且颗粒越大保存越好，这也是促使在埋藏压实作用较强区域的沉集块岩/沉角砾岩储层好于沉凝灰岩的重要因素。如果岩屑内气孔与粒间-溶蚀孔、筛状溶蚀孔、海绵状溶蚀孔或次生裂缝相互配合时能显著提高储层的品质。

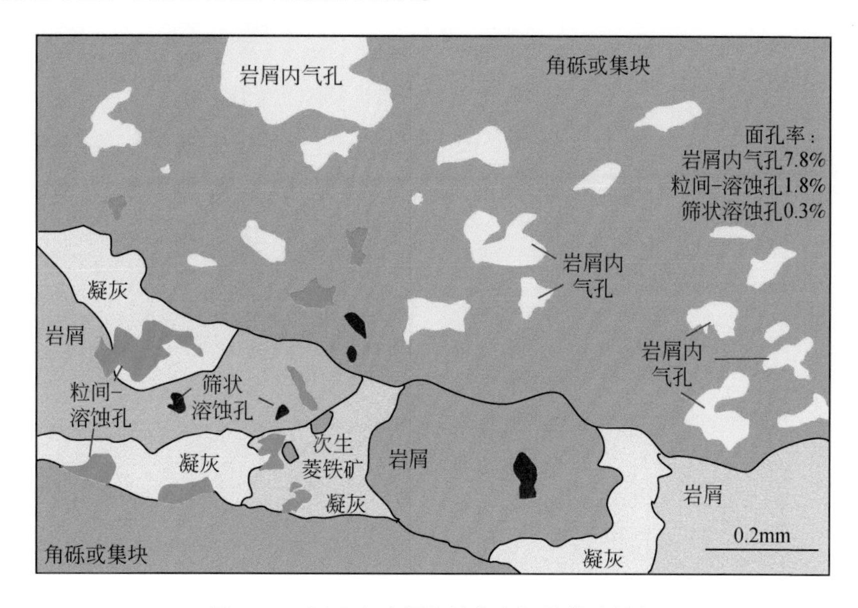

图 8.33 沉火山碎屑岩储集空间的构成特征

Fig. 8.33 Characteristics of reservoir space in reworked volcaniclastic rocks

根据图 8.31a 样品解译，CS6 井 2523.5m

8.4.3.2 颗粒支撑作用

火山碎屑颗粒之间的互相支撑形成岩骨架。对于储层的形成具有两方面的作用，一是在颗粒间可形成粒间孔；二是由于抗压颗粒支架的支撑作用，减少压实作用对粒间孔和基质溶蚀孔的破坏。如图 8.33 所示，颗粒间存在线-凹凸接触，表明其机械压实作用较为明显，幸运的是存在一些抗压颗粒支撑形成骨架保护了基质中的粒间-溶蚀孔，通过孔隙图像分析可知其面孔率约为 1.8%，占总面孔率的 5%。所以颗粒支撑作用对于沉火山碎屑岩具有重要的保存孔隙作用，存在内凹边缘的颗粒可以发挥更好的保护作用。

8.4.3.3 溶蚀溶解作用

沉火山碎屑岩发育丰富的在酸性环境下不稳定的成分，如角闪石、长石、岩屑和火山灰等（Lockwood and Hazlett，2010；孟万斌 等，2011；王宏语 等，2010；赵国泉 等，2005；钟大康 等，2006；朱筱敏 等，2007），这为沉火山碎屑岩溶蚀溶解作用的发生提供了物质基础。研究区的沉火山碎屑岩下伏岩层为含煤暗色泥岩，资料显示该暗色泥岩为品质较好的烃源岩（叶龙，2014；张炬，2013），烃源岩和煤在热演化过程中均会排出酸性物质。按照煤的形成过程有两个阶段会产生大量的酸，一是在埋深 200～400m 范围内的植物遗体转化为泥炭，再到褐煤的过程，其 pH 可达 3.3～4.6（郑浚茂和应凤祥，1997），由图 8.34 可知，沉火山碎屑岩在就位时下伏煤层埋深即在该深度范围，该排酸阶段如有

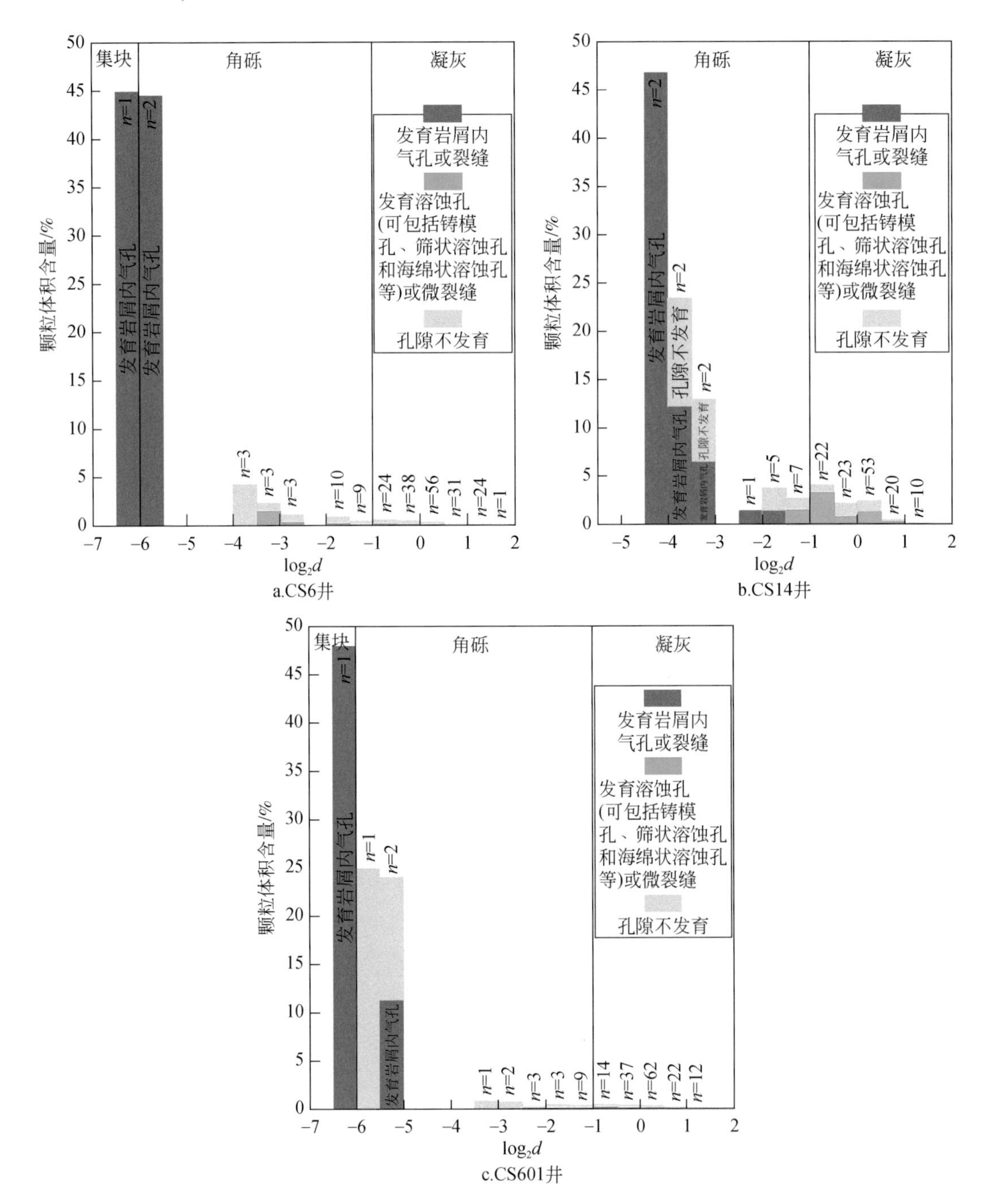

图 8.34　沉火山碎屑岩颗粒直径与储集空间类型的关系

Fig. 8.34　Correlation between grain size and reservoir space type in reworked volcaniclastic rocks

d 为颗粒直径；*n* 为颗粒数

流体通道存在即可对沉火山碎屑岩进行溶蚀。二是当地温达到80～120℃时，随着泥岩和煤层有机质演化排出酸性物质，地层水pH明显降低，酸不稳定成分可再次发生溶蚀溶解作用；该区在泉头组早期进入该阶段，酸性物质排出直至嫩江组末结束，推测溶蚀溶解作用主要发生在泉头组早期—嫩江组中后期（图8.35）。在溶蚀过程中产生了石英的沉淀，流纹质凝灰岩中的石英晶屑边缘发育不规则状加大边，支持本区遭受酸溶蚀SiO_2沉淀。

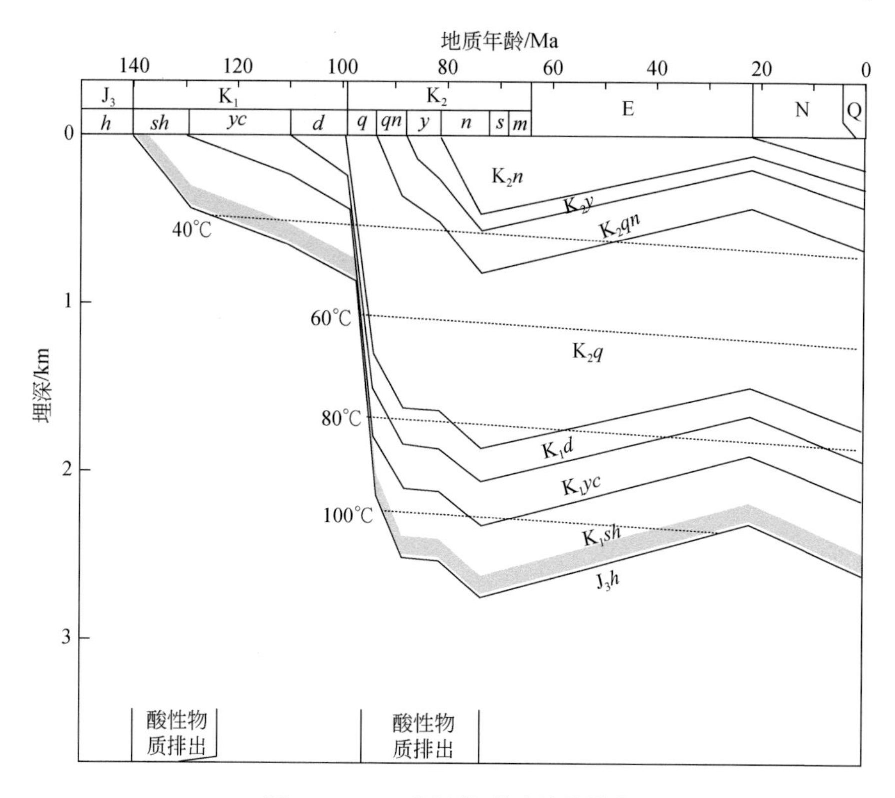

图8.35　CS6井埋藏-热史演化模式

Fig. 8.35　Burial history-thermal evolution history of Well CS6

沉火山碎屑岩中发生溶蚀作用形成次生孔隙可划分为五类，一是角闪石溶蚀形成铸模孔，二是钾长石溶蚀形成筛状-海绵状溶蚀孔，三是流纹质凝灰熔岩岩屑溶蚀产生海绵状孔，四是粗安岩岩屑溶蚀产生海绵状溶蚀孔，五是凝灰质填隙物溶蚀使粒间孔扩大。孔隙中充填的自生黏土矿物绝大多数为绿泥石（图8.36），这可能与如下三个原因有关：一是角闪石蚀变过程中可产生绿泥石；二是在粗安质岩屑中发现大量球粒状菱铁矿，可知流体中的铁镁离子含量较高，有足够量的铁镁离子为钾长石或凝灰质溶蚀时生成绿泥石提供保障；三是本区2500～2900m处泥岩R_o为1.4%～1.7%，对应酸性水介质（含煤地层）碎屑岩成岩阶段划分标志，可知该区也进入中成岩B阶段，也是促使黏土矿物向绿泥石转换的因素之一。溶蚀溶解形成的铸模孔、筛状溶蚀孔为大直径孔隙，形成的海绵状溶蚀孔多是小直径孔隙，这也促使形成大孔小喉储层；在本区溶蚀孔对孔隙度的贡献可能有限，但这些孔隙的存在表明储层的连通性较好（蔡东梅 等，2010；罗静兰 等，2012；罗静兰等，2013；张丽媛 等，2012），可促使储层的有效性提高，特别是对岩屑内气孔的连通可起到重要作用。

图 8.36 沉火山碎屑岩碱性长石溶蚀孔充填绿泥石

Fig. 8.36 Pore-filling chlorite in dissolution pores of alkaline feldspar in reworked volcaniclastic rocks

CS6 井 2545m 粗安质沉火山角砾岩

8.4.3.4 构造作用

CS6 井区沉火山碎屑岩主要经历了两次构造改造作用，一是在母岩区自火石岭组中后期—沙河子组中后期经受隆升构造作用可产生裂缝；该期裂缝形成于岩石埋藏之前，经历了复杂的改造过程，裂缝经历了后期硅质充填作用，其面孔率大幅度降低。二是嫩江运动使沉火山碎屑岩经受了挤压反转构造作用，也可产生构造裂缝；该期裂缝形成于压性条件，岩心中的擦痕与此可对应，虽然充填程度较低，但整体上该段岩心中裂缝发育程度较低，同时裂缝多表现为闭合状态，所以在埋藏条件下裂缝对孔隙度的贡献有限。但有望增加各类孔隙间的连通性，可提高储层的有效性。

8.5 小 结

野外观察和钻井揭示，辫状熔岩流和简单熔岩流储层均存在下部好上部差的特征。辫状熔岩流呈交错网状，储层厚度与地层厚度比大；简单熔岩流呈现层状，储层厚度与地层厚度比小。熔岩穹丘，上部储层好于下部储层，整体孔隙度较低。上部（顶部）发育少量气孔和冷凝收缩缝，中部主要发育冷凝收缩缝，下部主要发育冷凝收缩缝。同样为熔岩，不同类型的地层单元储层特征差别较大。熔岩流最大孔隙度高于熔岩穹丘，熔岩流单层储层厚度小于熔岩穹丘；简单熔岩流储层厚度占地层厚度比例小于辫状熔岩流，熔岩穹丘的占比变化范围较大（图 8.37）。

对研究区钻井不同火山地层单元储层物性特征统计（图 8.38），不同火山地层单元储

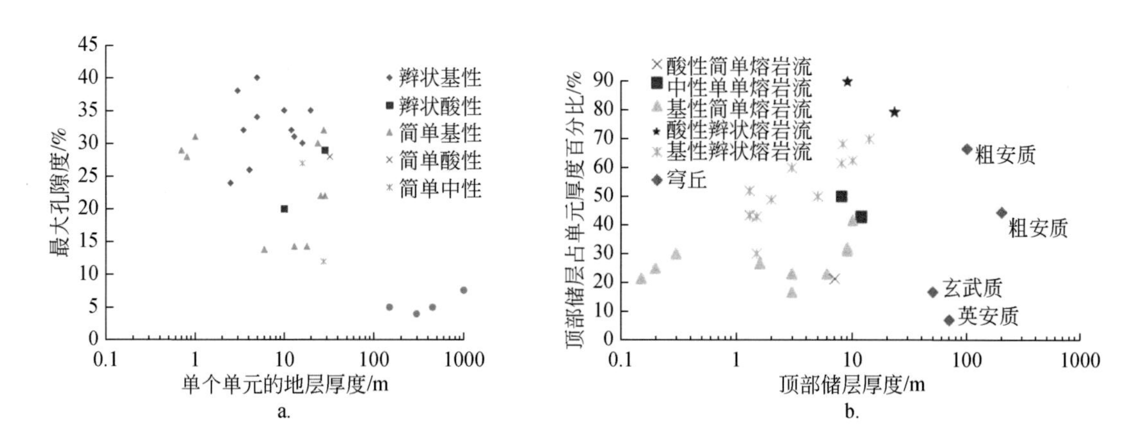

图 8.37 不同熔岩的火山地层堆积单元储层特征

Fig. 8.37 Reservoir characteristics of various units of lava flow

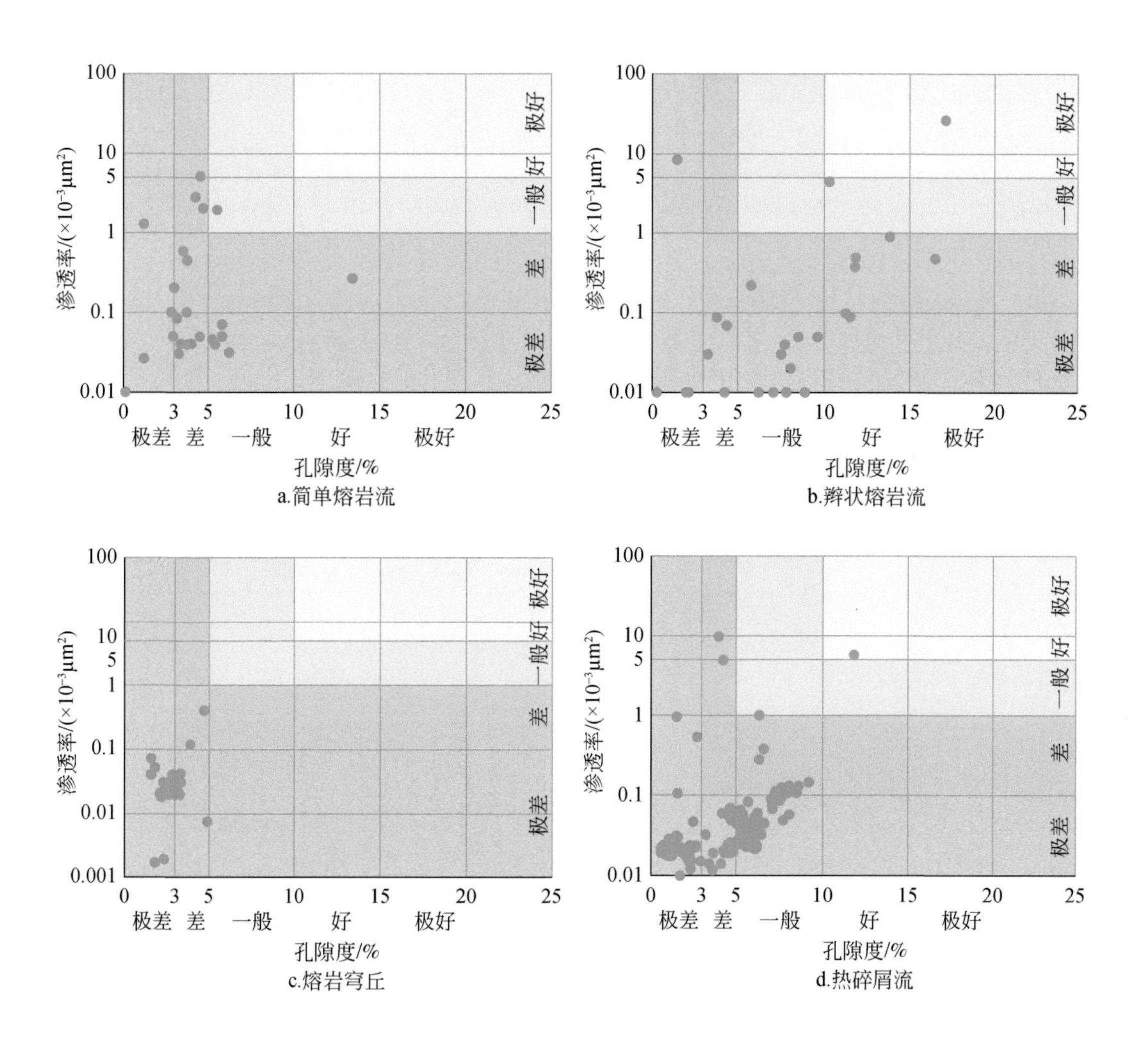

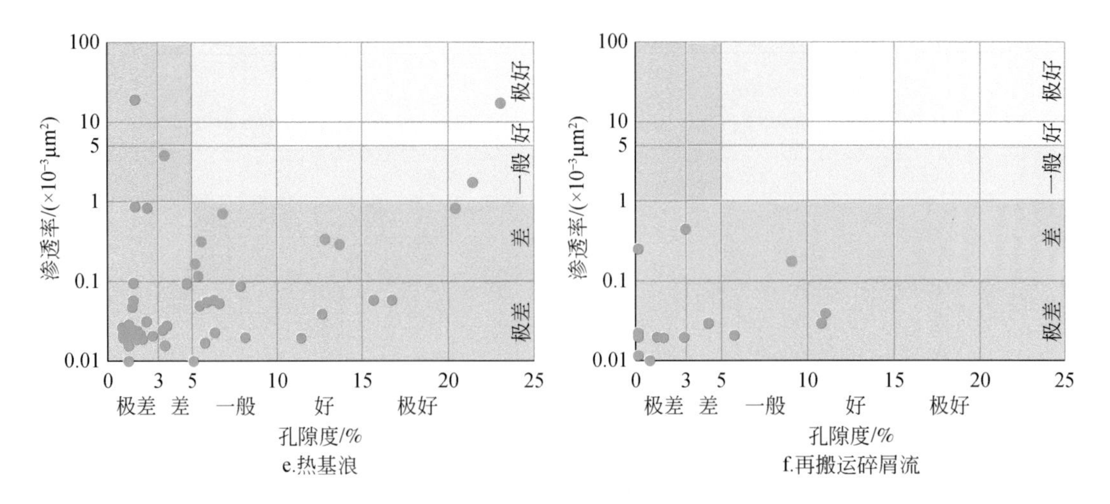

图 8.38　不同火山地层单元储层特征

Fig. 8.38　Reservoir characteristics of different volcanostratigraphic units

长深 1-1、长深 1-2、长深 1-3、长深 105、长深 1、长深 2、长深 5、长深 12、老深 1、腰深 102、腰深 101、腰深 1、DB11、腰深 2、腰南 1、DB14、德深 5、德深 7 共 18 口钻井，285 组数据。储层类型划分标准据《油气储层评价方法》（SY/T 6285—2011）

层物性特征存在差异。简单熔岩流平均孔隙度为 4.20%，平均渗透率为 $0.53\times10^{-3}\mu m^2$；辫状熔岩流平均孔隙度为 7.61%，平均渗透率为 $1.51\times10^{-3}\mu m^2$；熔岩穹丘平均孔隙度为 2.48%，平均渗透率为 $0.04\times10^{-3}\mu m^2$；热碎屑流平均孔隙度为 4.88%，平均渗透率为 $0.24\times10^{-3}\mu m^2$；热基浪平均孔隙度为 4.89%，平均渗透率为 $0.81\times10^{-3}\mu m^2$；再搬运碎屑流平均孔隙度为 2.98%，平均渗透率为 $0.07\times10^{-3}\mu m^2$。从孔渗数据来看，储层物性特征为辫状熔岩流>热碎屑流/热基浪>简单熔岩流>熔岩穹丘/再搬运碎屑流。

9 高精度火山地层格架研究实例

建立高精度火山地层格架对分析火山系统演化、储层刻画和资源潜力分析等具有重要意义。相对于沉积地层，火山地层具有三个显著特征。第一，火山地层具有短时间喷发建造和长时间剥蚀的时间属性（Tang et al.，2015）。第二，火山地层空间分布特征受喷发样式控制（Dai et al.，2019）。第三，地层产状变化与喷发口有关（唐华风 等，2012b；唐华风 等，2011）。第一点表明火山地层中存在大量喷发间断不整合界面。第二点和第三点表明火山地层具有多样的堆积单元和内部结构。因此，喷发间断不整合界面系统和堆积单元的刻画是建立高精度火山地层格架的重点工作。

为了使火山地层格架分析结果能有效指导火山岩储集层的精细描述，有效指导勘探开发，刻画到堆积单元精度或岩性单元尺度。关于火山地层单元的刻画，已开展广泛研究。根据现代火山的喷发方式和喷发物构成，火山地层堆积单元可划分为熔岩流、火山碎屑流和/或火山泥石流等（Lockwood and Hazlett，2010）。目前，裂谷盆地和大陆边缘盆地的火山地层格架建立主要根据岩石学和几何学特征（Aiello et al.，2016；Planke et al.，2000）。对盆地火山地层刻画时，按堆积单元-火山机构-段-组等火山地层单位划分（唐华风 等，2017），地层格架的精度通常为组-段级别，少数情况到火山机构级别，还无法满足火山岩油气藏精细勘探开发的需求。

为了能建立火山地层的高精度地层格架，需要从火山地层界面系统和充填单元的关系入手进行分析。关于火山地层界面，在野外地质调查和盆地研究中已有广泛的研究。根据界面形成的时间跨度和动力学类型可划分为喷发整合界面、喷发不整合界面、喷发间断不整合界面、构造不整合界面和侵入接触（唐华风 等，2013）。通常喷发不整合界面和喷发整合界面侧向延伸小，喷发间断不整合界面可区域性追踪（陈业全和李宝刚，2004；王璞珺 等，2011）。根据火山喷发特征，喷发间断不整合界面是对堆积单元的一种围限，通过喷发间断不整合界面基本能够识别出单个堆积单元或组合。所以喷发间断不整合界面的识别是火山地层格架建立的重要基础。在盆地中可根据岩心、测井和地震资料进行综合识别（陈庆 等，2008）。

9.1 长白山新生代火山地层格架及对盆地研究的启示

长白山地区新生代火山地层具有复杂的喷发历史和叠置关系，该火山是一座具潜在喷发危险的大型近代活动火山，由于存在再次大规模喷发的危险而受到广泛关注。长白山地区新生代火山地层良好的研究基础为盆地火山地层格架的建立提供了良好的对比范例。本节主要讨论望天鹅火山、头西火山、长白山火山及邻区的火山地层（金伯禄和张希友，1994）。区内最早的火山岩是望天鹅火山马鞍山期玄武岩，最晚的喷发是长白山火山八卦庙期熔结凝灰岩。从喷发量来看，望天鹅火山建造主期为长白期和望天鹅期，岩性为玄武岩；头西火山建造主期为泉阳期，岩性为玄武岩；长白山火山建造主期为军舰山期和白山期，岩性为玄武岩。火山喷发均经历了从基性到中性再到酸性的过程，呈现双峰式火山岩组合的特点（樊祺诚 等，1998）。长白山地区新生代玄武岩是大陆裂谷构造环境下的产物（田丰和汤德平，1989）。

9.1.1 长白山地区火山喷发期次

长白山地区火山具有复杂的喷发史，据前人对该区火山地层的同位素年代测试结果和火山地层中的沉积岩夹层–风化壳可将火山地层划分出22个期次（图9.1）。自下而上分别是马鞍山期、甑峰山期、长白期、奶头山期、望天鹅期、红头山期、泉阳期、沿江村期、平顶村期、头西期、军舰山期、灵光塔期、白山期、图们江期、白头山期、双峰期、老虎洞期、广坪期、气象站期、冰场期、白云峰期和八卦庙期。从已有的同位素年龄测试结果来看部分期次之间十分相近，如甑峰山期、长白期和奶头山期，同时它们岩性一致，这有可能是同一个期次的岩浆在不同地方的喷发；具有相似情况的还有沿江村期与平顶村期相似，灵光塔期、白山期与图们江期相似。据此可以将长白山地区火山地层归并为15期喷发（图9.1）。

9.1.2 长白山地区火山地层充填序列

图9.2是综合利用地质图、火山岩厚度图和地形图而编制的剖面图。由图9.2可知，各个火山的岩性充填序列相同，从下至上均具有基性岩→中性岩→酸性岩、钙碱性岩→碱性岩的变化特征；不同之处是不同火山间的各类岩性的体积和比例存在一些差别，具有不同的充填期次。

望天鹅火山主要由马鞍山期玄武岩、长白期玄武岩、望天鹅期玄武岩和红头山期粗安岩–碱流岩构成。其中长白期玄武岩具有席状外形、纵横比小和多喷发中心的特征；望天鹅期玄武岩分布范围较长白期玄武岩小，具有盾状外形、纵横比中等和多喷发中心的特征；红头山期粗安岩和碱流岩分布范围局限，具有丘状外形、纵横比大和喷发中心单一的特征。

头西火山主要由泉阳期玄武岩和头西期粗安岩–碱流岩构成，其构成相对简单。其中泉阳期玄武岩具有席状–盾状外形、纵横比小和多喷发中心的特征；头西期粗安岩–碱流岩具有丘状外形、横纵比大和喷发中心单一的特征。

长白山火山主要由奶头山期玄武岩、军舰山期玄武岩、白山期玄武岩、图们江期玄武岩、白头山期粗面岩、双峰期玄武岩、老虎洞期玄武岩、气象站期碱流岩、冰场期熔结凝灰岩、白云峰期碱流质浮岩和八卦庙期熔结凝灰岩构成。其中奶头山期和军舰山期分布范围大，具有席状外形、纵横比小和多喷发中心的特征；白山期和双峰期具有舌状外形，其纵横比也较小，具有多中心喷发的特征；白头山期分布较为局限，具有丘状外形、纵横比较大和单一喷发中心的特征；此外老虎洞期、气象站期、冰场期、白云峰期和八卦庙期火山岩在该区多呈条带状，在延伸方向上纵横比小，各期均为单一喷发中心。

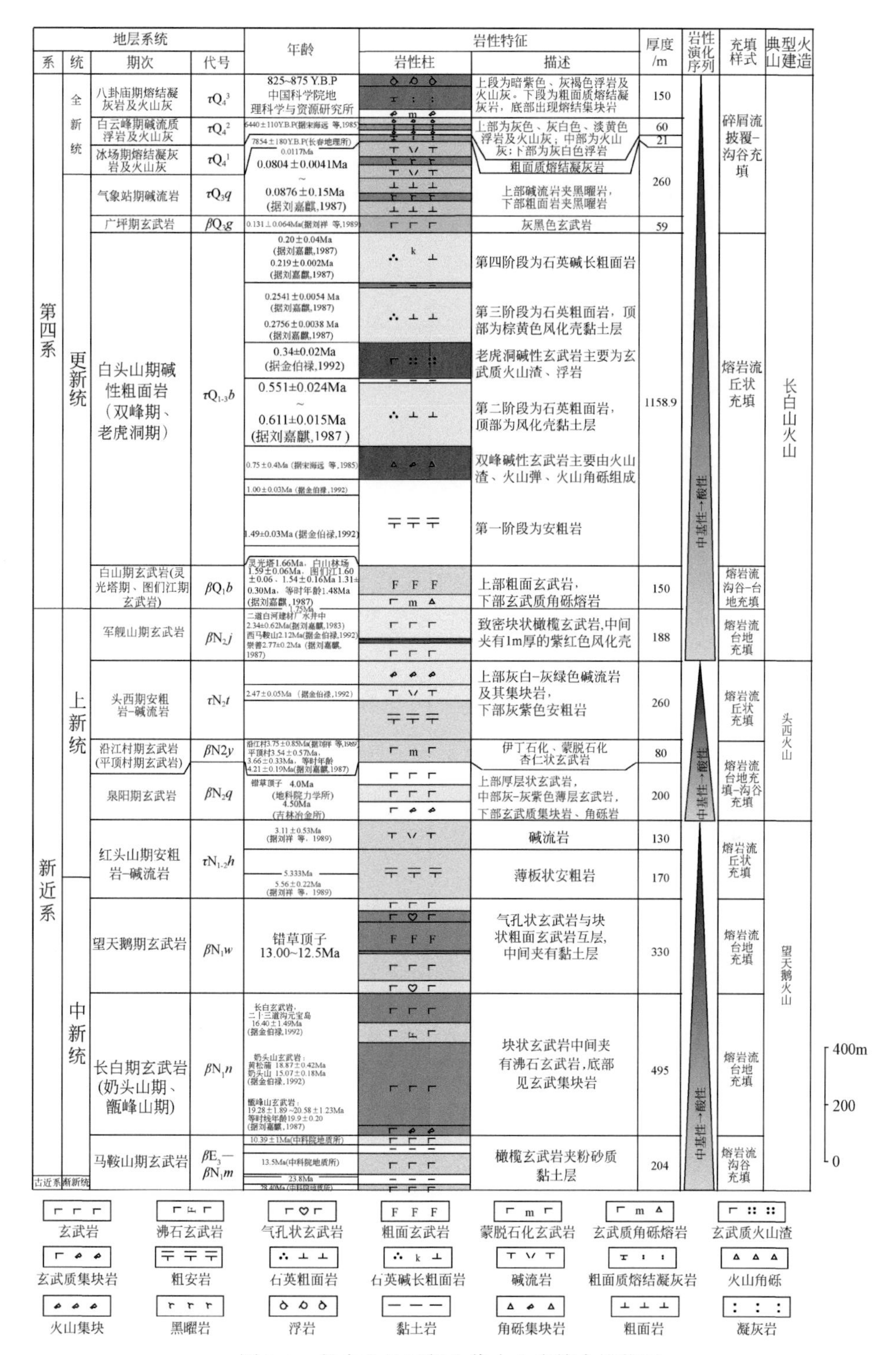

图 9.1 长白山地区新生代火山岩综合柱状图

Fig. 9.1 Geological framework of Cenozoic volcanic rocks, Changbaishan area

长春地理所现为中国科学院东北地理与农业生态研究所；地科院力学所为中国地质科学院地质力学研究所；吉林冶金所为吉林省冶金研究所；中科学地质所为中国科学院地质与地球物理研究所

对长白山火山地层充填序列的研究，是建立该区火山地层格架的重要内容。本节通过马鞍山-望天鹅-红头山、泉阳-头西-白头山-军舰山和红头山-白头山-奶头山三张横切剖面图来简单构建长白山地区的火山地层格架（图 9.2）。由马鞍山-望天鹅-红头山横切剖面图可以看出（图 9.2A—A′），火山喷发早期即火山地层底部主要为长白期和马鞍山期玄武岩，充填单元类型以沟谷充填为主，使地形趋于平坦。长白期玄武岩之上主要为望天鹅期玄武岩，两者呈喷发间断不整合接触，该期火山喷发物主要为低黏滞性的玄武质岩浆，喷发后形成一层盾状火山岩层覆盖在长白期玄武岩之上，构成台地充填，岩层厚度由火山口向远处递减，坡度平缓。红头山期喷出的安粗-碱流岩不整合堆积于望天鹅期玄武岩之上，构成望天鹅与红头山两个火山锥。

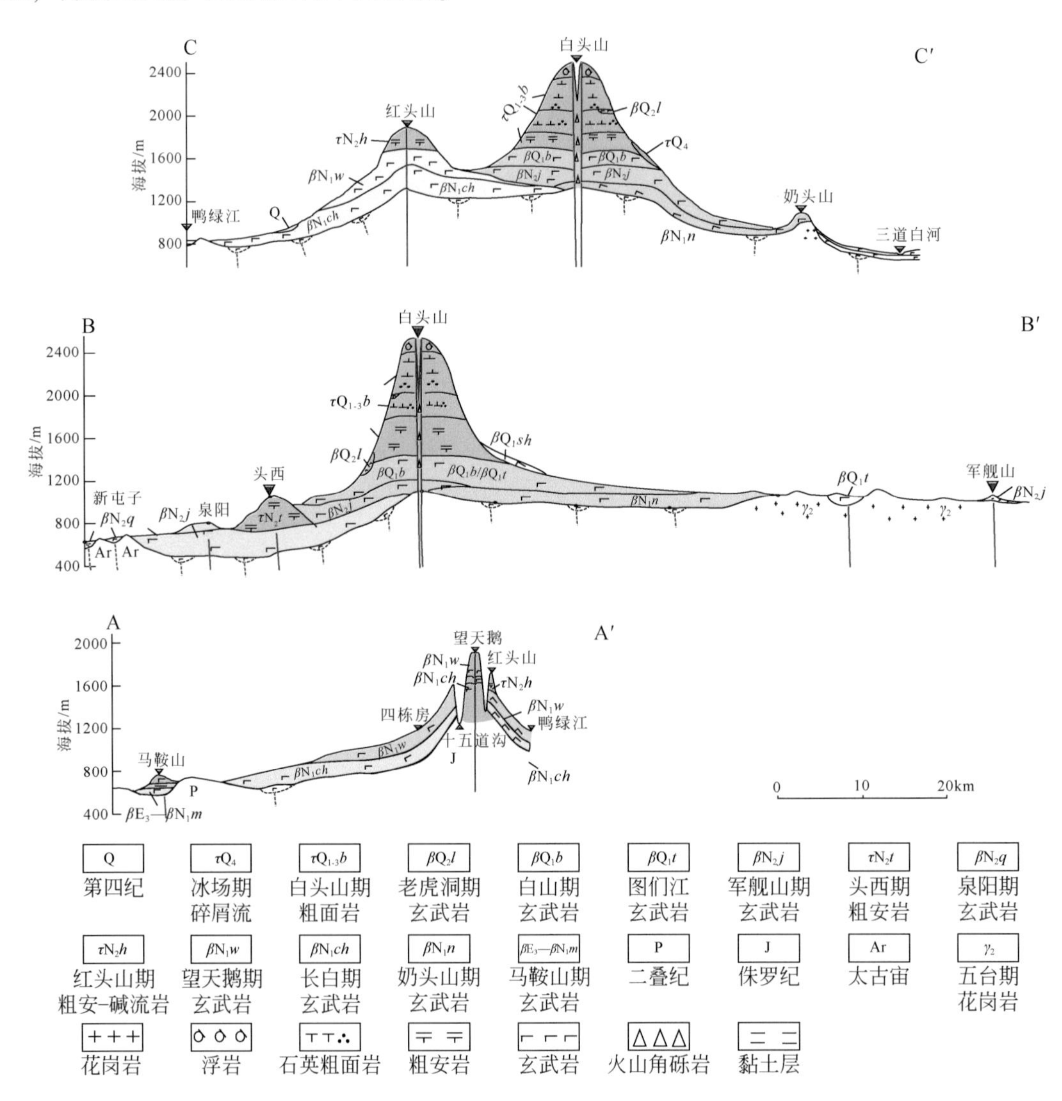

图 9.2　长白山地区新生代火山岩横切剖面示意图

Fig. 9.2　Cenozoic volcanic rock cross sections, Changbaishan area

由泉阳-头西-白头山-军舰山横切剖面图看出（图 9.2B—B′），奶头山期玄武岩主要分布于双日峰和赤峰一带的基底之上，上覆岩层为白山期玄武岩，两者呈喷发间断不整合接触。头西与泉阳一带基底上覆岩层主要为泉阳期玄武岩，充填类型主要为沟谷充填；头西期火山喷发强度较小，喷发物分布较为局限，构成一个规模较小的火山锥体，不整合覆盖在泉阳期玄武岩之上；其后，军舰山期玄武岩喷发，整体覆盖于头西期和泉阳期之上，接触界面都为喷发间断不整合。可能由于后期的剥蚀作用，双日峰和赤峰一带早期发育的军舰山期玄武岩都被剥蚀殆尽，只在军舰山周围保留有小范围的军舰山期玄武岩，构成一个小规模的火山锥体。在图们江一带可见图们江期玄武岩，呈沟谷充填覆于基岩之上。白头山期粗面岩为造锥阶段火山喷发物，不整合覆盖于白山期玄武岩之上，堆积呈锥状，即为白头山。

由红头山-白头山-奶头山横切剖面图可知（图 9.2C—C′），长白期玄武岩覆于红头山周围基岩之上，充填类型主要为熔岩沟谷充填；其上覆地层为望天鹅期玄武岩，两者呈喷发间断不整合接触，呈盾状覆盖在长白期玄武岩之上，构成熔岩台地充填，岩层厚度由火山口向远处递减；红头山期安粗-碱流岩呈锥状堆积在望天鹅期玄武岩之上，构成了高大的红头山。奶头山期玄武岩主要分布于白头山北侧和平营子、奶头山一带基岩上。其后，军舰山期玄武岩不整合于望天鹅期玄武岩和奶头山期玄武岩之上，构成喷发间断不整合接触。在红头山与白头山之间地区可见白山期玄武岩不整合覆盖于军舰山期玄武岩上部。在长白山天池火山造锥阶段喷发白头山期粗面岩，不整合覆盖于白山期玄武岩之上，形成白头山。在造锥期间可见小规模的火山喷发，形成席状披覆充填，如冰场期玄武岩和老虎洞期玄武岩。

9.1.3　启示

从长白山火山岩充填特征来看，火山地层建造以火山口处纵向叠加和喷发中心横向迁移叠置为主，不同时间形成的火山均可以存在从基性岩到酸性岩的序列；反之也存在同种岩性在不同火山的形成时间存在较大的差别。在盆地中如果根据岩石特征进行地层对比可能具有不完合适用性，特别是不同断陷之间的相同岩性，可能在建造时间方面存在时间属性的显著差别而不能简单地进行对比。火山岩可获得精确的绝对年龄、盆地内钻井揭示的地层界面-单元和高精度地震资料提供的地层叠置关系信息是火山地层格架建立的重要约束信息。

9.2　松辽盆地徐家围子断陷 QS 气田白垩系营城组高精度地层格架

9.2.1　界面系统识别

采用 5 类 9 种的火山岩地层界面划分方案（Tang et al., 2015），通过井震对比研究，在 XS1—XS6 井区营城组一段火山岩内部识别出喷发整合、喷发不整合、喷发间断不整合和侵入接触等四种界面，具体特征如下。

9.2.1.1　喷发间断不整合

该类界面是在火山长期间歇期形成的，由于火山地层遭受改造，特别是正地形区火山岩会遭受剥蚀形成风化壳，而在低洼处会接受沉积形成再搬运火山沉积岩或正常沉积岩。该类界面通常是由上凸的风化壳顶面和下凹的沉积岩底面组合形成的波状起伏界面。其主要识别标志有二。一是如图 9.3a、图 9.3b 所示的岩层顶部存在明显的侵蚀，发育风化壳，表明存在火山活动的间歇期；风化壳在测井上通常表现为相对高伽马、低密度和低阻的特征，在成像测井上可表现为低阻带—斑点低阻过渡带向正常电阻率变化的特征。二是如图 9.3a、图 9.3c、图 9.3d 所示，火山岩中的沉积岩夹层指示了火山活动的间歇，通常表现为低密度和低阻的特征，伽马曲线变化不定，成像测井表现为低阻层。该类界面在地震剖面上一般具有连续、强振幅的反射特征。

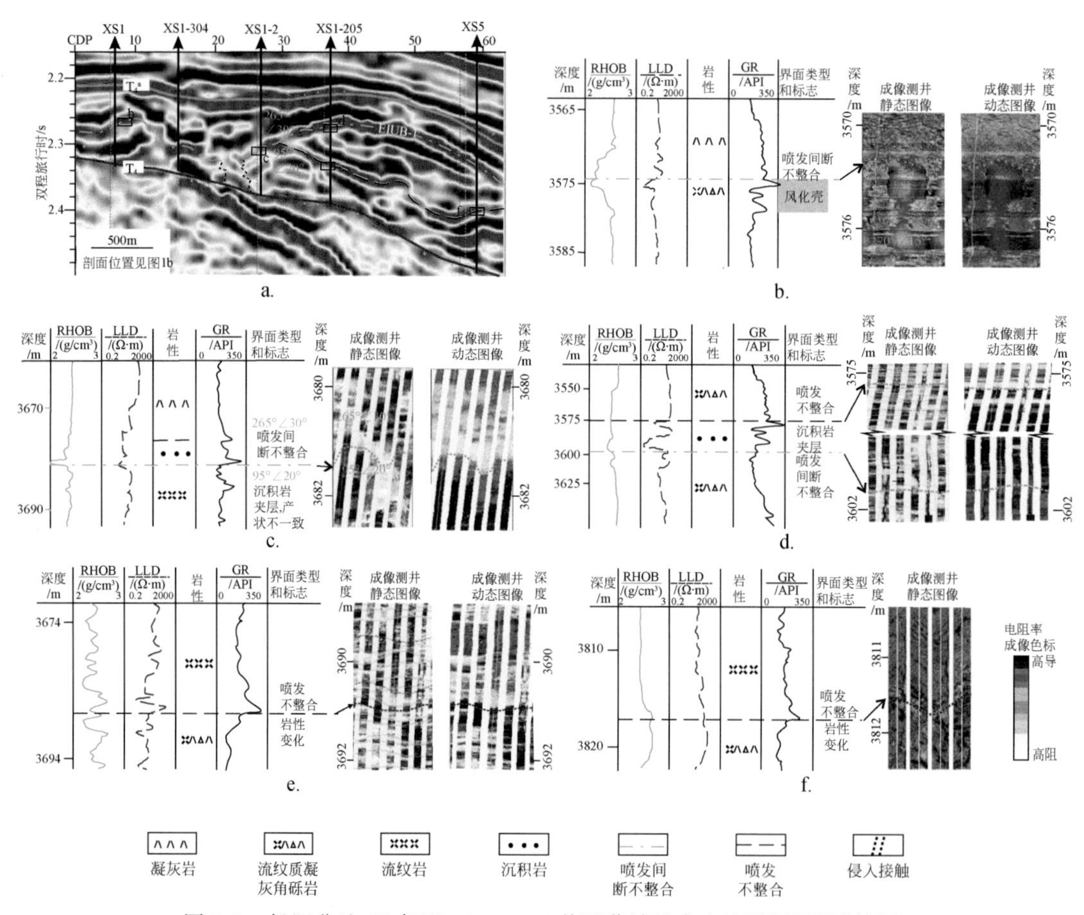

图 9.3　松辽盆地 QS 气田 XS1—XS6 井区营城组火山地层界面识别标志

Fig. 9.3　Indicators of volcanostratigraphic boundaries in the Yingcheng Formation (Well Block XS1-XS6, QS gas field, Songliao Basin, NE China)

a. 火山地层界面地震特征；b. XS1 喷发间断不整合（风化壳）；c. XS1-2 喷发间断不整合（沉积岩夹层）；d. XS1-205 喷发间断不整合（沉积岩夹层）；e. XS1-205 喷发不整合；f. XS5 喷发不整合

9.2.1.2 喷发不整合

该类界面主要是在火山脉动喷发过程中形成的，界面上下地层单元并没有明显的时间间断，所以不存在大范围的显著侵蚀现象；可在不同流向的流动单元、堆积单元或冷却单元间形成，也可在局部有掀斜改造的流动单元、堆积单元或冷却单元间形成，界面上下地层单元产状不协调。识别标志可以是特殊岩性，如玻璃质岩石和松散细颗粒火山碎屑岩，也可以是熔岩与碎屑岩的接触界面。在庆深气田，该类界面主要有两种表现。一是如图9.3a、图9.3e、图9.3f所示的碎屑熔岩与熔岩的接触，在界面处未见明显的侵蚀，但产状不协调；当界面上下的岩性相同时，该类界面在普通测井上的响应不明显，在成像测井上通常可见一层厚约0.2m的相对低阻层；如果界面上下岩性不相同时常规测井曲线上可见明显的台阶，成像测井图像上见突变界面。二是钻井揭示的珍珠岩，它的存在多数情况下可暗示该区火山地层经过短暂的间歇且未经受明显的侵蚀，再结合产状不协调则可确定为喷发不整合界面；该类界面在声波、电阻率曲线上存在明显的台阶，成像测井图像上可见不规则界面。

9.2.1.3 喷发整合

该类界面主要是在火山脉动喷发过程中形成的，界面上下地层单元并没有明显的时间间断。该类界面需要平缓的地形条件和稳定喷发方式才能形成，界面上下地层单元产状协调。其岩性和电性标志与喷发不整合界面一致。

9.2.1.4 侵入接触

该类界面往往形成于后期喷发通道对先期火山地层的改造，典型特征是次火山岩与围岩间的接触界面。在QS气田侵入接触界面未见钻井揭示，通过钻井和地震资料的联合对比，认为该类界面在XS1-2与XS1-304之间发育，整体上呈高角度齿状。齿状界面围限区呈筒状或管状，连续性差、杂乱；齿状界面围限区两侧地震反射特征相似，地层在产状上的变化具有一致性。

9.2.1.5 界面系统

依据上述界面的识别标志进行火山地层界面系统井震联合识别。首先根据沉积岩夹层和风化壳的组合关系共识别出3个喷发间断不整合界面，界面具有波状起伏的特征（图9.4、图9.5）。喷发间断不整合界面1（喷发间断不整合-1）分布在研究区东南部，起伏幅度较大，在XS1-2和XS1-304之间被侵入接触界线分割出一块空缺区。喷发间断不整合界面2（喷发间断不整合-2）分布范围在喷发间断不整合-1的基础上向西向北扩大，起伏幅度也较大，在XS1-1井附近该界面连通了营城组一段火山岩的顶底界面。喷发间断不整合界面3（喷发间断不整合-3）分布范围在喷发间断不整合-2的基础上向北扩展，但在东部有萎缩，喷发间断不整合-3与喷发间断不整合-2闭合于XS1一侧。其次是在喷发间断不整合界面约束下进行喷发整合和喷发不整合界面的井震联合对比识别，从图9.4、图9.5可知火山地层发育丰富的喷发不整合界面和少量的喷发整合界面。喷发不整合界面通常具有波状起伏的特征，分布范围可较大；喷发整合界面通常较为光滑，分布范围一般较小。综上所述火山地层界面系统是由少数关键喷发间断不整合、众多交错叠置的喷发不整合、少数喷发整合和侵入接触界面构成的网状系统。

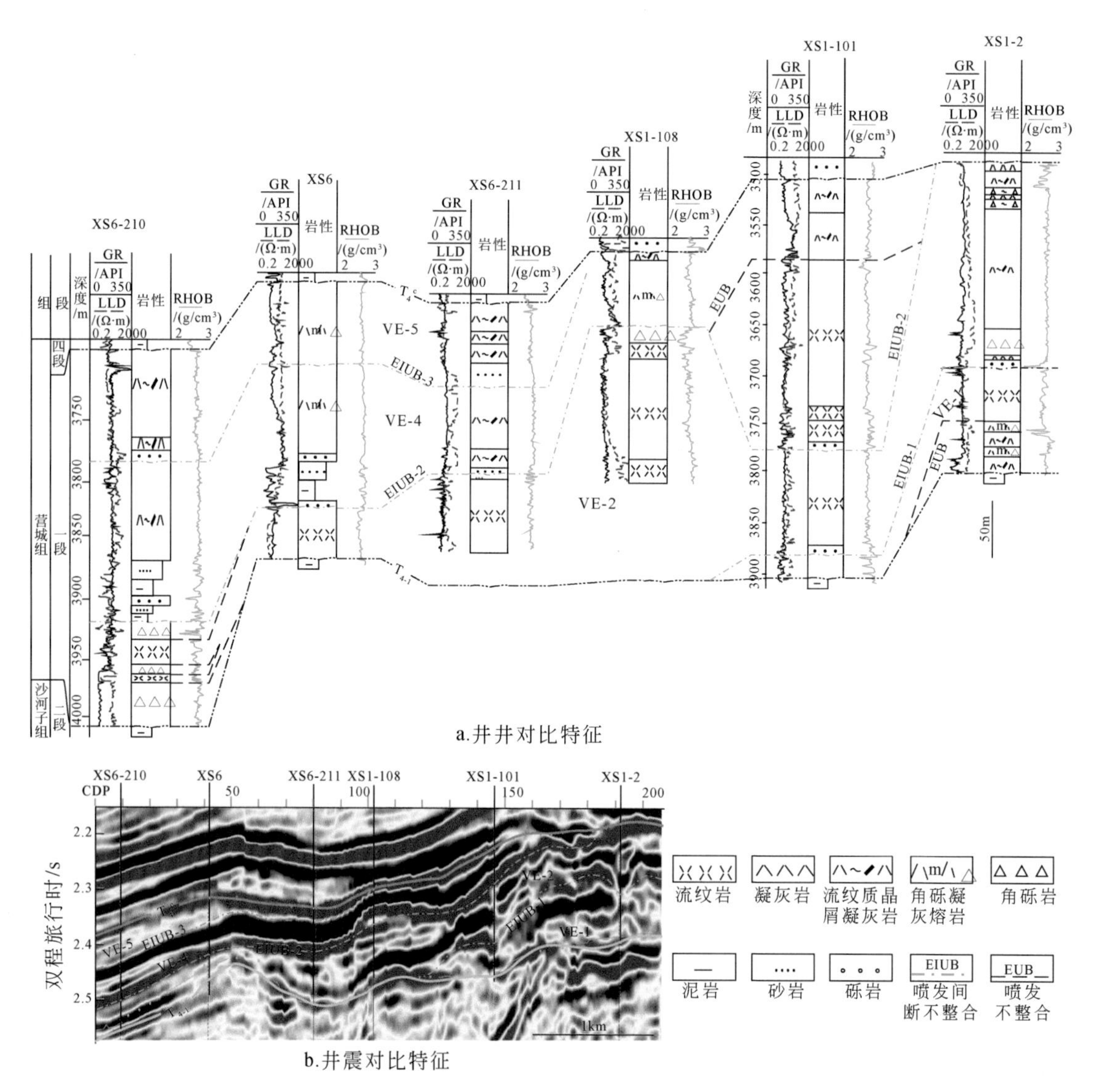

图 9.4　松辽盆地 QS 气田 XS1—XS6 井区营城组火山地层界面井震对比

Fig. 9.4　Well-seismic correlation of volcanostratigraphic boundaries in the Yingcheng Formation (Well Block XS1-XS6, QS gas field, Songliao Basin, NE China)

9.2.2　充填单元特征

本节研究重点是营城组一段内幕的火山地层充填，着重于精细构成单元的分析。按照目前对火山地层单元的认识，可用堆积单元、火山机构单元类型来表征火山地层构成。

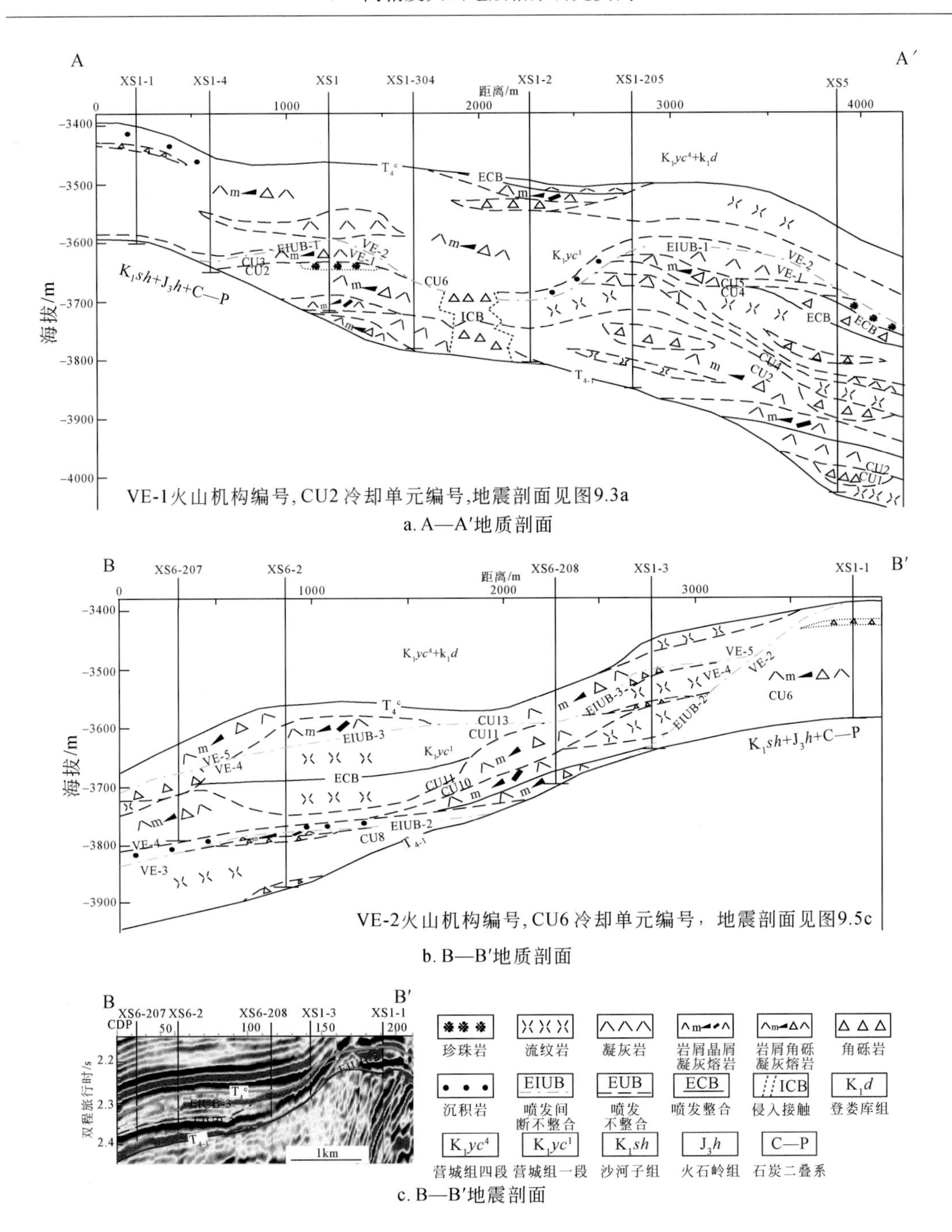

图 9.5 松辽盆地 QS 气田 XS1—XS6 井区营城组火山地层界面和充填单元特征

Fig. 9.5 Volcanostratigraphic boundary and filling unit of the Yingcheng Formation (Well Block XS1-XS6, QS gas field, Songliao Basin, NE China)

根据钻井和地震资料综合分析地层单元。主要利用上述各类界面围限地质体和地层产状变化特征来识别地层单元，喷发间断不整合界面围限地质体通常表现为沿着喷发中心向两侧减薄尖灭，可与火山机构对应，据此识别出 5 个火山机构，自下而上分别为火山机构 1、2、3、4、5；喷发不整合和喷发整合界面多围限堆积单元，其结果见图 9.5。

9.2.3 火山地层格架

在 XS1—XS6 井区识别出 3 个喷发间断不整合界面和数十个喷发不整合界面和少量喷发整合界面。喷发间断不整合界面通常可围限火山机构，喷发不整合界面和喷发整合界面通常可围限堆积单元；在 XS1—XS6 井区识别出 5 个火山机构和 51 个堆积单元。总体上该区火山地层具有由南向北、由东向西再向东迁移的特征。早期形成了厚度大、范围小的锥状火山机构 1 和 2，以熔岩流和火山碎屑堆积单元充填为主；中后期形成厚度中等、分布面积大的席状—盾状火山、喷发中心不明显的火山机构 3、4 和 5，以火山碎屑堆积单元为主。

QS 气田 XS1—XS6 井区火山地层整体上由火山机构横向迁移、纵向叠置而成（图 9.6）。在该区域先是形成了厚度大但范围较小的火山机构，形似补丁状（造锥），火山地层均为下超终止，以火山机构 1 和 2 为代表；然后形成了厚度中等，但分布面积较大的火山，具席状披覆特征，机构中心不明显，火山地层均为向东超覆终止于火山机构 2 的古斜坡，以火山机构 4 和 5 为代表。充填单元纵向序列为：中下部熔岩流比例较大，在上部碎屑岩比例变大。充填单元横向展布特征为南部以熔岩流和碎屑岩为主，向北部过渡为碎屑岩。

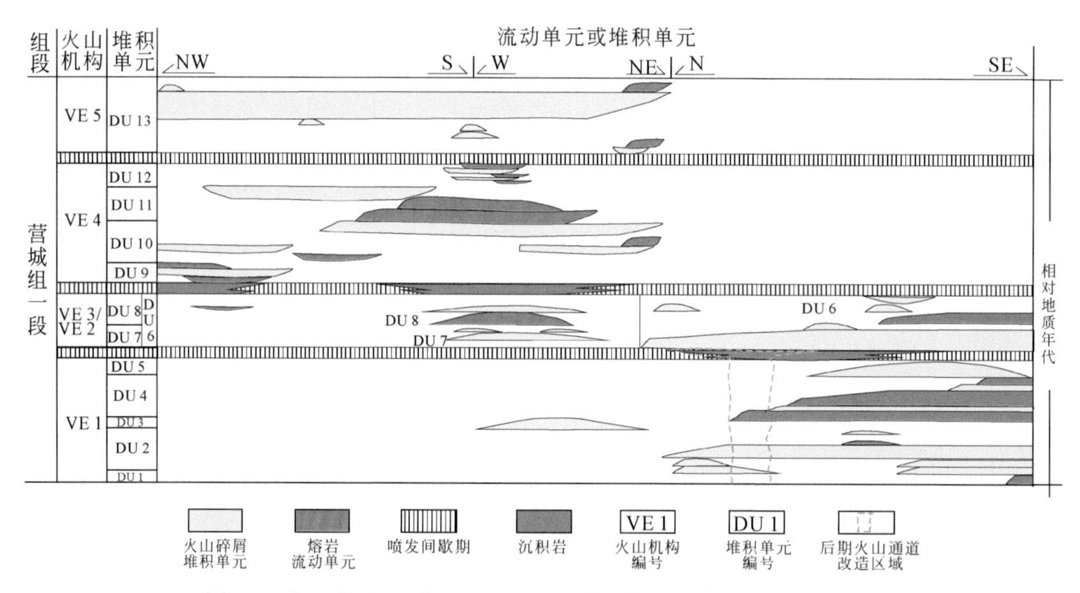

图 9.6 松辽盆地 QS 气田 XS1—XS6 井区营城组精细火山地层格架

Fig. 9.6 Fine volcanostratigraphic framework of the Yingcheng Formation (Well Block XS1-XS6, QS gas field, Songliao Basin, NE China)

9.2.4 地层格架与储层的关系

图 9.7 是在火山地层格架的约束下，利用测井解释的孔隙度和渗透率编制的剖面图，

图中所示火山岩孔隙度和渗透率等值线纵向和横向变化复杂，等值线间隔距离并不均匀。对比图 9.7 可知，高孔渗带的分布规律主要受界面、流动单元或堆积单元的共同约束。相比较而言，熔岩流动单元的孔隙度要比火山碎屑堆积单元高，横向延伸范围更大；火山碎屑堆积单元的渗透率要稍高于熔岩流动单元。总体上孔隙度与渗透率分布规律具有一致性，下面以孔隙度为例进行地层格架与储层关系的阐述。

多数熔岩流动单元的高孔隙带分布在喷发间断不整合界面之下，如 XS1-3 井上部 VE4 处和 XS6-2 井的上部 VE4 处、XS6-2 井的 VE3 处；少量高孔隙带分布在喷发不整合或喷发整合界面之下，如 VE4 中的 XS1-3 井上部。这与熔岩流动单元的原生气孔主要分布在上部有关，加上喷发间断不整合和喷发不整合界面是流体通过的良好通道，也造成该处的岩石容易遭受流体溶蚀改造形成次生孔隙，上述两个因素共同促成喷发间断不整合和喷发不整合界面之下的高孔隙带（Tang et al.，2015）。

火山碎屑堆积单元的高孔隙带有分布在喷发间断不整合界面之下的，如 XS1-1 的堆积单元；也有分布在充填单元中部或下部的，如 XS6-2 的 VE4 和 VE5 中的火山碎屑堆积单元。这与火山碎屑堆积单元的原生粒间孔受火山碎屑颗粒大小控制有关，颗粒大有利于粒间孔的发育。如角砾岩中粒间孔小，集块岩中粒间孔较大，填隙物发生了溶蚀使粒间孔扩大。而火山碎屑堆积单元中可发育多种层理，如粒序层理、逆粒序层理和复合层理，所以火山碎屑堆积单元的原生孔隙可以分布在顶部、中部和底部。同熔岩流动单元一样，喷发间断不整合界面之下的火山碎屑堆积单元顶部也可发育次生孔隙。所以堆积单元的层理和喷发不整合界面共同控制着高孔隙带的发育。

图 9.7 显示本区渗透率与孔隙度的分布规律相似，上述孔隙度的变化特征基本适用于渗透率。综上所述地层界面、流动单元和堆积单元共同控制高孔渗带的分布位置，流动单元和堆积单元还控制储层的类型和规模。

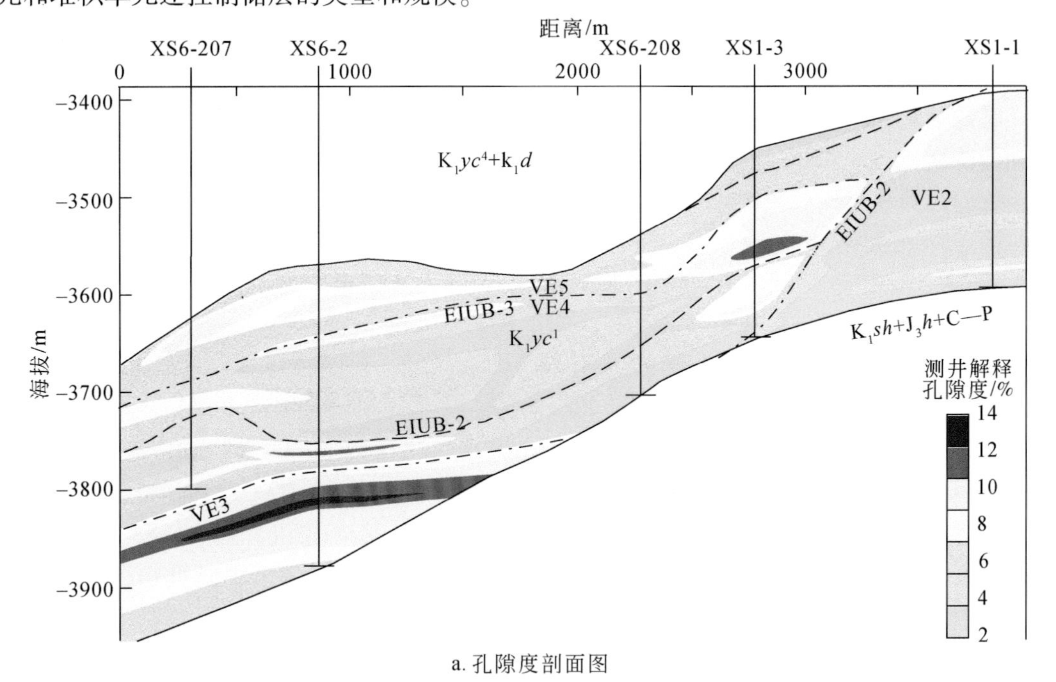

a. 孔隙度剖面图

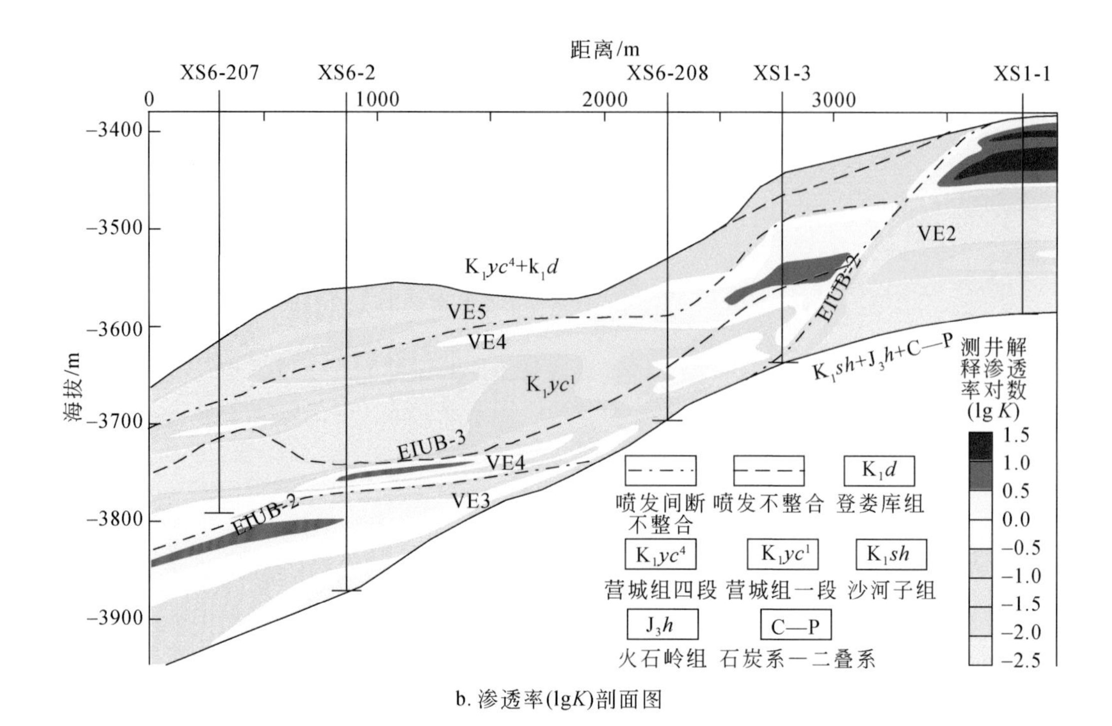

b. 渗透率(lg$K$)剖面图

图 9.7　松辽盆地 QS 气田 XS1—XS6 井区营城组孔隙度和渗透率特征

Fig. 9.7　Porosity and permeability characteristics of the Yingcheng Formation (Well Block XS1-XS6, QS gas field, Songliao Basin, NE China)

9.3　新西兰中新统科拉火山高精度地层格架

塔拉纳基盆地位于新西兰北岛的西南部海域（Bischoff et al., 2017），它有着复杂的沉积和构造演化史（Holt and Stern, 1994; Nicol and Campbell, 1990），大致上可分为陆内裂谷、被动边缘和汇聚板块边缘三个演化阶段。每个阶段都由不同的板块边界运动学控制，这些运动学与太平洋板块和澳大利亚板块之间相对运动的变化有关（Kamp, 1984; Sutherland, 1995）。具体如下：①中晚白垩世—古新世为陆内裂谷阶段，伸展控制着局部正常断层发育，随着塔斯曼海拉开，西兰大陆最终从东澳大利亚和南极洲分离开。②始新世—渐新世为被动边缘阶段，其特征是平静的构造活动，伴随着裂谷后漂移和沉降过程。③晚渐新世—中新世—现今为汇聚板块边缘阶段，太平洋板块和澳大利亚板块的汇聚将西兰大陆分为两半，本节研究的中新世科拉火山形成于该阶段（图 9.8）。塔拉纳基盆地火山岩主要发育在弧后环境，为弧后盆地背景，火山呈链状分布，属于中心式喷发。科拉火山是 Mohakatino 火山带的一部分（Bischoff et al., 2017），形成于板块汇聚阶段，该火山带呈北北东方向延伸，超过 25 个海底火山（Bischoff, 2019）。对应于中新世塔拉纳基盆地北部地堑拉开阶段（King and Thrasher, 1996; Seebeck et al., 2014）。岩浆是由澳大利亚板块之下的太平洋俯冲板块脱水产生的。地球化学分析表明，火山岩主要由中低钾、钙碱

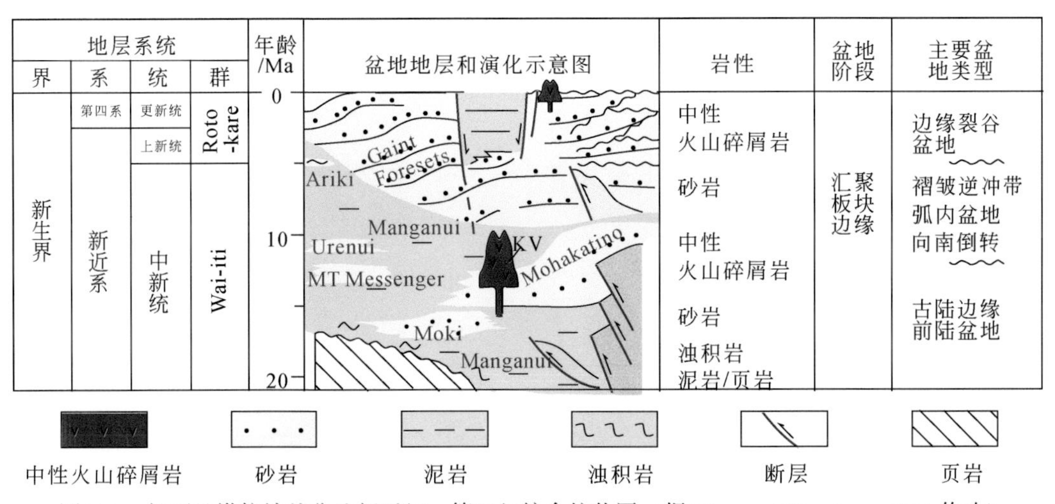

图 9.8　新西兰塔拉纳基盆地新近纪—第四纪综合柱状图（据 King and Thrasher，1996 修改）

Fig. 9.8　Neogene-Quaternary geological framework of the Taranaki Basin, New Zealand

性安山岩和玄武岩组成（Bergman et al.，1992）。科拉火山的储层主要赋存有角砾岩、凝灰岩、凝灰质砾岩和凝灰质砂岩等。根据岩性组合特征和地震资料显示顶面存在夷平面的特征，可知该火山的主体保存完整，但也有部分地层被侵蚀。整体上可代表复合火山的特征（似层状地层结构），火山岩体的解剖为盆地发育、构造演化、火山岩体精细刻画提供了一个典型范例，对储层描述与预测起到良好支撑作用。有 5 口钻井揭示了科拉火山（Bischoff et al.，2017），岩性包括凝灰岩、火山角砾岩、凝灰质集块岩、集块岩、凝灰质砾岩和砂岩等。Kora-1 井和 Kora-4 井钻穿中新世火山岩段。Kora-1a 井属于 Kora-1 井的侧钻，二者相距 50m，Kora-1a 井获取了约 100m 的长井段岩心。这些资料为科拉火山高精度地层格架建立提供实物支撑。

9.3.1　界面系统

9.3.1.1　顶界面和底界面

科拉火山的顶界面位于 Giant Foresets 组沉积岩和 Mohakatino 组火山岩之间。从利用伽马和密度比值进行小波变换结果来看，该界面从低频信息到高频信息均为强振幅（图 9.9）。在火山的远源区和近源区会有超覆接触关系，界面特征是连续、强振幅、中高频，大部分区域是平滑的。在火山口区会有削截接触，界面特征是连续性好、强振幅、中高频和锯齿状，或连续性差、弱振幅和平滑的（图 9.10）。

底界面位于 Mohakatino 组火山岩和 Manganui 组沉积岩之间。从利用伽马和密度比值进行小波变换结果来看，该界面从低频信息到高频信息均为强振幅（图 9.9）。在火山近源区为平行不整合界面，如 Kora-4 井，具有中等振幅、良好的连续性和中等频率的特征。在火山口区为角度不整合界面，如 Kora-1 井，为中等—弱振幅、中弱连续、中频的特征。它在火山口—近火山口区和近源区也可能是一个模糊的界面，表现为杂乱、弱反射和低频率（图 9.10）。

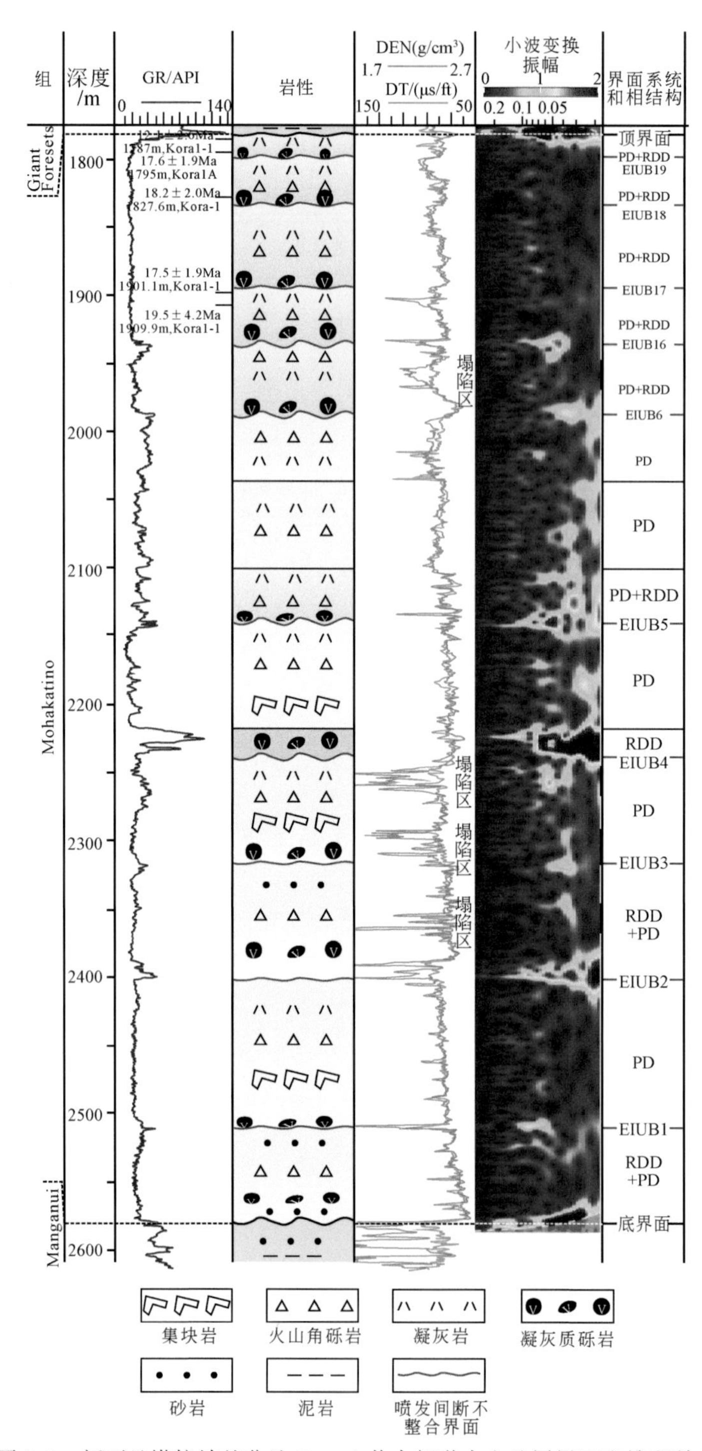

图 9.9　新西兰塔拉纳基盆地 Kora-1 井中新世火山地层界面和堆积单元

Fig. 9.9　Volcanostratigraphic boundaries and deposit units of Miocene volcano, Well Kora-1, Taranaki Basin, New Zealand

EIUB1-利用井资料和地震资料命名的喷发间断不整合界面序号；PD-火山碎屑堆积单元；RDD-再搬运碎屑堆积单元；小波变换的数据是伽马和密度的比值，它可以突出可能与风化或侵蚀过程有关的高伽马值和低密度值的井段。低频的强振幅代表着喷发间断不整合界面。喷发间断不整合界面的序号由井震对比决定。火山岩年龄据 Bergman 等（1992）

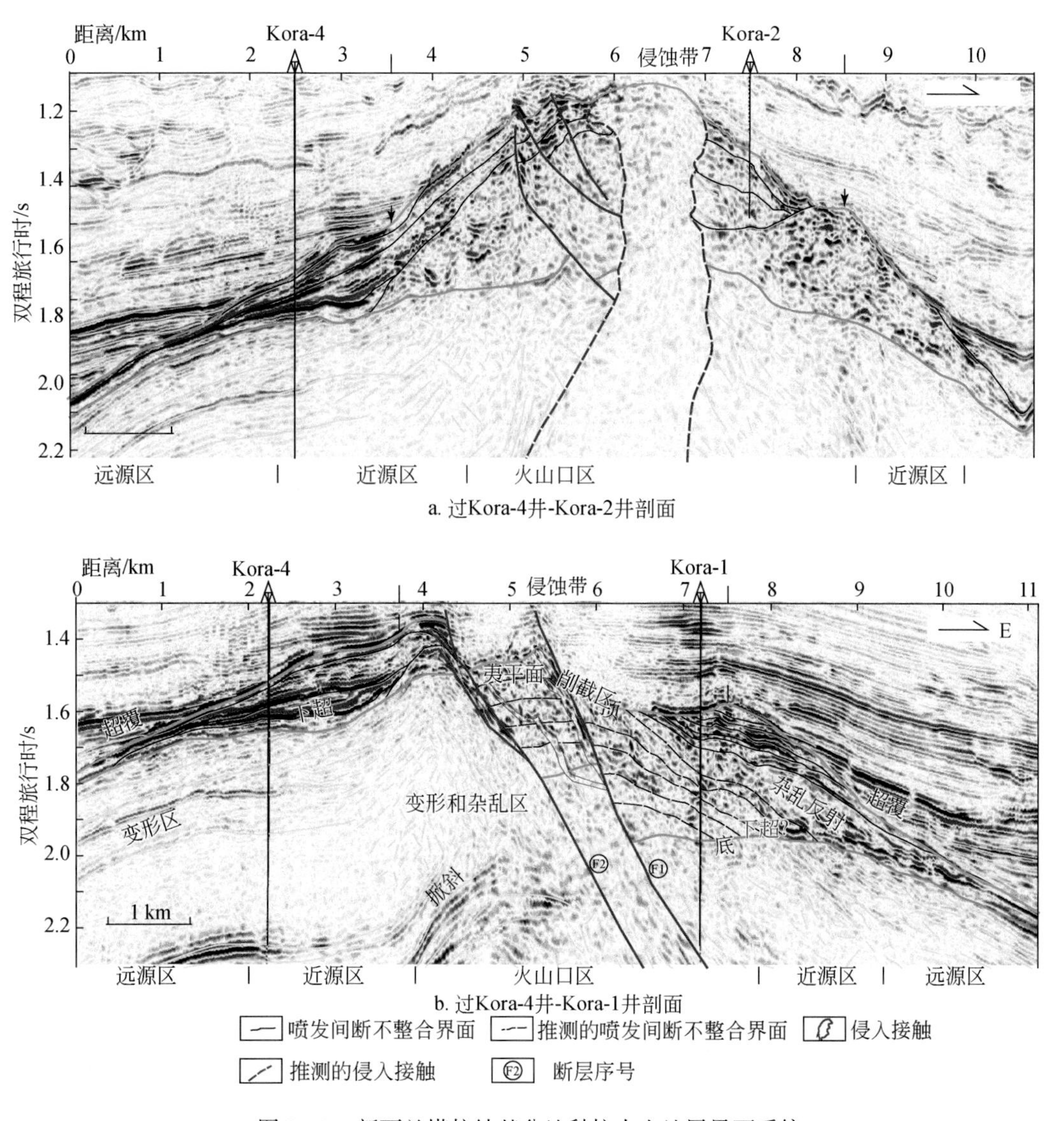

图 9.10　新西兰塔拉纳基盆地科拉火山地层界面系统

Fig. 9.10　Volcanostratigraphic boundary system of the Kora Volcano, Taranaki Basin, New Zealand

9.3.1.2　喷发间断不整合界面

喷发间断不整合界面形成于喷发间歇阶段，时间间隔从几年到几千年不等（Tang et al., 2015；赵然磊 等，2016）。在喷发间断不整合界面附近发育明显的侵蚀或沉积岩（Andrews et al., 2008；Giannetti and Casa, 2000；Lucchi et al., 2008）。因此，凝灰岩和/或沉积岩发育在喷发间断不整合界面之上，表现为高伽马、低密度特征，据此可以利用伽马和密度比值进行小波变换，识别出喷发间断不整合界面。Kora-1a 井的岩心显示圆状的火山颗粒和生物碎屑，这意味着喷发间断。喷发间断不整合界面通常表现为漏斗状的高伽马、低密度和高声波测井特征，介电测井时差（trans port layer，TPL）类似于声波时差（图 9. 11）。Kora-1a 井岩心中有三层凝灰质砾岩，因此该井上部至少有三次喷发间断。利用伽马和密度比值进行小波变换来看，喷发间断不整合界面表现为从低频到高频为强—中振幅。综合利用岩心、小波变换在 Kora-1 井识别出 10 个喷发间断不整合界面（图 9. 9），在 Kora-4 井识别出 3 个喷发间断不整合界面。然后，根据井震标定和地震资料对比 Kora-1 井、Kora-2 井和 Kora-4 井之间的喷发间断不整合界面，识别出科拉火山 19 个喷发间断不整合界面（图 9. 10）。

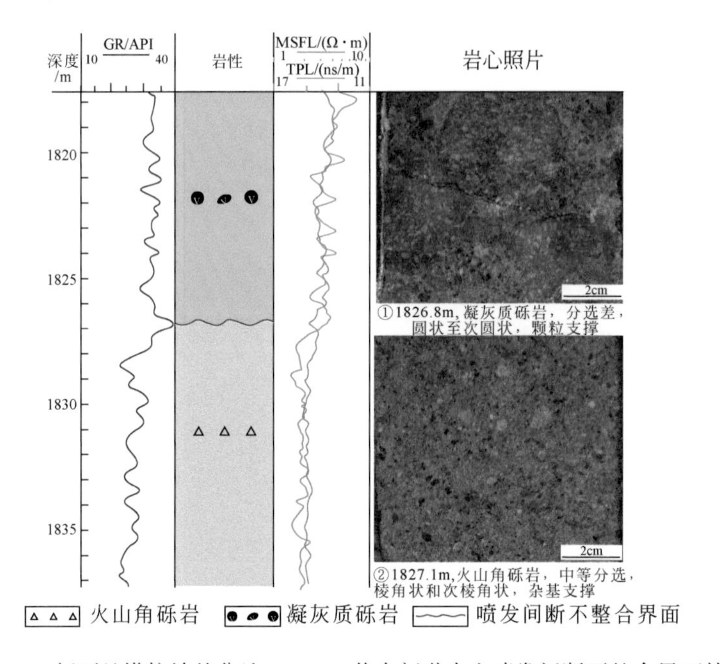

图 9. 11 新西兰塔拉纳基盆地 Kora-1a 井中新世火山喷发间断不整合界面特征

Fig. 9. 11 EIUB characteristics of Miocene volcano, Well Kora-1a, Taranaki Basin, New Zealand

9. 3. 1. 3 侵入接触

侵入接触是侵入岩和次火山岩与围岩（火山岩或沉积岩）的接触界面，如岩床、岩脉、岩盖或岩株（Gu et al., 2002a；Rey et al., 2008；Rohrman, 2007；Wu et al., 2006a）。研究区的岩心没有揭示该类界面。然而，地震相和包络属性显示了科拉火山周围的侵入体（Infante-Paez and Marfurt, 2017；Infante-Paez and Marfurt, 2018）。Kora-4 井和 Kora-2 井对比剖面显示，下伏沉积岩和火山下部地层在喷发口附近有明显的掀斜。从喷发通道向外延伸，倾角从高值快速变为零，表现为火山活动时火山通道对围岩的改造，火山停止活动时在该深度形成浅层侵入岩，从而保留了侵入接触界面。该界面的形状是不规则的圆柱状或圆锥状（图 9. 10a）。Kora-4 井和 Kora-1 井的对比剖面显示，高倾角岩脉贯穿围岩，外形为树枝状（图 9. 10b）。

9.3.2 堆积单元

地层单位中堆积单元是最小的基本单位，通常指沿同一喷出口的一次连续喷发而形成的火山堆积体或火山碎屑物经同一次再搬运而形成的堆积体，根据喷发方式和就位环境可划分为熔岩流堆积单元、火山碎屑堆积单元和再搬运碎屑堆积单元3类。岩心、岩屑和测井显示该区主要为火山碎屑堆积单元和再搬运碎屑堆积单元；从取心段来看堆积单元主要由喷发间断不整合界面围限。根据喷发间断不整合界面在科拉火山共识别出20个堆积单元（图9.12）。

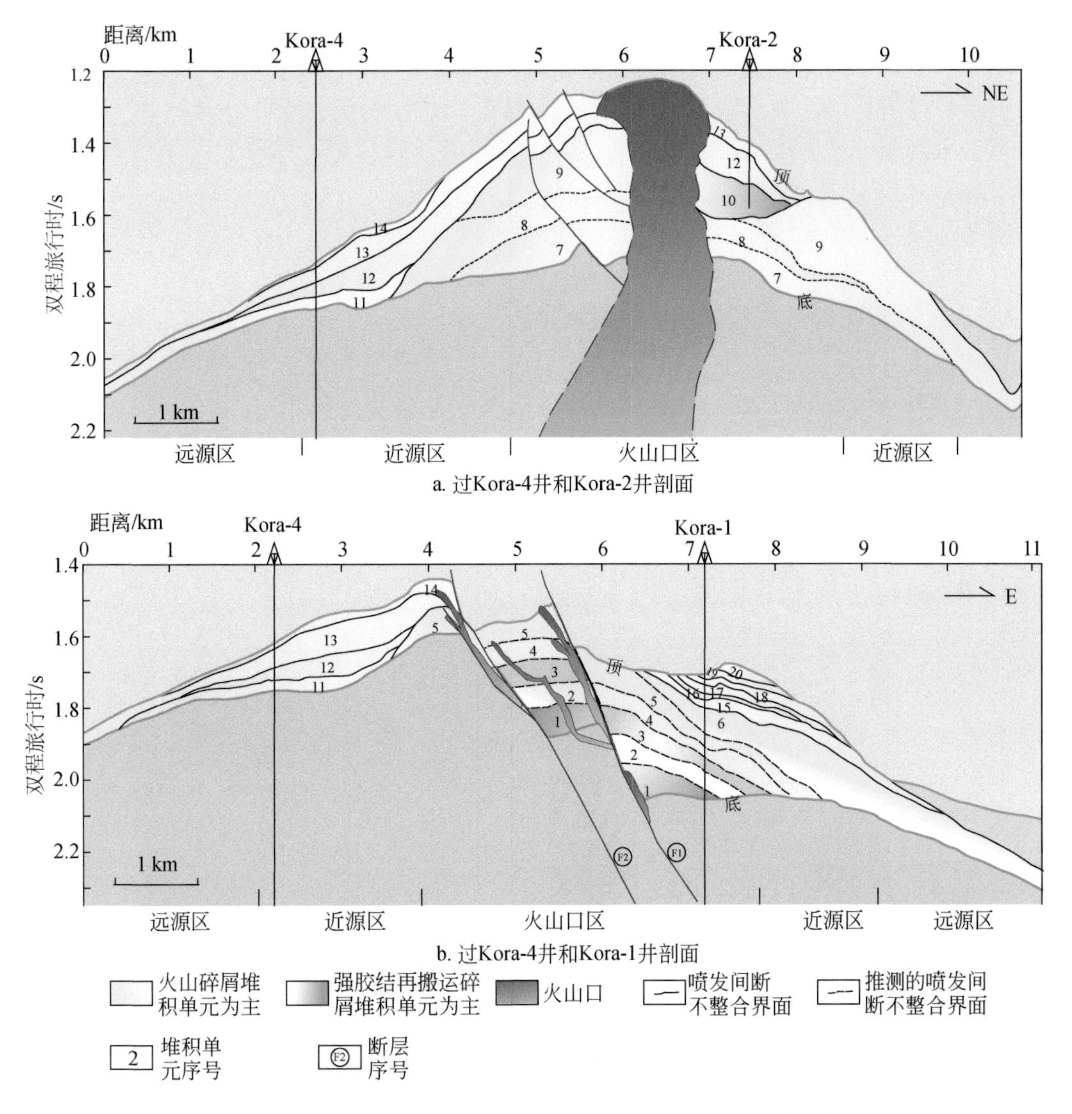

图9.12 新西兰塔拉纳基盆地科拉火山的火山地层堆积单元解释

Fig. 9.12 Volcanostratigraphic deposit units of the Kora Volcano, Taranaki Basin, New Zealand

9.3.2.1　火山碎屑堆积单元

Kora-1a 井和 Kora-2 井揭示了火山碎屑堆积单元的两种序列。Kora-2 井火山碎屑堆积单元为块状，一个粗—细旋回，弱胶结。Kora-1a 井为互层状，多个粗—细旋回，弱胶结。火山碎屑堆积单元厚度超过 10m，总体上具有正粒序层理。密度测井和声波测井曲线表现为钟形或箱形，弱胶结火山碎屑岩密度小于 2.5g/cm^3，声波大于 80μs/ft。强胶结沉火山碎屑岩密度大于 2.5g/cm^3，声波小于 80μs/ft。在 Kora-1 井和 Kora-4 井附近的地震剖面中，火山碎屑堆积单元的外形为楔状和席状。

Kora-2 井火山碎屑堆积单元可分为三部分，即下部的集块岩层、中部的火山角砾层和上部的凝灰岩。①集块岩层分选极差、杂乱堆积、颗粒支撑，与整个单元的厚度比大于 50%；集块成分是安山岩和安山质凝灰岩，前者是圆状/次圆状的，直径为几厘米到十厘米，后者是棱角状的，有几厘米到几十厘米。②火山角砾岩层为中等分选、杂乱堆积、颗粒支撑；角砾成分是棱角状凝灰岩和圆状安山岩，前者最常见，直径 1 ~ 5cm，后者很少，直径 3 ~ 5cm。③凝灰岩层分选好，颗粒成分为岩屑、晶屑（长石和角闪石）。伽马曲线显示下部为高值（高达 80API），上部为低值（低至 30API）；密度测井和声波测井的值变化明显（图 9.13a）。

Kora-1a 井火山碎屑堆积单元可分为两部分，即下部的火山角砾岩层和上部的凝灰岩、凝灰质火山角砾岩。①火山角砾岩层分选差、无定向和杂基支撑，火山角砾岩层与单元的厚度比大于 70%。角砾成分是安山质凝灰岩和安山岩，前者呈棱角状，直径 1 ~ 6cm，后者呈圆状/次圆状，直径 2 ~ 5cm。②凝灰岩、凝灰质火山角砾岩层具有中-好分选、层理发育，颗粒成分是岩屑、晶屑（长石和角闪石）。伽马（GR）、介电测井时差（TPL）和微球形聚焦测井（microsphericalyy focused logging，MSFL）的值没有明显变化（图 9.13b）。

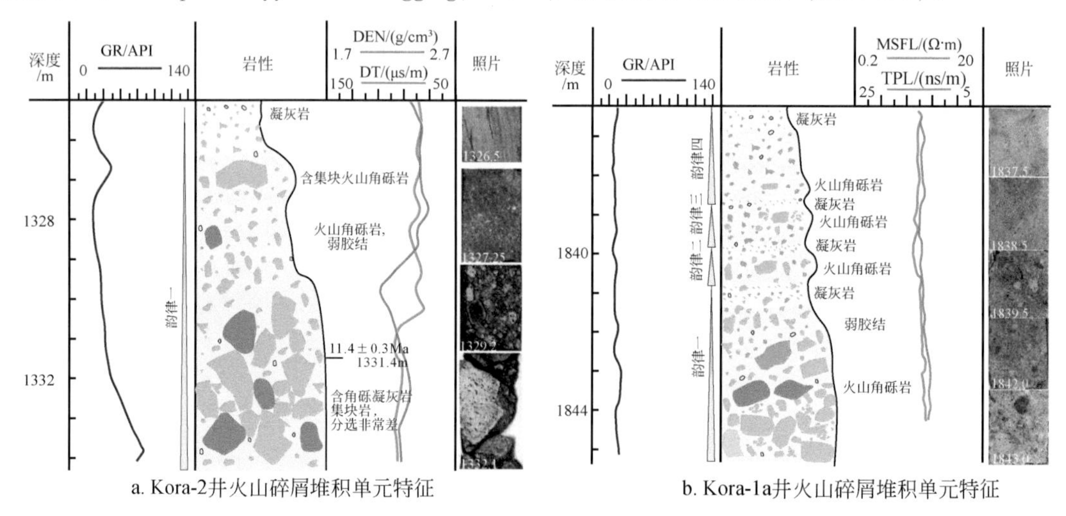

图 9.13　新西兰塔拉纳基盆地科拉火山的火山碎屑堆积单元特征

Fig. 9.13　Characteristics of pyroclastic deposit units of the Kora Volcano, Taranaki Basin, New Zealand

9.3.2.2　再搬运碎屑堆积单元

再搬运碎屑堆积单元指次生火山碎屑和非火山颗粒的百分比超过50%，原生火山碎屑少于50%的碎屑堆积单元。研究区次生火山碎屑包括圆状红色安山岩巨砾/粗砾/中砾/细砾、灰色安山岩颗粒；非火山颗粒包括生物碎屑颗粒和海绿石。

Kora-1a井和Kora-3井的岩心揭示了再搬运碎屑堆积单元有两种相结构，分别是厚层块状和薄层状，均具有正粒序层理。在地震资料中很难从火山碎屑堆积单元中分离出来。

在Kora-1a井中，岩心显示从底部到顶部有数个厚层粗到细的旋回。每个旋回可分为两部分，即中下部沉角砾/集块岩和沉凝灰岩。首先，中下部沉角砾/集块岩有丰富的圆状巨砾和中砾，分选极差、杂乱堆积和颗粒支撑，圆状颗粒占比高达80%，成分为安山岩和凝灰岩，粒径为1～15cm。其次，上部沉凝灰岩颗粒磨圆好，分选差-中等，杂乱堆积和杂基支撑，颗粒的成分以灰色凝灰岩为主（图9.14a）。此外，岩心揭示的薄层型由粗到细的旋回，单个旋回厚约几厘米，下部为粗粒沉凝灰岩，上部为细粒沉凝灰岩。粗粒沉凝灰岩的颗粒成分为火山碎屑（40%）、晶屑（25%）、生物碎屑颗粒（17%）和海绿石（3%）；基质成分是火山灰，胶结物为方解石和黏土（图9.14a）。

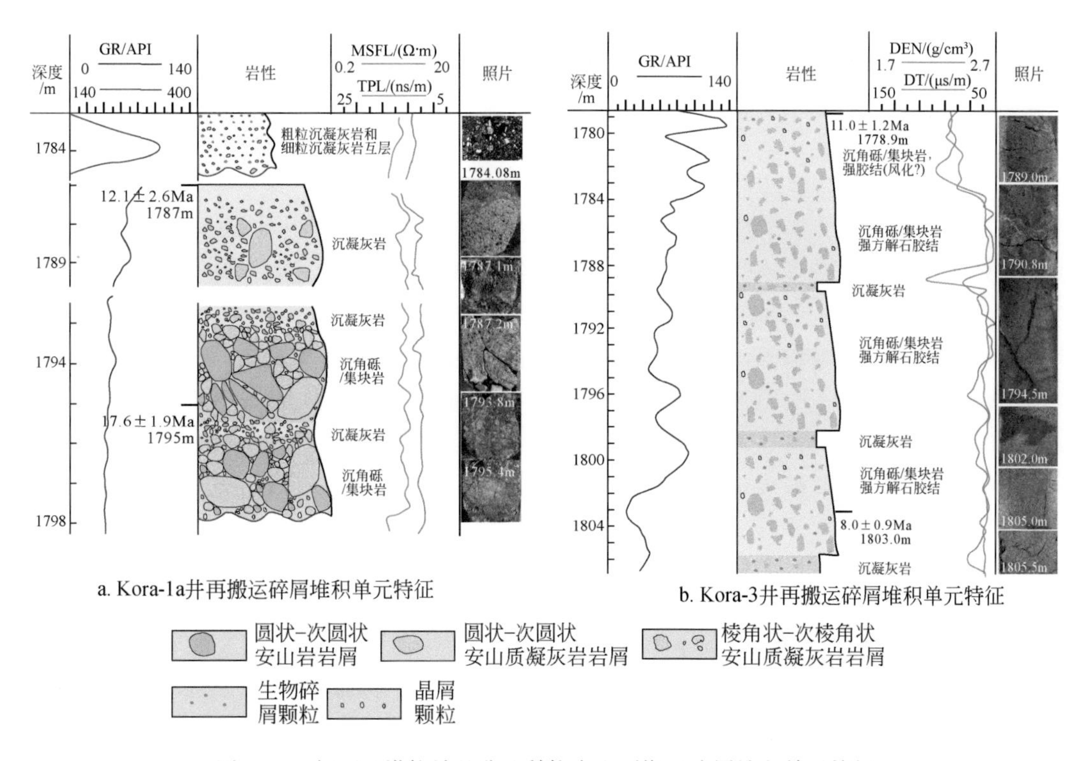

图9.14　新西兰塔拉纳基盆地科拉火山再搬运碎屑堆积单元特征

Fig. 9.14　Characteristics of reworked debris deposit units of the Kora Volcano, Taranaki Basin, New Zealand

Kora-3井再搬运碎屑堆积单元可分为下部沉角砾/集块岩层和上部沉凝灰岩层两部分。首先，沉角砾/集块岩层为中等分选、微定向、颗粒支撑、强方解石胶结，颗粒成分为安山岩岩屑、安山质凝灰岩岩屑、晶屑（长石和角闪石）。安山岩和安山质凝灰岩岩屑的颗粒直径为3～20mm，较大的岩屑呈棱角状，较小的岩屑呈圆状/次圆状。晶屑呈棱角状，直径1～5mm。岩石的暗色部分有较多的生物碎屑和黏土–方解石胶结物。沉角砾/集块岩层与单元的厚度比大于95%（图9.14b）。其次，沉凝灰岩层中等分选、杂基支撑、强方解石胶结，火山物质约占50%体积，包括棱角状熔岩和晶屑，生物碎屑约占20%，其余为胶结物。

9.3.3　地层格架

一般来说，火山地层是随喷发中心的横向迁移和垂向叠置而产生的喷发物。所以可根据井和地震资料揭示的垂向和横向叠置关系来确定地层单元的喷发序列。研究结果表明，根据喷发间断不整合界面系统、单元产状和单元叠置关系的识别，可建立相对年代下的高精度火山地层格架（图9.15）。在科拉火山识别出20个单元，主要为火山碎屑堆积单元和再搬运碎屑堆积单元的复合体，大多数单元以火山碎屑堆积单元为主，少数以再搬运碎屑堆积单元为主。科拉火山根据喷发间断不整合界面的叠置关系、喷发中心的迁移和地质体的产状变化，可分为五个部分，对照地层单位特征（唐华风等，2017），可看作5个火山机构，将其命名为火山机构1、2、3、4、5，详情如下。

火山机构1包括4个堆积单元，Kora-1井揭示了它们。地震数据显示，Kora-3井区域应该有这些单元。喷发中心位于Kora-1井和Kora-4井之间，火山岩的分布西边界受断层2控制，东边界是下超终止样式。单元1和单元3是高密度和低声波测井，测井特征与强胶结再搬运碎屑堆积单元取心段相同，岩性除火山碎屑岩外，还含有较多沉火山碎屑岩或沉积岩，岩相为火山沉积相中的再搬运火山碎屑沉积岩亚相。单元2和单元4是中低密度测井和中高声波测井，它们具有弱胶结火山碎屑堆积单元的特征，岩性主要为火山碎屑岩，岩相为水下喷发的爆发相碎屑流亚相。该机构的地层在横向延伸有限。

火山机构2包括2个堆积单元，Kora-1井揭示了它们。地震数据显示，Kora-2井和Kora-3井的区域应该有这些单元。喷发中心位于Kora-3井和Kora-1井的东部。单元5和单元6具有锥形外形，Kora-1井揭示为低伽马、中密度和中声波特征，测井特征与弱胶结火山碎屑堆积单元的取心段相同，岩性主要为火山碎屑岩，岩相为水下喷发的爆发相碎屑流亚相。单元5和单元6的横纵比很小。

火山机构3包括4个堆积单元，Kora-2井和Kora-3井部分揭示了它们。地震数据显示，Kora-2井的区域应该有单元7、单元8和单元9。喷发中心在Kora-2井和Kora-3井的西南部。Kora-3井表明，单元9为中低密度测井和中高声波特征，与弱胶结火山碎屑堆积单元的特征相同，岩性主要为火山碎屑岩，岩相为水下喷发的爆发相碎屑流亚相。单元10是高密度测井和低声波特征，为强胶结再搬运碎屑堆积单元，岩性除火山碎屑岩外，含有较多沉火山碎屑岩和沉积岩，岩相为火山沉积相再搬运火山碎屑沉积岩亚相。单元7和单元8没有钻井揭示，其地震相特征与单元9相同，推测单元7和单元8为弱胶结火山碎屑堆积单元，岩性、岩相特征与单元9相似。该机构火山碎屑岩的横纵比为中等到小。

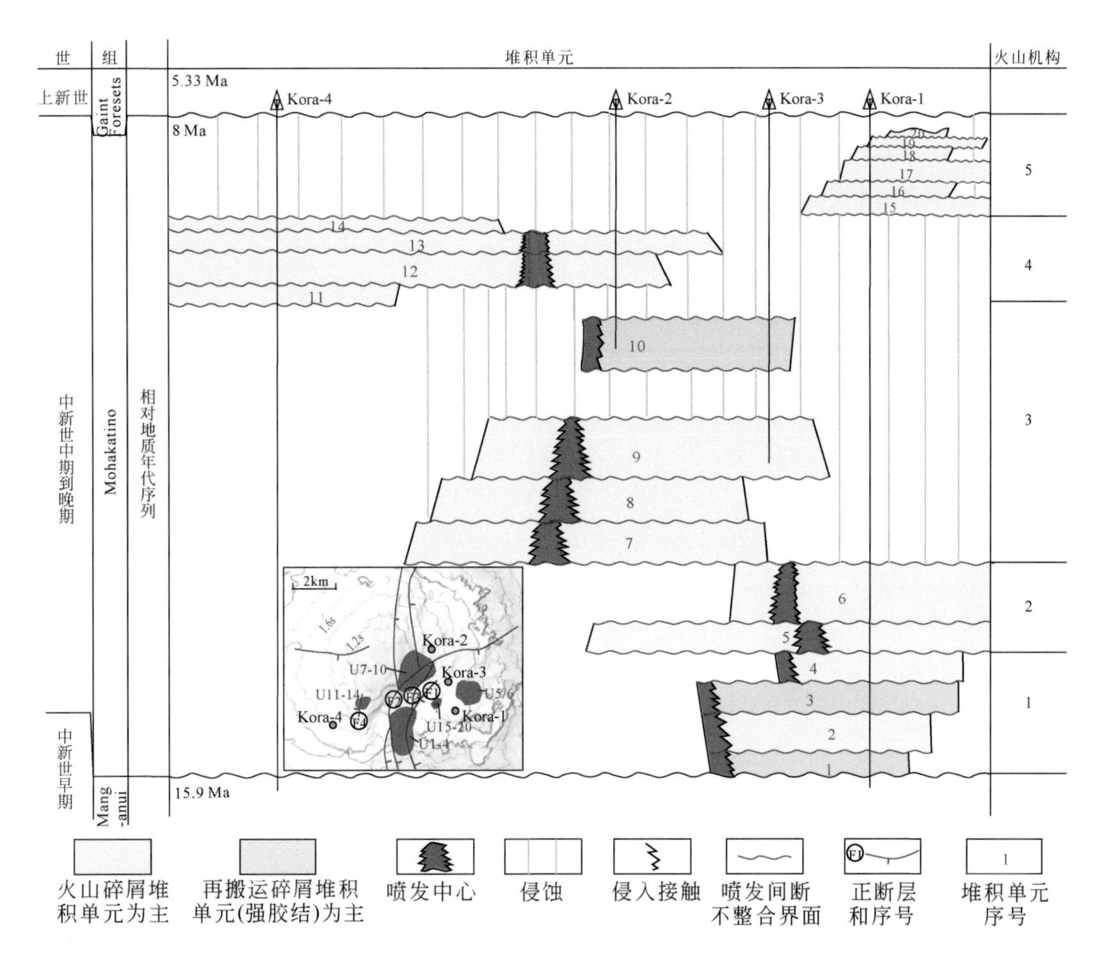

图 9.15 新西兰塔拉纳基盆地科拉火山的相对地质年代高分辨率地层格架

Fig. 9.15 High-resolution volcanostratigraphic framework based on relative geologic ages of the Kora Volcano, Taranaki Basin, New Zealand

沉积岩年龄来自生物地层学研究（Bergman et al., 1992；Kutovaya et al., 2019）。火山岩的年龄测定方法是 K-Ar 和 Ar-Ar 测年（Bergman et al., 1992）。样品是明显蚀变的角闪石，火山岩的年龄数据精度不高。因此火山地层格架的年龄数据仅基于生物地层学数据

火山机构 4 包括 4 个堆积单元，喷发中心在 Kora-4 井的东北部。Kora-4 井揭示单元 11、单元 12、单元 13 和单元 14，为中低密度和中高声波特征，这与弱胶结火山碎屑堆积单元的特征相同。Kora-2 井揭示，除了单元 13 的最上部以外，单元 12 和单元 13 为中低密度和中高声波特征，岩心显示岩石为方解石弱胶结。因此，单元 11、单元 12、单元 13 和单元 14 以弱胶结火山碎屑堆积单元为主，岩性主要为火山碎屑岩，岩相为水下喷发的爆发相碎屑流亚相，在横向上有一定的变化，其横纵比较大。

火山机构 5 包括 6 个堆积单元，在 Kora-1 井和 Kora-1a 井中有揭示。这部分的喷发中心不清晰，但产状是向东倾斜的。伽马测井值低于单元 11、单元 12、单元 13 和单元 14，所以火山机构 5 和火山机构 4 在岩性上是不一致的。Kora-1 井显示单元 15、单元 16、单

元 17、单元 18 和单元 19 为中低密度和中高声波特征。岩心揭示包括火山碎屑堆积单元和再搬运碎屑堆积单元两类，但地震资料很难确定二者的界面。在地层格架的充填单元中将其看成火山碎屑堆积单元和再搬运碎屑堆积单元的复合体。岩性以火山碎屑岩、沉火山碎屑岩为主，夹少量沉积岩，岩相为水下喷发的爆发相碎屑流亚相和沉火山碎屑岩相再搬运火山碎屑沉积岩亚相的混合。该机构每个单元的外形都是席状的，堆积单元具有较大的横纵比。

9.3.4 火山地层格架的时间属性

现代火山的历史表明，喷发阶段在时间尺度上是稀疏的点。喷发间断的时间是连续的。有一些火山喷发时间较短，如中国东北的老黑山火山和火烧山火山。文献中记录老黑山火山的建造时间为 14 个月，从 1720 年 2 月到 1721 年 3 月。此外，紧随老黑山火山之后，火烧山火山在 1921 年喷发（陈洪洲和吴雪娟，2003）。总的来说，单次连续喷发的持续时间主体时间小于 6 个月。埋藏火山应该和现代火山具有相同的时间属性。科拉火山的年龄数据表明，存在一些与正常叠置层序有矛盾的数据。在 Kora-1a 井中，1827.6m（18.2±2.0Ma）样品的结果比 1901.1m（17.5±1.9Ma）样品的结果要老。此外，在 Kora-2 井中，1778.9m 样品（11.0±1.2Ma）的结果比 1803.0m（8.0±0.9Ma）样品的结果要老（Bergman et al.，1992）。该现象可能是 K-Ar 和 Ar-Ar 年代测定法和火山碎屑样品本身造成的。首先，分析的样品是角闪石，而该区的角闪石明显经受过蚀变。其次，火山碎屑堆积单元和再搬运碎屑堆积单元中的同岩浆矿物难以确定。最后，取心有限，很难获得埋藏火山每个喷发阶段的样品。所以这些数据精确度不高，对整个火山的时代分析是有用的，但难以满足构建科拉火山的高精度地层格架的要求。

科拉火山的下伏地层为中新世早期的深海泥岩，年代为 18.7～15.9Ma，可能意味着早期火山喷发开始于大约 15.9Ma（Bergman et al.，1992；Kutovaya et al.，2019）。角闪石测年数据表明，Kora-1a、Kora-2 和 Kora-3 井的火山岩年龄为 19.5±4.2～8.0±0.9Ma，19.5Ma 已早于下伏地层的最老年龄，应该不是火山喷发的年龄，将这个年龄解释为深部岩浆开始结晶的年龄。根据下伏沉积岩（Manganui 组）的最晚年代，火山的喷发作用估计在大约 15.9Ma 时开始。根据上覆沉积岩（Gaint Foresets 组）的最早年代，喷发持续到大约 8.0Ma。因此，火山地层建造的时间跨度不超过 8.0Ma。

9.4 亚地震精度的火山地层格架

受地震分辨率的限制，深层地层中厚度约 20m 的薄层状火山岩的叠置关系难以利用地震资料来约束。例如，松辽盆地王府断陷火石岭组流纹质火山岩厚度较薄，岩性、岩相复杂，在地震上叠置关系不清，伽马测井曲线也不能划分地层单元，因此利用常规方法无法对流纹质火山岩划分地层单元。

根据同一个岩浆房中的岩浆演化过程，在岩浆分离结晶过程中不相容元素是逐渐富集的（Tominaga et al.，2009；葛文春 等，2000），并且富集过程不可逆，不相容元素含量越高喷发就越晚，不相容元素含量越低喷发就越早。不相容元素具有以下三个特征，即不相容元素的含量与岩浆源有关，随着岩浆上升演化而富集。火山喷发后、成岩后稳定性好，通常不受埋藏、溶蚀和浅变质作用的影响。所以可以根据不相容元素的量来划分火山地层单元，相同不相容元素特征代表同一个单元，不相容元素特征不相同时为不同单元，根据含量可进一步区分形成的早晚。

ECS（elemental capture spectroscopy）是元素俘获测井的简称，是斯伦贝谢新一代的测井仪器，是目前唯一能测量地层元素含量的仪器。仪器由 AmBe 中子源和伽马探测器组成，利用硼套来减少非地层俘获产生的伽马射线，中子进入地层后与元素原子核作用放出非弹性散射伽马射线和俘获伽马射线，利用 BGO 探测器记录 254 道伽马能谱，每种元素产生特定能量的特征伽马射线，其计数率与元素的丰度呈比例。ECS 测井仪主要利用俘获伽马能谱确定元素含量，纵向分辨率和探测深度分别为 45.72cm 和 22.86cm，而且其适用性很强，在淡水、饱和盐水、油基泥浆、含气泥浆、重晶石泥浆、氯化钾泥浆、不规则井眼和高温井眼下都能采集到高质量的资料。在实验室条件下，应用特殊的实验设备测量得到元素的标准谱。在每一个采样点，测量的 ECS 伽马能谱经过剥谱处理，可以得到一组元素谱数据，与实验室标准谱对比，就可以得到 H、Cl、S、Ca、Fe、S、Ti、Na、Gd 和 K 等元素的俘获产额，以及 C、O、Si、Ca 和 Fe 元素的非弹产额。地层中化学元素一般都是以氧化物的形式存在的，应用氧闭合技术将地层中 Si、Fe、Ca、S、Ti 和 Gd 的元素产额转换为干重量百分含量（袁祖贵，2005；袁祖贵 等，2004；袁祖贵和楚泽涵，2003）。对全岩分析的 Ti 元素含量与 ECS 测井中 Ti 元素含量进行对比，得出 Ti 元素在地层的含量虽是微量的，但两者的测量值大致相符。因此可以判定 ECS 测井数据较为精确可以使用。ECS 测井资料中常常有不相容元素 Gd 和 Ti，尝试利用这两个不相容元素进行火山地层单元的划分，取得了较好的效果。

9.4.1　松辽盆地王府断陷火石岭组薄层火山岩研究实例

本节数据取自 ECS 测井资料中 Gd、Ti 两种不相容元素。在进行数据校正之前，首先依据各井中的沉积岩和风化壳将流纹质火山岩划分为不同的段。其中 CS7、CS9、WF1、CS12、CS4、CS10 井发育一段流纹质火山岩，CS14 井发育三段流纹质火山岩，CS13 井发育二段流纹质火山岩。根据分段结果将 ECS 测井资料中 Gd、Ti 数据与各段流纹质火山岩相对应。

9.4.1.1　数据校正标准层的确定

对于 Gd、Ti 数据的校正，则是以泥岩中的 Gd、Ti 数据分布为标准进行校正，因为泥岩是在稳定环境下形成的，不相容元素在泥岩中富集的量大体是一致的，即泥岩中不相容元素的含量是均一的。谢国梁等（2013）对平湖组一段泥岩进行测试，发现不相容元素是均一的。韩登林等（2007）对高 89-8 井相同层位的泥岩进行测试，结果发现不相容元素也是均一的。李双建和王清晨（2006）对吉迪克组泥岩样品进行测试，不相容元素也是均一的。李珉等（2011）通过对泥岩样品进行测试，样品 Pm008-11h1 和 Pm008-12h2 中不相容元素也是均一的。通过上述测试结果可以证明，利用泥岩对 Gd、Ti 数据进行校正是可行的。对于泥岩标准层的选取，则是选出每口井中任意一段泥岩，以 CS14 井为例，通过泥岩中的不相容元素含量对各井流纹质火山岩中的 Ga、Ti 进行校正。

9.4.1.2 数据校正

对泥岩中的 Gd、Ti 分别作频率分布直方图，根据直方图中的峰值对原始数据进行校正。Gd 元素频率分布直方图如图 9.16 所示，CS7 井峰值分布在 $8\times10^{-6}\sim8.5\times10^{-6}$之间，CS9 井峰值分布在 $9.5\times10^{-6}\sim10\times10^{-6}$之间，CS14 井峰值分布在 $8\times10^{-6}\sim8.5\times10^{-6}$之间，WF1 井峰值分布在 $8\times10^{-6}\sim8.5\times10^{-6}$之间，CS12 井峰值分布在 $8\times10^{-6}\sim8.5\times10^{-6}$之间，CS13 井峰值分布在 $8.5\times10^{-6}\sim9\times10^{-6}$之间，CS10 井峰值分布在 $8\times10^{-6}\sim8.5\times10^{-6}$之间，CS4 井峰值分布在 $8\times10^{-6}\sim8.5\times10^{-6}$之间，峰值出现在 $8\times10^{-6}\sim8.5\times10^{-6}$的最多有 6 口井，因此以 $8\times10^{-6}\sim8.5\times10^{-6}$为 Gd 元素的标准值对其他井数据进行校正，也就是说将各井中 Gd 元素的峰值调到一致。

Ti 元素频率分布直方图如图 9.17 所示，CS7 井峰值分布在 0.19%~0.20% 之间，CS9 井峰值分布在 0.17%~0.18% 之间，CS14 井峰值分布在 0.195%~0.205% 之间，WF1 井峰值分布在 0.18%~0.19% 之间，CS12 井峰值分布在 0.19%~0.20% 之间，CS13 井峰值分布在 0.18%~0.19% 之间，CS10 井峰值分布在 0.19%~0.20% 之间，CS4 井峰值分布在 0.17%~0.18% 之间，峰值出现在 0.19%~0.2% 的最多有 3 口井，因此以 0.19%~0.20% 为 Ti 元素的标准值对其他井进行校正，各井中 Gd、Ti 元素校正量数据见表 9.1。

表 9.1 王府断陷火石岭组流纹质火山岩 Gd、Ti 元素校正量数据表

Table 9.1 Calibrated abundances of Gd and Ti in rhyolitic volcanic rocks of the Huoshiling Formation (Wangfu fault depression)

元素	CS7	CS14	CS9	WF1	CS12	CS13	CS10	CS4
Gd	0	0	-1.5	0	0	-0.5	0	0
Ti	0	-0.005	+0.02	+0.01	0	+0.01	0	+0.02

9.4.1.3 火山岩地层单元划分结果

流纹质火山岩中具有 ECS 测井资料的有 8 口井，即 CS7、CS14、CS9、WF1、CS12、CS13、CS10、CS4，对流纹质火山岩作 Gd 与 Ti 交会图（图 9.18），其中 Gd 为横坐标，Ti 为纵坐标，从交会图中可以看出明显具有 4 个分区，对于同源岩浆火山岩的不相容元素来说，含量越高代表富集时间越长，喷发时间晚。因此从下到上可将流纹质火山岩划分为 4 个单元，CS7、CS13-1 为单元 1，CS4、CS9、CS10、CS12、CS13-2、CS14-1 为单元 2，CS14-2、CS14-3 为单元 3，WF1 为单元 4。

对王府断陷地区 8 口井由南到北拉一条剖面（图 9.19），根据交会图中单元划分的结果，在连井剖面中按照叠置关系将相同单元连在一起，可以看出期次整体上从南到北叠置迁移变化，其中单元 1 喷发强度较弱，单元 2 大规模喷发且喷发强度剧烈，单元 3、单元

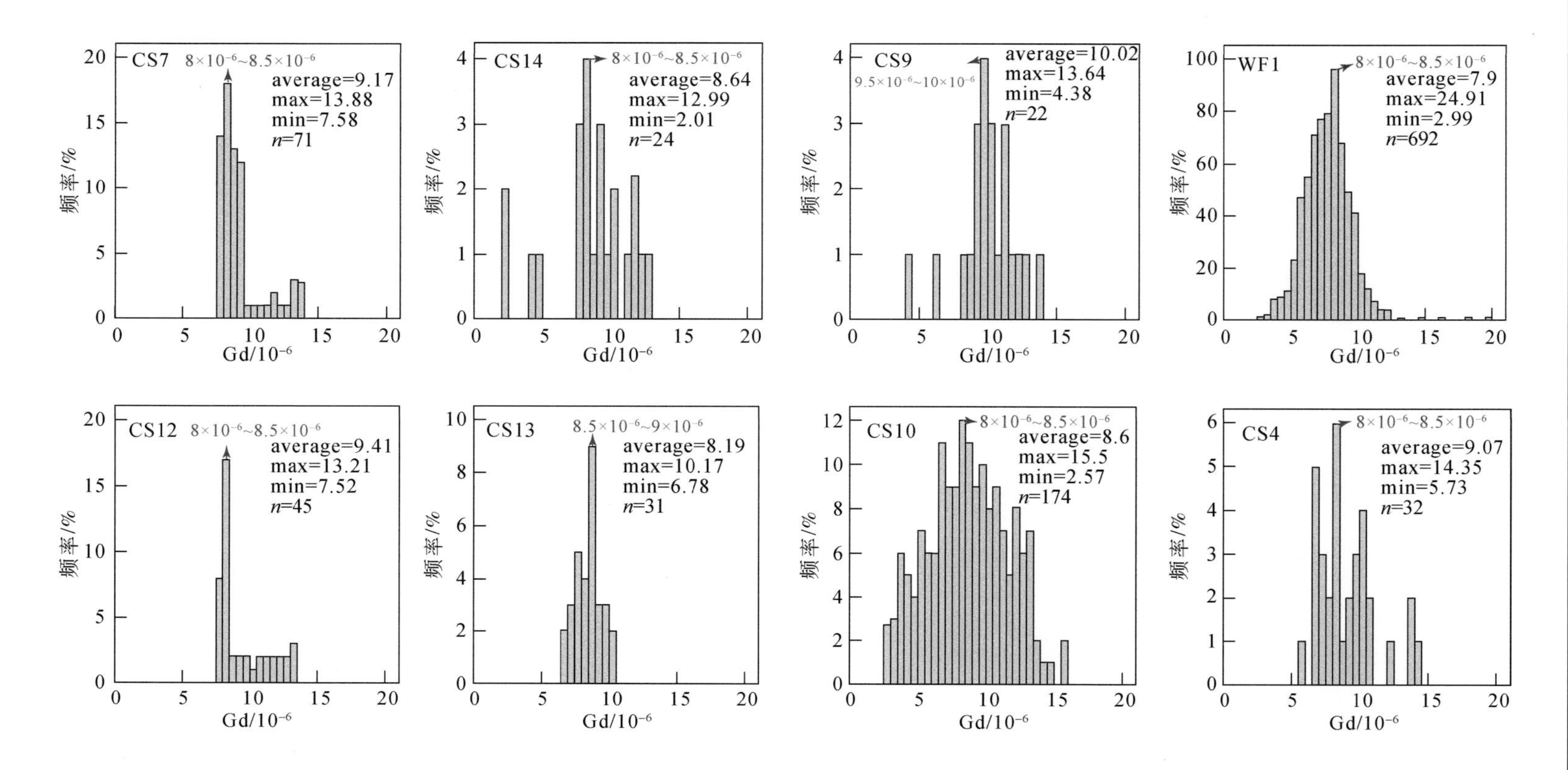

图9.16 王府断陷泥岩中Gd元素频率分布直方图
Fig.9.16 Histogram of Gd in mudstone, Wangfu fault depression

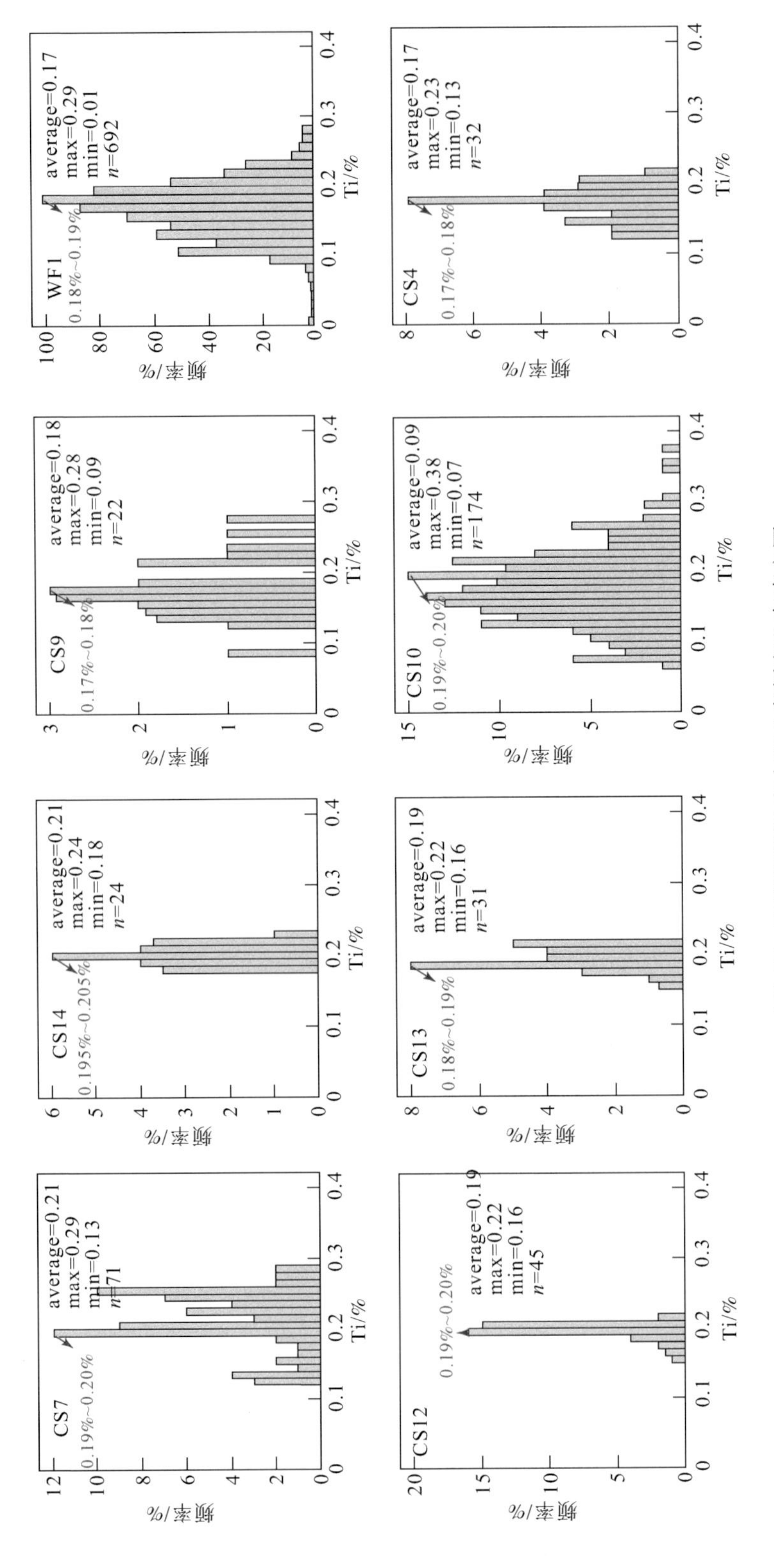

图9.17　王府断陷泥岩中Ti元素频率分布直方图
Fig.9.17　Histogram of Ti in mudstone, Wangfu fault depression

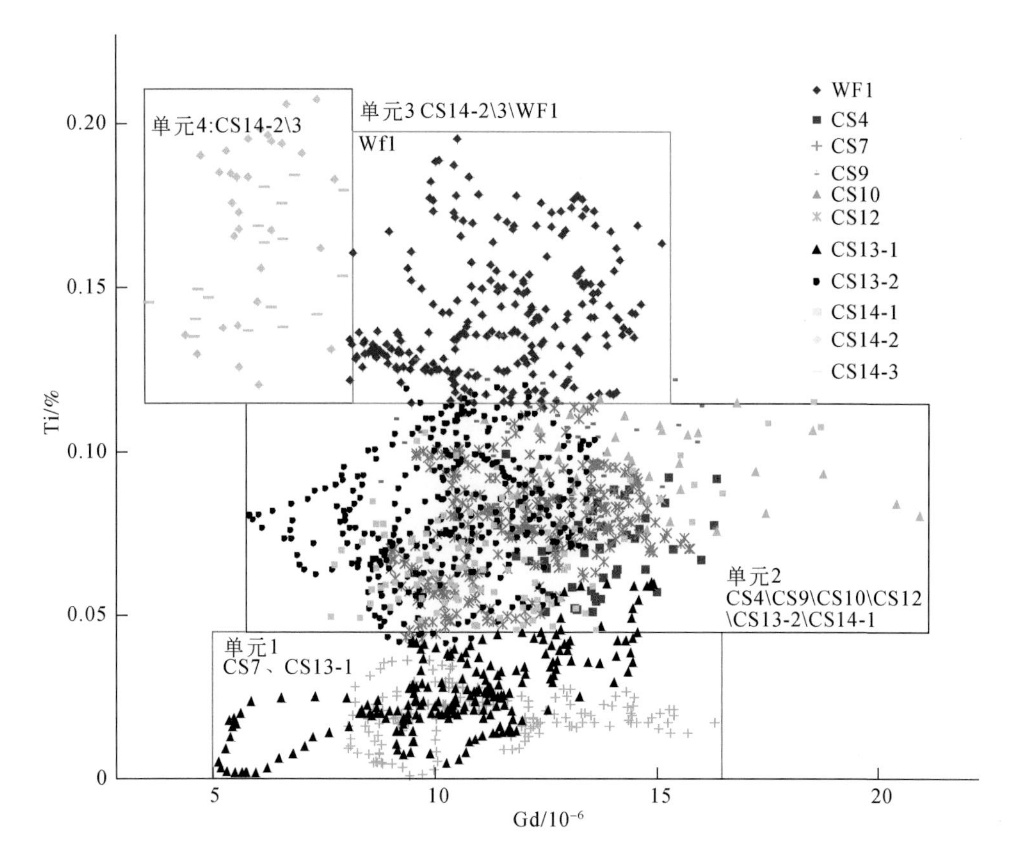

图 9.18 王府断陷火石岭组流纹质火山岩不相容元素 Gd 与 Ti 交会图

Fig. 9.18 Characteristics of incompatible elements Gd and Ti in rhyolitic volcanic rocks, Huoshiling Formation, Wangfu fault depression

4 零星喷发，喷发强度较弱。

现有资料中 CS9、CS14、CS607、CS608 井各有一个全岩分析资料，其中 CS9、CS14 井从测试深度上看均属于单元 2。从构造位置上看 CS607、CS608 井和 CS9 井相似，因此认为 CS607、CS608 井也属于单元 2，对 CS9、CS14、CS607、CS608 井 4 个数据点作出稀土元素球粒陨石标准化稀土配分图（图 9.20a），通过与长岭断陷流纹质火山岩稀土元素球粒陨石标准化稀土配分图（图 9.20b）对比可以发现，CS9、CS14、CS607、CS608 井 4 个数据点稀土元素含量基本一致，所以可以证明 CS9 井和 CS14 井下半段划分为同一单元是正确的，由此可以利用不相容元素 Ga、Ti 划分火山喷发期次。

同一地区同一时间的现代火山喷发物不相容元素特征多数相似。不相容元素的特征决定了它对火山岩单元划分的适用性，也就是说该方法适用于具有相同岩浆源、处于同一地区的火山岩，不同地区是否适用还需要进一步研究。

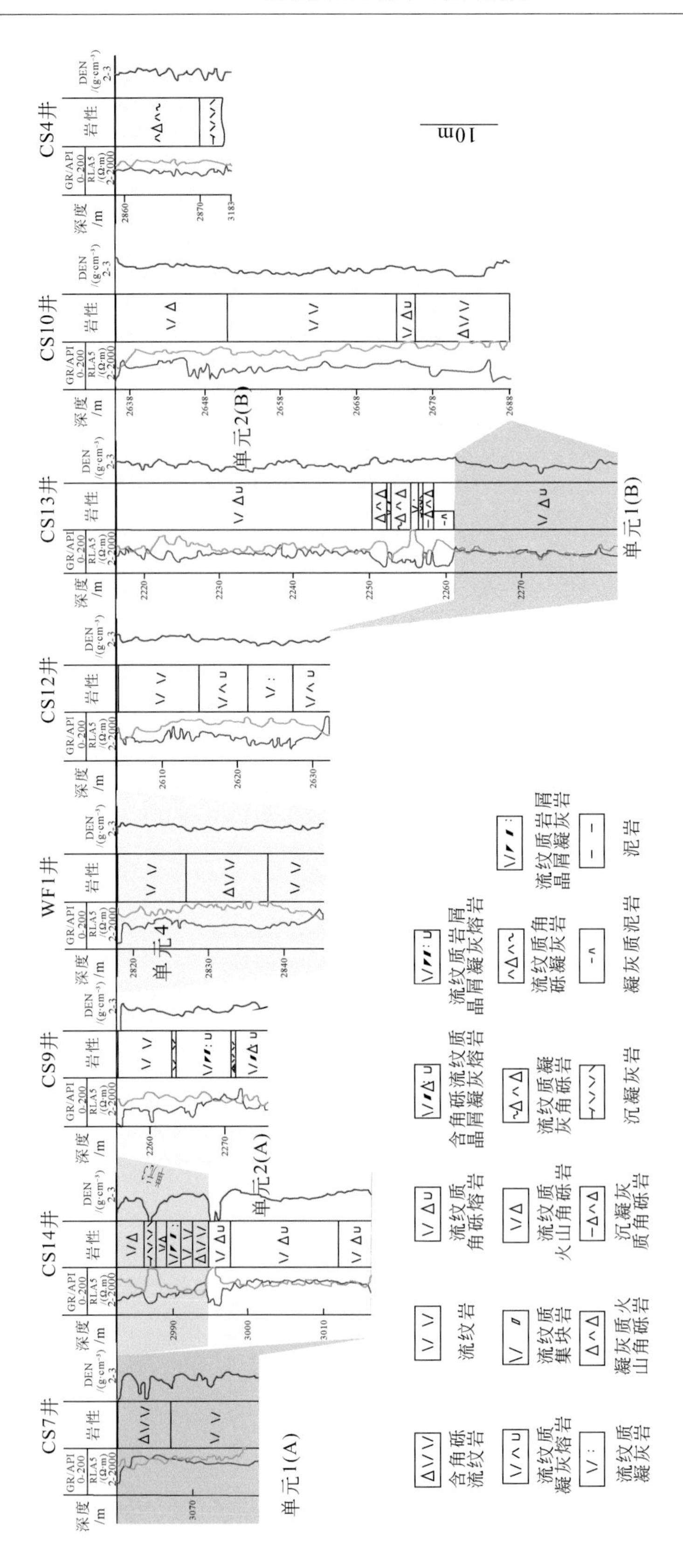

图9.19　王府断陷火石岭组流纹质火山岩喷发单元对比剖面

Fig.9.19　Correlation of eruptive units in rhyolitic volcanostratigraphy in the Huoshiling Formation, Wangfu fault depression

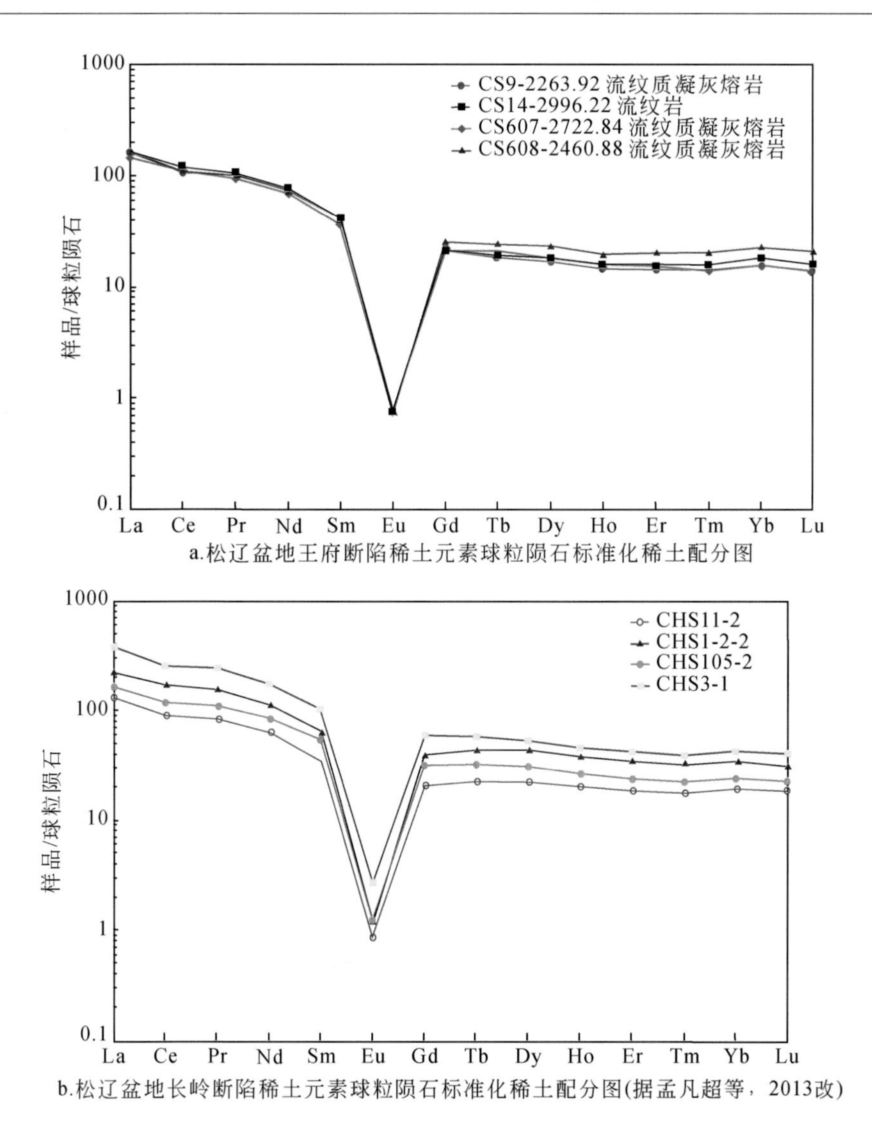

图 9.20 松辽盆地王府断陷、长岭断陷流纹质火山岩稀土元素球粒陨石标准化稀土配分对比图［标准化数据（Sun and McDonough，1989）］

Fig. 9.20 Comparison of chondrite-normalized REE distributions of rhyolite volcanic rocks between the Wangfu fault depression and Changling fault depression, Songliao Basin

9.4.1.4 地层单元与储层物性的关系

在流纹质火山岩喷发单元与储层的关系研究中，利用 ELAN 测井资料中的孔隙度数据与流纹质火山岩中的各个单元相对应，作出每个单元的孔隙度频率分布直方图（图 9.21a），通过对孔隙度频率分布直方图的分析，得出单元 2 孔隙度具有较大的分布范围，储层物性最优，单元 1、单元 3 次之，单元 4 储层物性较差，同时对实测孔隙度数据进行分析（图 9.21b）。由于实测数据较少，孔隙度频率分布直方图与测井数据孔隙度频率直

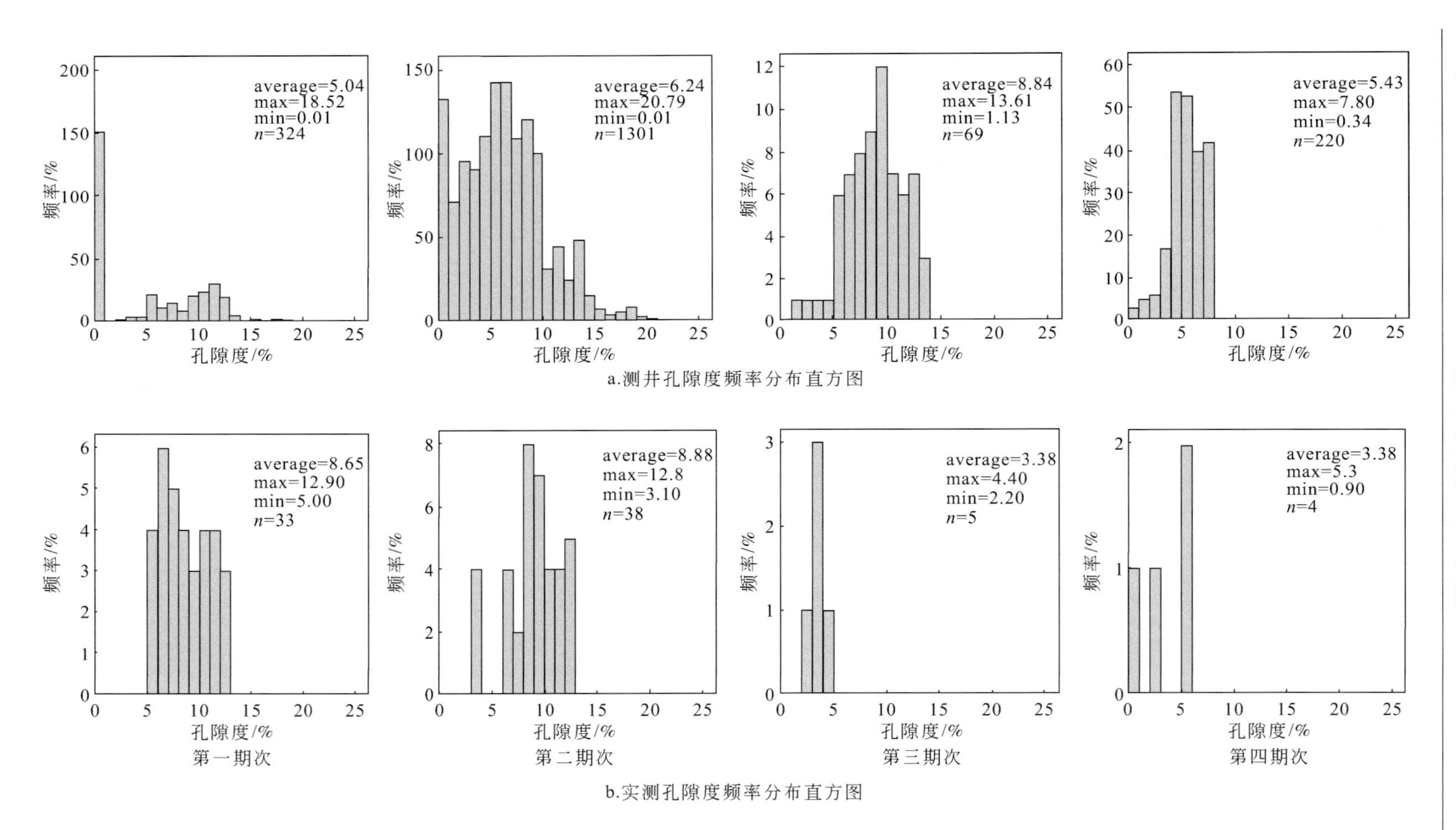

图9.21 王府断陷火石岭组流纹质火山岩各单元测井、实测孔隙度频率分布直方图

Fig.9.21 Frequency distribution histograms of logging and measured porosity and permeability in rhyolitic volcanostratigraphic units, Huoshiling Formation, Wangfu fault depression

方图有所差异，但最终结果与测井数据一致，因此认为火石岭组流纹质火山岩有利目标在单元2。

9.4.2　东海盆地西湖凹陷T构造石门潭组薄层火山岩研究实例

该区发育一套厚度几十米至百余米的火山岩地层，有6口钻井揭示火山岩为流纹质凝灰岩、沉凝灰岩，夹少量沉积岩。火山主要沿深大断裂呈点状喷发，断裂控制着火山地层的厚度（图9.22）。发育喷发间断不整合界面，根据界面特征可知该区火山岩喷发应持续数万年至数十万年（Tang et al.，2017a）。该区的酸性岩石可视为同一岩浆源的喷发产物。为进一步了解火山产物的特征，选择了新鲜岩石样品（无风化面）。它们是英安岩和流纹岩凝灰岩，在显微镜下可以看到边缘锋利、楔形和不规则形状的碎屑物质。岩石样品经清

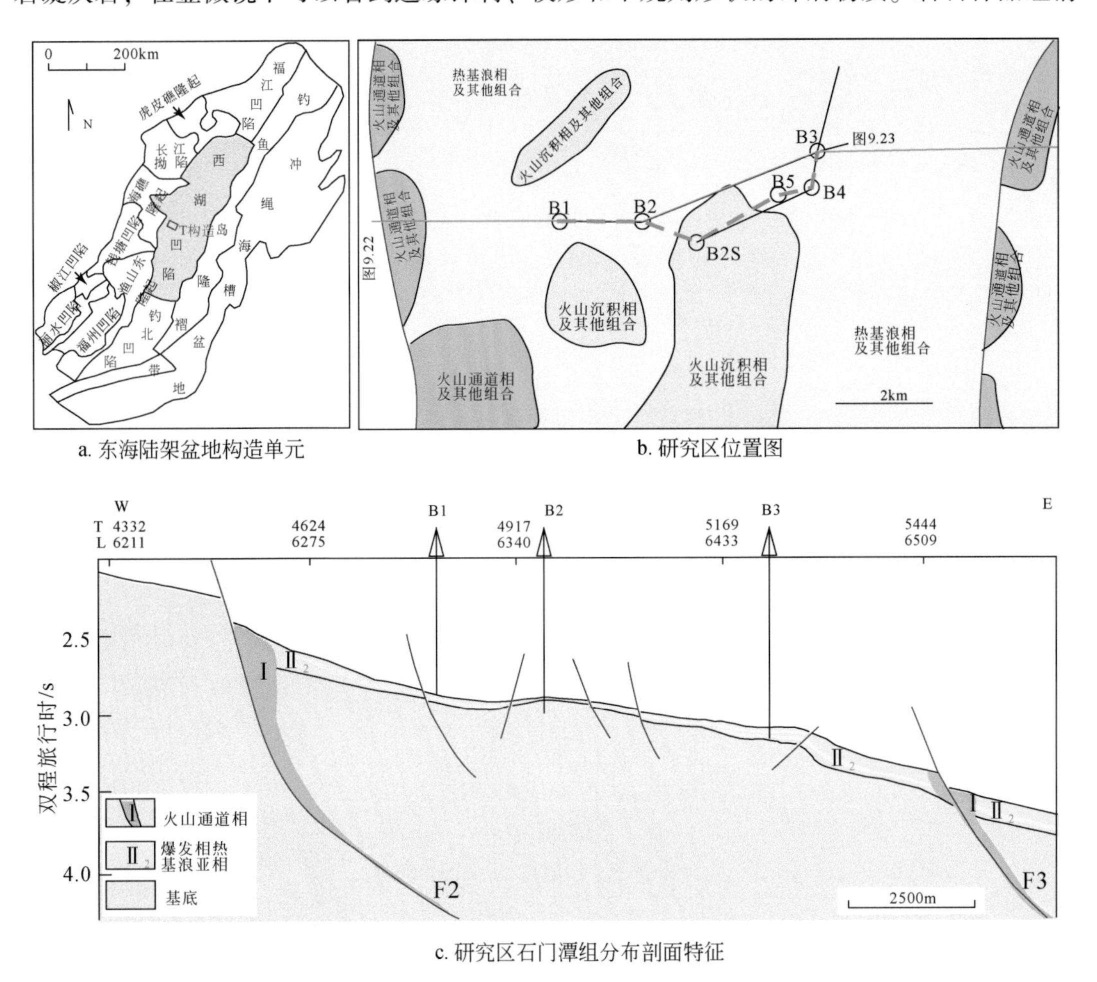

a. 东海陆架盆地构造单元　　b. 研究区位置图

c. 研究区石门潭组分布剖面特征

图9.22　研究区火山岩相特征和井位分布图

Fig. 9.22　Well positions and volcanic facies distribution in Xihu sag, East China Sea

洗干燥后粉碎至200目左右进行分析。在吉林大学实验中心测定了本次分析样品的全岩主量元素和微量元素。主量元素组成通过X荧光（XRF里加库RIX 2100光谱仪）使用熔融玻璃圆盘。在聚四氟乙烯炸弹中对样品进行酸消解后，通过电感耦合等离子体质谱（安捷伦7500a，带保护炬）分析微量元素成分。具体步骤同（Liu et al.，2008）的描述。分析不确定度在1%~3%范围内。主量元素的分析精度优于5%，微量元素的分析精度一般优于10%（Rudnick et al.，2004）。B2井、B2S井和B4井样品显示稀土元素总量向上富集，B3井和B5井样品显示稀土元素总量相同。总之，这些发现表明稀土元素的总量在该地区火山地层学的比较中可以发挥重要作用。

9.4.2.1　地层单元划分

根据钻探揭示的岩石序列、喷发间断不整合界面和稀土元素总量，对整个地区的火山喷发期进行比较。根据该地区的火山地层，可以划分出三个单元（图9.23）。B4井和B1井的沉积物揭示了单元1。该时期的顶部界面是一个喷发间断不整合界面，B4井揭示了较低的总稀土值（76×10^{-6}）；岩性为流纹岩凝灰岩。B1井未采集地球化学样品，但岩性为安山质凝灰岩。由于两口井相距很远，它们应该含有来自不同喷发中心的产物。单元2在B2井、B5井、B4井和B2S井广泛分布和揭露。这一时期的顶部界面是一个喷发间断不整合界面，B2井和B2S井的测井数据显示高伽马值。每口井的稀土元素总量从127×10^{-6}到

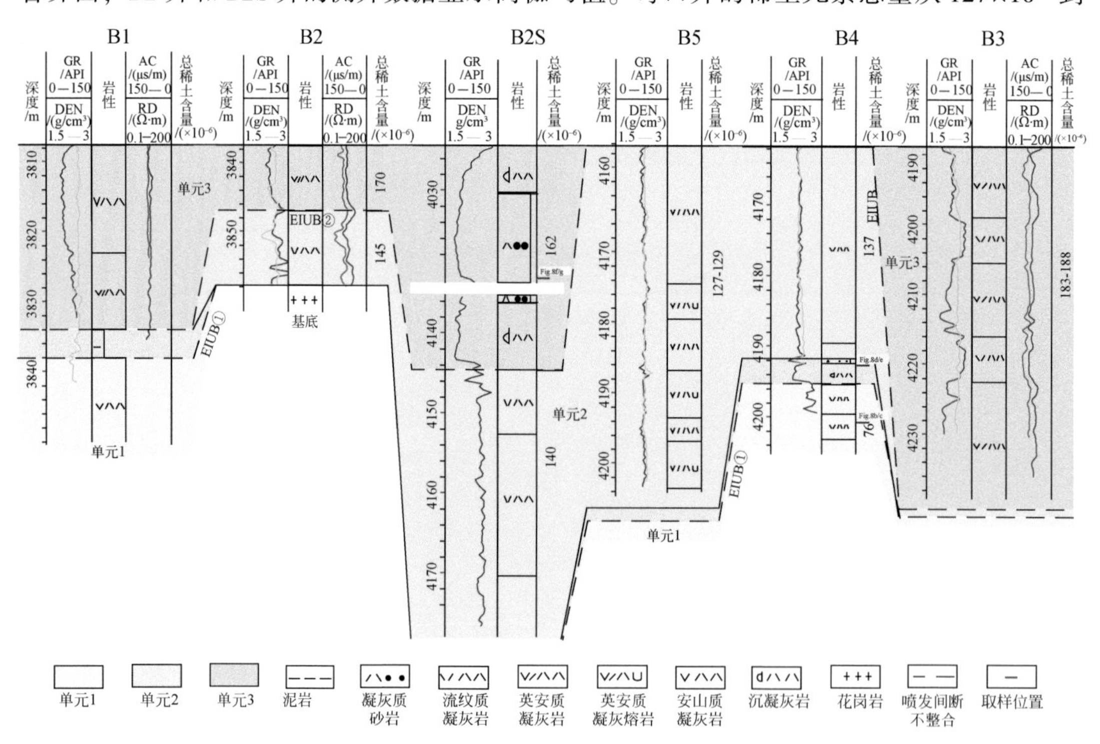

图9.23　西湖凹陷T构造石门潭组火山岩喷发期次对比

Fig. 9.23　Correlation of volcanic eruptive stages recorded in the Shimentan Formation, block-T units of Xihu Sag

145×10^{-6}不等。岩性由流纹岩和英安质凝灰岩组成。B2、B3 和 B2S 井的沉积物揭示了单元3。从岩性识别来看，B1 井在此期间也发育火山岩。稀土元素总量为 162×10^{-6} ~188×10^{-6}。岩性为流纹质凝灰岩、英安质凝灰岩和改造凝灰岩，还发育少量凝灰质砂岩。

9.4.2.2 晶屑粒径特征

研究区岩性以凝灰岩为主，为热基浪堆积单元，气浪搬运特征，喷发物分布的粒径从火山口向远源相带由粗变细。由于无取心，只有岩屑样品，在显微镜下岩屑中难以区分出凝灰颗粒，本次统计时只统计到了晶屑（主要包含石英和长石）粒度特征，以确定火山喷发产物的相变特征。利用四川大学开发的“粒度分析和孔隙度分析图像系统”对岩屑进行粒度分析。首先将岩屑图像放在显微镜下，通过软件统计视野中颗粒的长度和直径，最后自动生成所需的各个粒径范围的分布。同时，利用 Walker（1971）提出的中值和排序系数来定义排序和粒度集中趋势，以减少直方图观测中的人为误差。关于分选参数，使用了 Cas 和 Wright（1987）提出的火山粒度参数分析定义方案。标准差在 0 ~2 范围内表示分选良好，而大于 2 表示分选不佳。标准差越大，分选越差。

图 9.24 显示单元1 中值粒径小，分选性好；单元2 含粗粒，分选较好；单元3 包含较细的颗粒，与单元 1 相比分选较差。这说明火山喷发的能量随着时间经历了一个弱—强—弱的变化过程。单元 1 火山岩中值粒径显示 B1 井数值小于 B4 井，说明 B4 井更接近喷发中心。单元 2 中，B2 井粒度小，分选好，表明 B2 井相对于火山喷发中心较远；B5、B4 井粒度大，分选好，说明离火山喷发中心较近；B2S 井的粒度中等，表明远离火山喷发中心。单元 3 中，B2 井粒度小，分选好，表明远离火山喷发中心；B3 井的粒度很大，表明它靠近火山喷发中心；B2S 井粒度中等，B1 井粒度中等，分选性好，结合其岩性特征，说明这些井远离火山喷发中心。

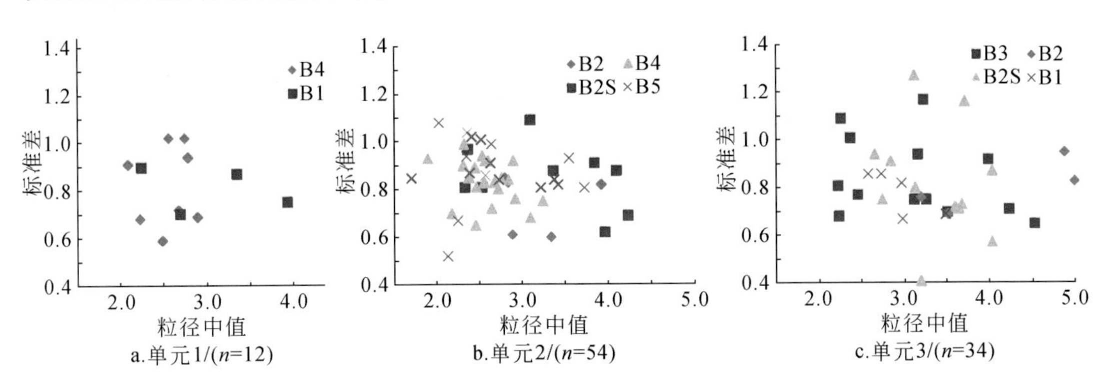

图 9.24 西湖凹陷 T 构造石门潭组火山岩中晶屑粒度特征

Fig. 9.24 Grain size characteristics of crystal fragments in volcanic rocks of the Shimentan Formation, block-T units of the Xihu Sag

整体上火山岩相模式可以划分为 3 个相带（图 9.25a）。一是火山口-近火山口相带，以晶屑凝灰岩为主，火山碎屑中石英和长石以粗颗粒为主，晶屑含量较高，破碎后形状多样，如棱角状，分选差；同时少量的岩心资料揭示也可以含有角砾，局部可见弱熔结结构。二是近源相带，以凝灰岩为主，火山碎屑中石英和长石粒径变小、含量降低，形状以棱角-次棱角状为主（图 9. 25b、c），分选变得稍好。三是远源相带，以凝灰岩和沉凝灰岩为主（图 9. 25d、e）。岩石特征组分是含有外碎屑，如次圆状的花岗岩岩屑、石英和长石矿物碎屑/片状的泥岩岩屑等；也可出现凝灰质砂岩，石英和长石晶屑粒度变小，分选变好（图 9. 25f、g）。在该区的热基浪可以延伸数千米，厚度通常是数十米。

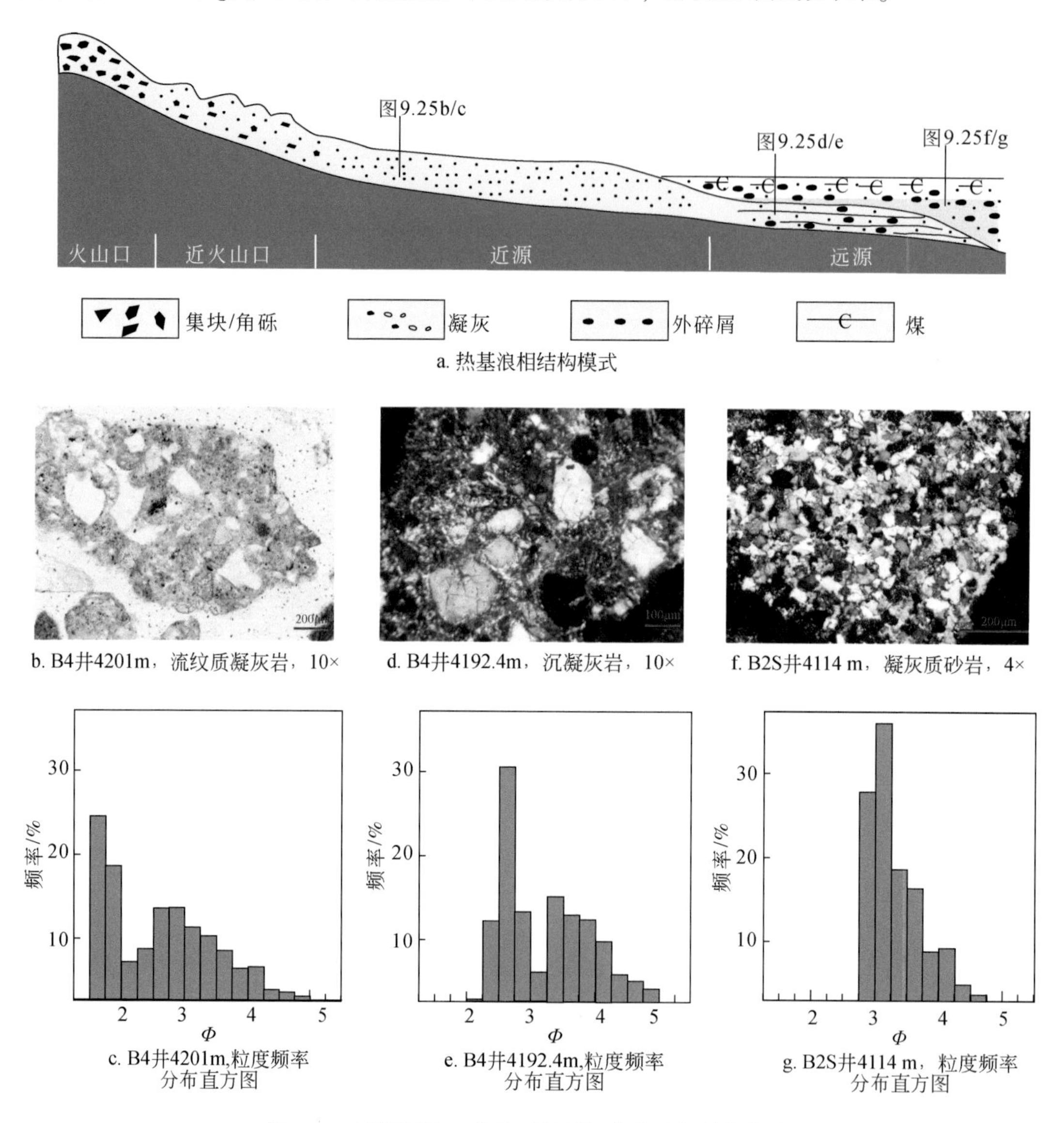

图 9. 25　西湖凹陷 T 构造石门潭组热基浪相结构模式

Fig. 9. 25　Base surge facies architecture in the Shimentan Formation, block-T units of Xihu Sag

井深均为测量深度

9.5 小　　结

根据岩心、测井和地震数据可以用来建立埋藏火山的高精度地层格架。岩心是表征界面系统和充填单元的最佳数据，但数量有限，所以火山地层格架分辨率受测井和地震数据的限制。在没有井标定时，只能根据喷发间断不整合或构造不整合界面及其叠置关系可以识别出火山机构级别的地层格架，难以对火山机构内幕的堆积单元进行识别；只有在钻井标定下才有可能准确识别出堆积单元级别的地层格架。因此，利用常规三维地震数据可以建立火山机构尺度的地层格架；进入勘探中后期时，根据钻井和岩心资料才能建立堆积单元尺度的高精度地层格架。

埋藏火山很难建立准确的绝对地质年代格架。即使获得了每次喷发的绝对地质年龄，在火山地层格架上也只是一些零散孤立的点。这将错过火山地层的重要信息，反而使火山次要部分的信息夸大，如再搬运火山碎屑和沉积岩在时间轴上是连续的。地层叠覆原理说明了根据岩层的相对上下位置确定岩层的相对年龄的思想。相对年代的地层格架只需要表示堆积单元之间的先后（老新）顺序关系，而不需要确定每个单元形成的绝对时间。因此，根据叠覆原理，建立相对年代的高精度地层格架是埋藏火山研究的更好选择，也有利于表述火山地层的物质特征和空间属性。

10　基于火山地层要素的地震相解释和储层预测

10.1　地震相解释

地震资料是油气勘探的重要基础，特别是在盆地勘探的早期，常规地震资料也是油气勘探所能借助的唯一高精度资料。所以对地震资料的合理解释是油气勘探能否取得成功的重要基础。火山岩地震相的地质解释受到了广泛关注，特别是储层特征方面。地震相解释经历了如下过程。从开始的根据外形、振幅、连续性等参数识别断陷盆地的火山岩（周路等，2008），再到建立地震相与岩性岩相关系的分析，如在大陆边缘盆地的 outer SDR、inner SDR 与 outer high 等地震相单元的火山岩相与喷发就位环境的关系等，识别具体的火山岩相单元（Single and Jerram，2004）；在松辽盆地断陷层火山岩也进行了地震相外形对应的岩性岩相特征的分析，如讨论了席状、席状披盖、盾状、丘状、透镜状、楔状、扇状、碟状/盘状和筒状等地震相与岩性之间的关系（唐华风 等，2012a；吴颜雄 等，2011b）。随着勘探的深入，希望根据地震相解释有利储层的分布特征，以提高勘探的成功率。如松辽盆地火山岩地震相划分为丘状/透镜状-亚平行反射、板状/席状/盾状-平行/亚平行反射、穹窿状/丘状-杂乱反射以及蘑菇状-杂乱反射 4 类，并分析了各类地震相的储层特征（唐华风 等，2018）。上述地震相解释精度受地层界面系统和地层单元解释的精度影响，本书通过已有钻井标定将界面系统解释到喷发（不）整合一级、地层单元到堆积单元一级的精度，下面介绍识别流程。

界面系统的识别。首先利用钻井资料来划分，重点关注火山岩段内的沉积岩层和风化壳、火山岩岩性变化等界面。沉积岩和风化壳均表示有喷发间断，对应的是喷发间断不整合界面。火山岩岩性变化界面通常对应喷发方式的变化或源区的变化，形成的是喷发整合/不整合界面。其次是地震识别，利用声波和密度测井资料制作合成记录，建立地震资料的时深关系，将识别的喷发间断不整合界面和喷发不整合界面标定到地震资料上，根据界面同相轴特征进行追踪，合成记录制作和层位标定利用 Geoeast 软件的合成记录模块完成。喷发间断不整合界面多为强振幅、连续性好、中低频的特征；喷发不整合界面难以识别，其连续性差、振幅弱。在喷发间断不整合界面约束下进行堆积单元的对比。

堆积单元的识别。本书所描述的堆积单元指沿同一喷出口的一次连续喷发而形成的火山堆积体或火山碎屑物经同一次再搬运而形成的堆积体，根据喷发方式和就位环境可将长岭断陷火山岩堆积单元划分为熔岩穹丘、熔岩流、火山碎屑流和再搬运火山碎屑流 4 类。熔岩流可细分为简单熔岩流（还要细分为中酸性的和基性的）和辫状熔岩流，火山碎屑流可划分为热碎屑流和热基浪，再搬运火山碎屑流可细分为火山泥石流和崩塌堆积单元（Lockwood and Hazlett，2010；唐华风 等，2017）。堆积单元的识别，首先是在单井中识别，主要是在单井界面识别的基础上，根据岩心和录井识别的岩性资料、测井曲线资料进行相结构分析，根据相结构划分堆积单元；其次是对地震资料识别，将单井的堆积单元识别结果通过井震标定，根据界面系统和地震相次级单元的叠置特征进行井旁识别。

地震相单元分类。在地震相解译时，受关注的参数有几何外形、内部叠置样式、振幅、频率、速度等（程日辉 等，2011）。几何外形和内部叠置样式是反映地层结构和堆积单元的稳定参数，不易受岩性、储层物性和流体性质等因素的影响。如果能建立起几何外形和内部叠置样式与储层的关系，对于储层预测是十分有利的。所以本节从几何外形入手进行地震相的界面、地层单元和储层关系讨论。对地震相几何外形分析时，主要考虑火山岩顶面的坡度角，利用地震剖面分析火山岩顶面的平均坡度特征，将火山岩底界面作为参照面在火山地层顶部作辅助线，统计各钻井所控制岩体的顶面凸起相对于辅助线的平均坡度（图 10.1a），共统计了 36 口探井，可知存在 3 个峰值区（图 10.1b），根据峰值可将火山岩地震相划分为丘状、板状、丘状-板状 3 类。丘状地震相指地层顶面最大平均坡度大于 5ms/25m，有 15 口井；板状地震相指地层顶面最大平均坡度小于 3ms/25m，有 11 口井；丘状-板状地震相指地层顶面最大平均坡度介于 3 ~ 5ms/25m，有 10 口井。在地震相描述时根据钻井揭示的界面和堆积单元特征，将上述 3 类单元划分出不同的次级地震相单元。

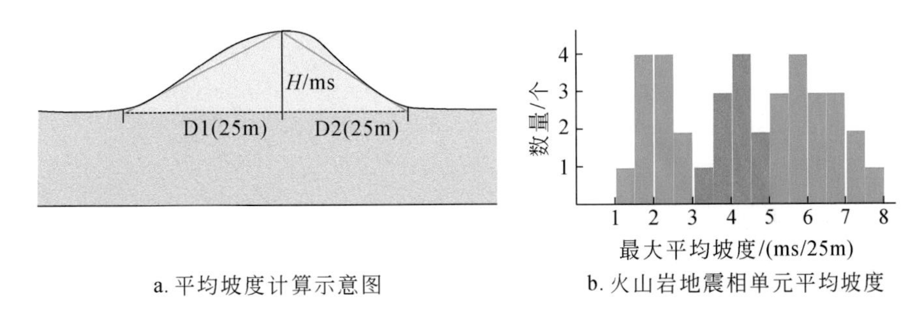

a. 平均坡度计算示意图　　b. 火山岩地震相单元平均坡度

图 10.1　地震相单元顶面最大平均坡度计算示意图和分类方案

Fig. 10.1　Schematic diagram for estimating the maximum average slope of the seismic facies unit and seismic facies unit classification

D_1 和 D_2 为水平距离；H 为时间域厚度

10.1.1　丘状地震相单元

10.1.1.1　地震反射特征

长岭断陷揭示火山岩的井中约有 42% 属于该类地震相，长岭断陷典型井区有 CS2、CS3、CS4、CS7、CS37、CS101 和 CT1 等井区。钻井标定喷发间断不整合界面通常是连续性好、强振幅、中-高频的同相轴，据此可以将地震相单元内部划分出多个次级地震相单元；也有的地震相单元的喷发间断不整合界面响应不明显，如 CS3 井的界面表现为断续、不清晰的特征。整体上该类地震相单元可有两类次级地震相单元，一是丘形、杂乱-亚平行、不连续-差连续性、中-弱振幅、中低频，多位于丘状地震相单元最厚的部分。二是楔形-板状、亚平行-平行、好连续性、强振幅、中高频，多位于丘状地震相单元的中等厚度—薄厚度的部分（图 10.2）。根据同相轴的延伸方向、厚度变化和接触关系可以判断火山岩堆积单元的搬运方向。

10.1.1.2　岩性特征

丘状地震相火山岩，常见有如下岩性组合。一是英安岩、粗面英安岩和粗面岩。如 CS3 井区发育大套的粗面英安岩和粗面岩，粗面英安岩厚度可达 300 多米，粗面岩厚度达 100m 以上；伽马、密度和声波曲线呈箱状、微齿形，也表明岩性的构成单一（图 10.3a）；从下部的指状高伽马、低密度、低电阻测井特征可知为风化壳特征，存在喷发间断不整合界面；CS7 井发育大套的粗面岩，厚度达 100 多米，单层厚度多为 5 ~ 10m。二是玄武岩和安山岩/安山玄武岩。如 CS2 井区揭示了安山岩、安山玄武岩和玄武岩互层，单层厚度在 10 ~ 50m，伽马、密度和声波曲线呈箱状、微齿形，发育沉积岩夹层，是喷发间断不整合界面的标志（图 10.2b）。

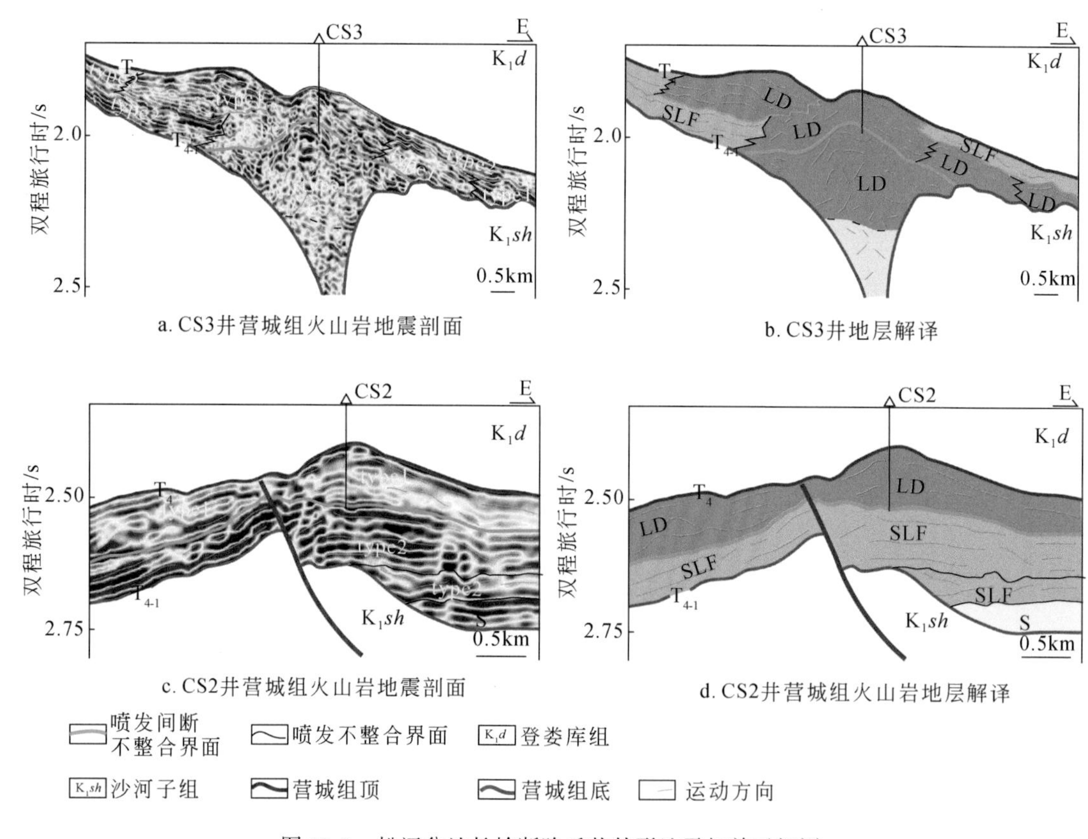

图 10.2　松辽盆地长岭断陷丘状外形地震相单元解译

Fig. 10.2　Geological interpretation of mounded seismic facies units in volcanic rocks of the Yingcheng Formation, Changling Fault Depression, Songliao Basin

type1、type2 为地震相亚单元；LD-熔岩穹丘；SLF-简单熔岩流；S-沉积岩

10.1.1.3 堆积单元特征

从钻井来看，丘状地震相单元的堆积单元从多到少依次为熔岩穹丘、简单熔岩流、热基浪、再搬运火山碎屑、辫状熔岩流和热碎屑流，以熔岩穹丘为主（图 10.4）。CS3 井发育纵向上两个熔岩穹丘叠置（图 10.3a）；从地震剖面来看，穹丘的纵横比较大，穹丘可与简单熔岩流组合形成一种横向上的相序（图 10.2a、b）。CS2 井从下到上为简单熔岩流和熔岩穹丘的叠置关系（图 10.3d）；从地震剖面来看简单熔岩流的纵横比较小，侧向延伸较远（图 10.2c、d）。

由露头火山岩可知，熔岩穹丘的相结构主要是厚层块状的岩石，纵横比大，发育丰富的冷凝缝或节理。在中国吉林省伊通中新世火山群的西尖山、大孤山和东小山显示穹丘可分为三层，下部的规则柱状节理、中上部的不规则柱状节理，在顶部可能发育少量的气孔（唐华风等，2020b）。该类地震相单元的简单熔岩流的岩性为中酸性熔岩，具有纵向分层性和厚度较大的特征；有三层结构，下部变形流纹构造-冷凝收缩缝、中部流纹构造或致密块状层、上部变形流纹构造或翻花状构造-少量气孔（图 5.5），下部占堆积单元的比例较小（Lockwood and Hazlett，2010）。

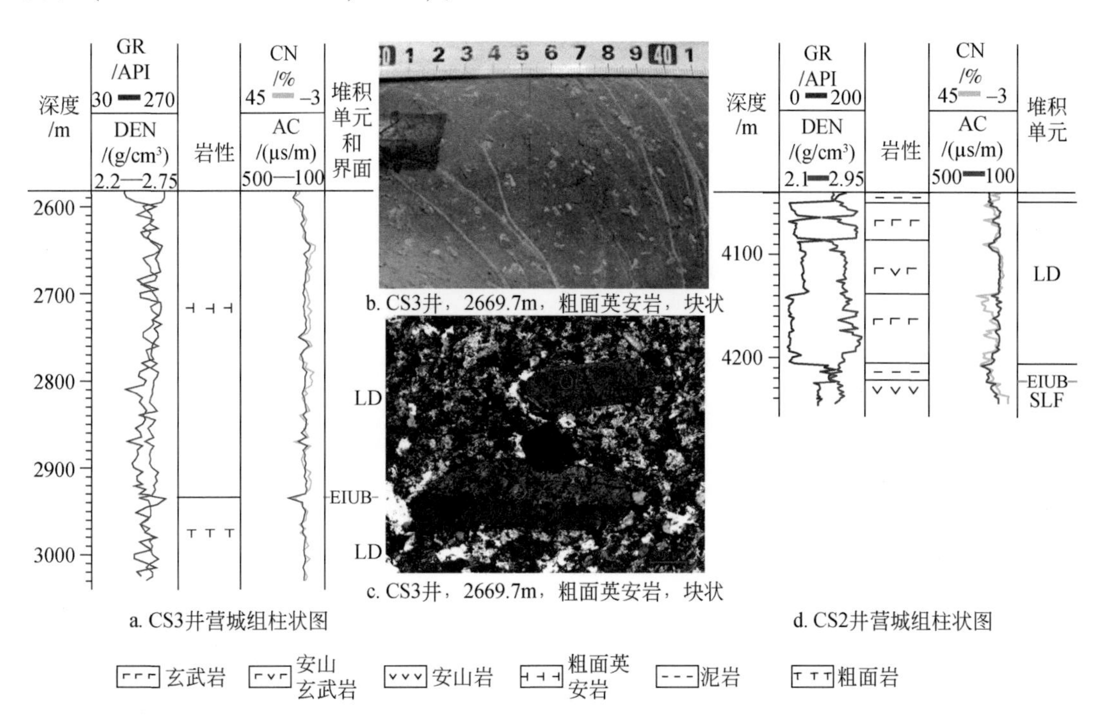

图 10.3 松辽盆地长岭断陷丘状外形地震相单元的岩性、地层界面和堆积单元特征

Fig. 10.3 Lithologies, stratigraphic boundaries, and deposited unit characteristics of mounded seismic facies units, Changling Fault Depression, Songliao Basin

Or-正长石；EIUB-喷发间断不整合界面；LD-熔岩穹丘；SLF-简单熔岩流

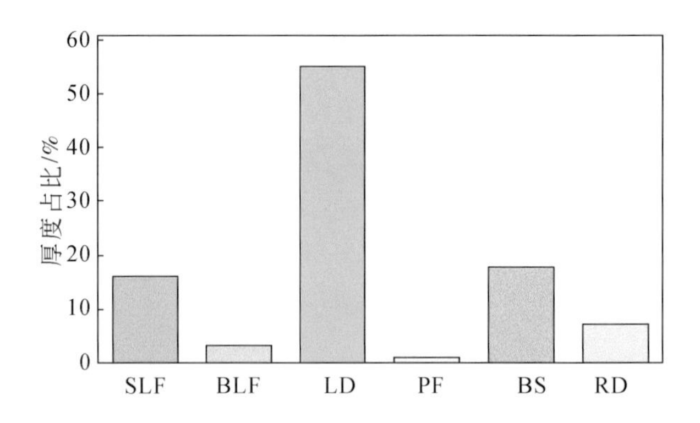

图 10.4　松辽盆地长岭断陷丘状外形地震相单元的充填单元构成

Fig. 10.4　Compositions of mounded seismic facies units in the Changling Fault Depression, Songliao Basin

15 口井，约 7000m 进尺。BLF-辫状熔岩流；BS-热基浪；LD-熔岩穹丘；RD-再搬运火山碎屑流；SLF-简单熔岩流；PF-热碎屑流

10.1.2　板状地震相单元

10.1.2.1　地震反射特征

长岭断陷揭示火山岩的井中约有 31% 属于板状地震相，如 CS8、CS41、CS17、DB11、SS2 和 LS1 井区等。该类单元内的喷发间断不整合界面通常为连续性好、振幅强、频率中等的特征，喷发不整合界面也较为发育，也具有较好的可追踪性，根据界面系统可将地震相划分为多个次级地震相单元。整体上可有 3 类次级地震相单元：①薄板形-席状披盖、平行-亚平行、连续性好、振幅强、频率高；②丘形-透镜形、连续性中等-差、振幅中-弱、频率低；③薄板形-楔形、连续性中等-好、振幅中-强、频率中-高。如 CS41 井以第 1 类和第 3 类为主（图 10.5a、c），CS17 井以第 2 类和第 3 类为主（图 10.5b、d）。由图 10.5 可知，板状地震相单元主要由不同次级地震相单元的厚度中心横向迁移和纵向叠置形成，且顶部为第 1 类次级单元。

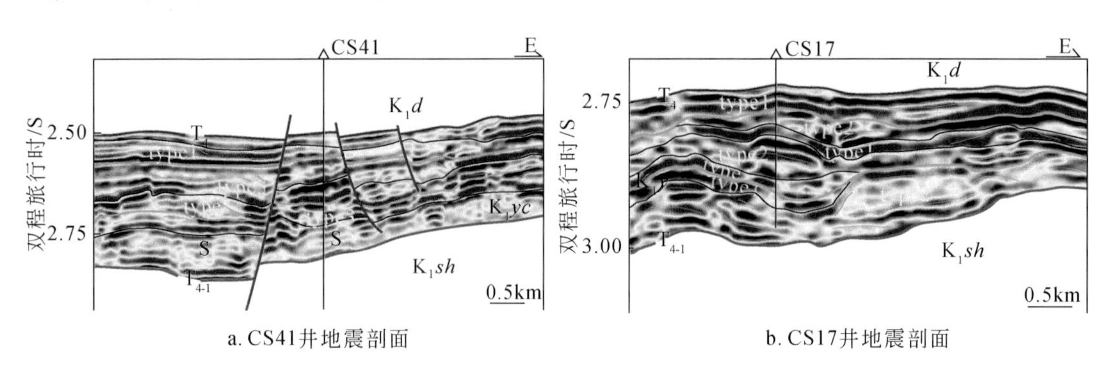

a. CS41井地震剖面　　b. CS17井地震剖面

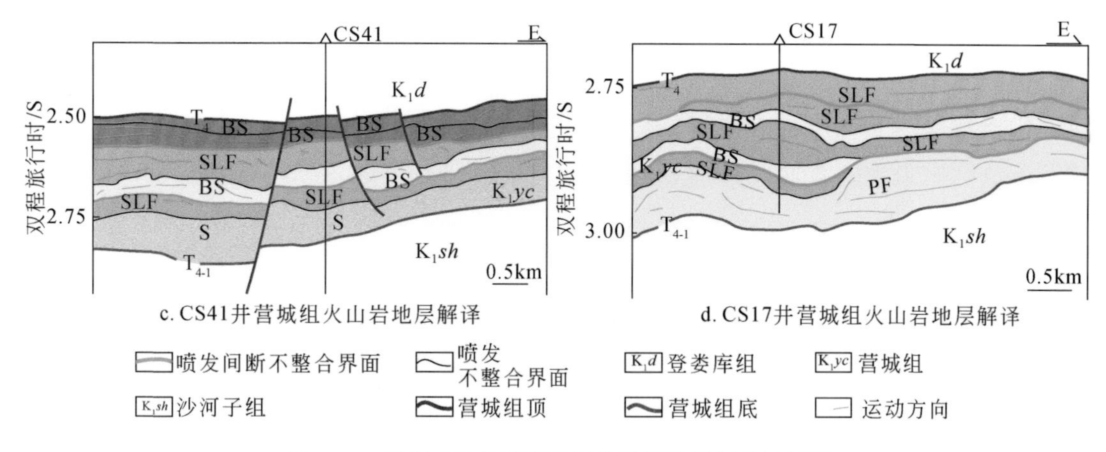

c. CS41井营城组火山岩地层解译　d. CS17井营城组火山岩地层解译

图 10.5　松辽盆地长岭断陷板状外形地震相单元解译

Fig. 10.5　Geological interpretation of tabular seismic facies units in volcanic rocks of the Yingcheng Formation, Changling Fault Depression, Songliao Basin

type1、type2、type3 为地震相亚单元

10.1.2.2　岩性构成特征

钻井揭示板状地震相的火山岩见两类组合。一是玄武岩、安山玄武岩、玄武质角砾熔岩与少量沉凝灰岩的组合，如 CS41 井区为灰色玄武岩与深灰色玄武安山岩互层，单层厚度从几米到 40m 不等（图 10.6a）；伽马曲线和声波曲线多呈箱形、中齿，表明岩性较为稳定；密度曲线为箱形、齿化的特征，表明岩石的孔隙差别较大，如 4508m 处发育的气孔杏仁体分布不均一就会导致密度曲线发生较大的变化（图 10.6b、c）。二是安山岩、英安岩及玄武岩，如 CS17 井区发育深灰色安山岩和灰白色英安岩，单层厚度 5 ~ 20m，最厚可达 50m 左右（图 10.6d）；伽马曲线多呈箱形–漏斗形、齿化，表明岩性有一定的变化；声波和密度曲线为箱形、齿化特征，表明岩石的孔隙差别较大。

10.1.2.3　堆积单元特征

从钻井揭示的堆积单元来看，从多到少依次为简单熔岩流、热基浪、辫状熔岩流、热碎屑流、再搬运火山碎屑流和熔岩穹丘，以简单熔岩流和热基浪单元为主（图 10.7）。CS41 井揭示堆积单元为简单熔岩流和热基浪单元互层状叠置而成（图 10.6a），地震资料揭示上述单元的纵横比较小（图 10.5a、c）。CS17 井揭示堆积单元由简单熔岩流、热基浪单元和热碎屑流互层叠置而成（图 10.6d），地震资料揭示热碎屑流具有中等的纵横比，处于低洼处的简单熔岩流也具有中等的纵横比，其他情况的纵横比均较小（图 10.6c、d）。

由露头火山岩可知，基性的简单熔岩流具有三层结构，下部变形流纹构造或管状气孔层、中部流纹构造–规则柱状节理或致密块状层、上部变形流纹构造或密集气孔层（图 5.4b），以中部和上部层为主。热基浪是一种碎屑密度流，碎屑物和动量是通过稀释的高度紊流状悬浮颗粒广泛分散而成；横向上存在 4 个相带，爆发角砾岩带–紊流的波状层理

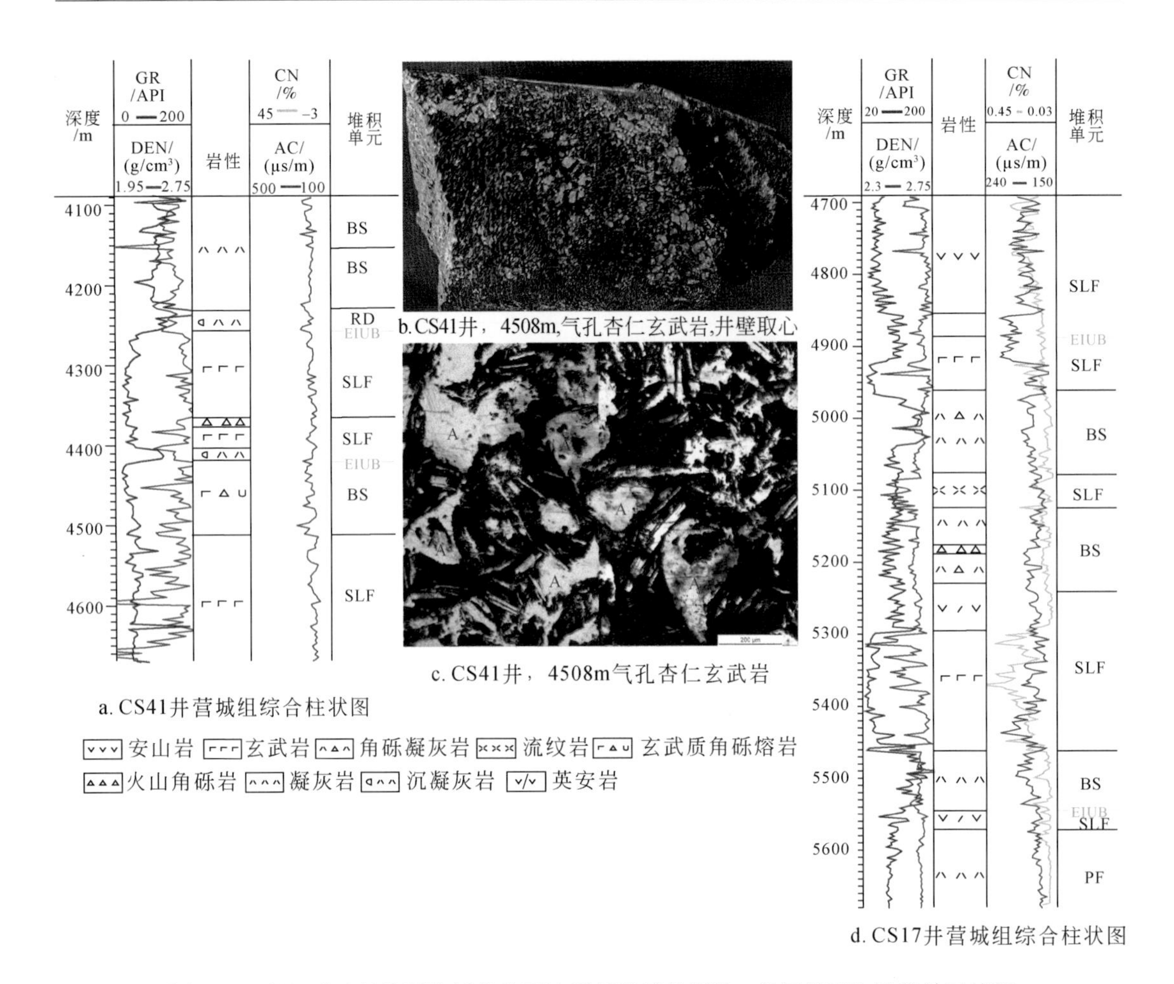

图 10.6　松辽盆地长岭断陷板状外形地震相单元的岩性、地层界面和堆积单元特征

Fig. 10.6　Lithologies, stratigraphic boundaries, and deposited unit characteristics of tabular seismic facies units in the Changling Fault Depression, Songliao Basin

A-杏仁体

相带（turbulent waveform facies）-紊流/层流的块状相带（turbulo-laminar massive facies）-层流的层状相带（Fisher and Schmincke，1984；Lockwood and Hazlett，2010）（图 5.7b Ⅲ）。火山口-近火山口区域的爆发角砾岩有数十米厚，可存在粒序层理，紊流的波状相带厚度有数十米，可发育短波长波状层理、长波长波状层理、对称波状层理、逆行沙波层理、花弧状波状层理、流槽构造、交错层理，底部可能发育几厘米厚的空落火山灰（图 5.7bⅣ）；近源区域的紊流/层流块状相带有数米厚，可发育流动构造、平行层理、交错层理或粒序层理，底部可能发育几厘米厚的空落火山灰（图 5.7bⅤ）；远源区域的层流层状相带有数米厚，可发育平行层理、水平层理和粒序层理，底部通常发育几厘米厚的空落火山灰（图 5.7bⅥ）。

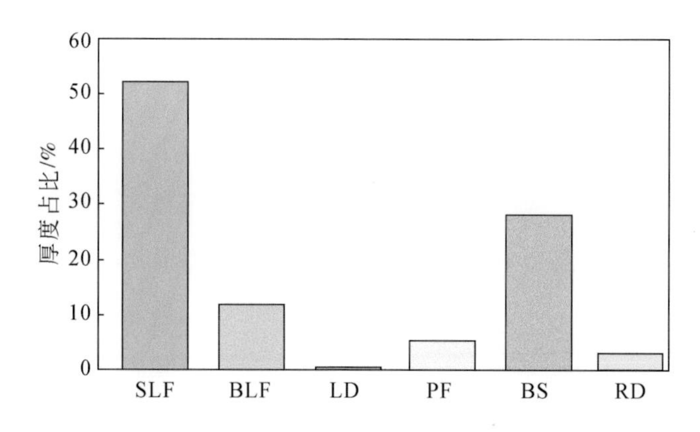

图 10.7　松辽盆地长岭断陷板状外形地震相单元堆积单元构成

Fig. 10.7　Compositions of tabular seismic facies units in the Changling Fault Depression, Songliao Basin

11 井，进尺约 6000m

10.1.3　丘状-板状地震相

10.1.3.1　地震反射特征

长岭断陷揭示火山岩的井中约有 27% 属于丘状-板状地震相，典型代表有长岭断陷 CS1、CS40 和 YS3 等井区。钻井标定的喷发间断不整合界面通常是连续性好、强振幅、中-高频的同相轴，据此可以将地震相单元内部划分出多个部分；也有的地震相单元的喷发间断不整合界面响应不明显，如 CS6 井的界面表现为断续、不清晰的特征。

整体上具有 4 类次级地震单元。①席状-盾形、连续性从好-差、振幅强-中等、频中等-高。②席状-楔状、连续性差、振幅弱、频率高-中。③丘形、连续性差、振幅中-弱、频率中等。④丘形、连续性好、振幅强、频率中等。CS6 井自第 2 类单元开始，叠加第 3 类单元和第 4 类单元，最后以第 1 类单元结束（图 10.8a、c）。CS1 井以第 4 类单元叠置第 1 类次级单元为主（图 10.8b、d）。

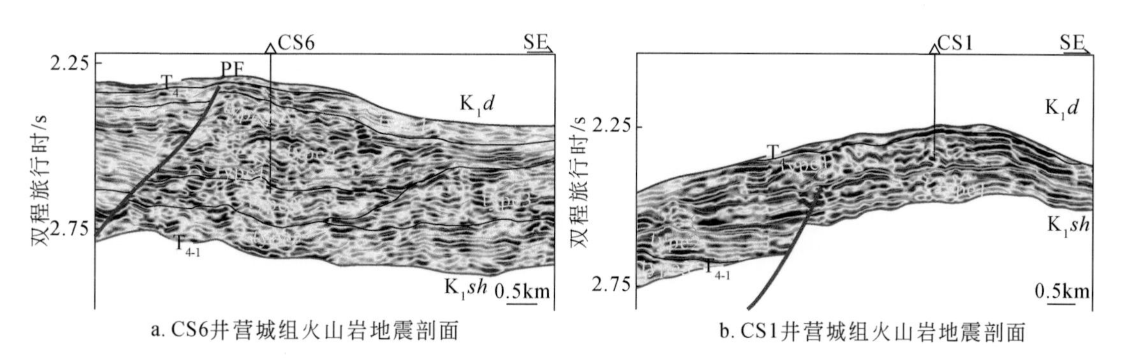

a. CS6井营城组火山岩地震剖面　　b. CS1井营城组火山岩地震剖面

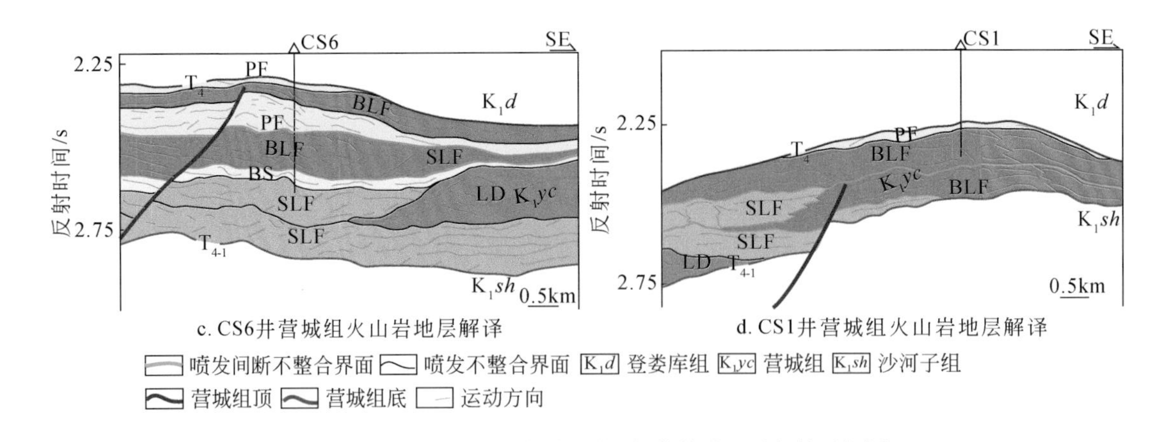

图 10.8　松辽盆地长岭断陷丘状-板状外形地震相单元解译

Fig. 10.8　Geological interpretations of mounded-tabular seismic facies units in volcanic rocks of the Yingcheng Formation, Changling Fault Depression, Songliao Basin

type1、type2、type3、type4 为地震相亚单元

10.1.3.2　岩性构成特征

丘状-板状地震相可见岩性组合有两种。一是流纹岩、流纹质火山角砾岩/集块岩。如长岭断陷 CS6 井区，发育流纹岩与流纹质火山角砾岩，流纹质火山岩单层厚度可达 20m，流纹质火山角砾岩可达 40m，单层厚度为 10m 左右（图 10.9a）；伽马、密度和声波曲线呈箱形-漏斗形-钟形、微齿化-齿化。CS1 井发育大套流纹岩和凝灰熔岩，单层厚度可达 20m 左右；伽马、密度和声波曲线呈箱形-漏斗形-钟形、微齿化-齿化（图 10.9b）。由 CS1 井岩心可知，流纹质凝灰熔岩中炸裂缝和高角度构造缝发育（图 10.9c）；由 CS1-1 井可知，流纹岩中气孔发育，沿流纹理分面，岩石裂缝发育导致破碎（图 10.9d）。二是火山角砾岩、角砾凝灰岩和凝灰岩互层。此类岩性典型代表是 CS40 井区，单层火山角砾岩厚度变化较大，多为 3 ~ 15m，最厚约 40m。单层角砾凝灰岩厚度在 2 ~ 10m，最厚可达 30m，凝灰岩多以小薄层出现。

10.1.3.3　堆积单元特征

从钻井揭示的堆积单元来看，从多到少依次为辫状熔岩流、热基浪、热碎屑流、简单熔岩流和再搬运火山碎屑流，各类堆积单元占比差别较小（图 10.10）。CS6 井揭示为简单熔岩、辫状熔岩流、热基浪和热碎屑流的互层叠置（图 10.9a），CS1 井揭示为辫状熔岩流与热碎屑流叠置（图 10.9b）。从地震资料来看，还发育少量熔岩穹丘，该类穹丘的纵横比较丘形地震相单元的小，但也属于高值区。简单熔岩流、辫状熔岩流的纵横比较小，热碎屑流的纵横比中等（图 10.8b、d）。

辫状熔岩流由垛叶状熔岩交错无序叠置而成（图 5.4a）；在火山口-近火山口区域以片状熔岩为主，具有玻璃质结构-上部气孔构造-柱状节理/块状构造-下部似斑状结构的组构序列；在近源和远源区域以垛叶状熔岩为主，具有玻璃质结构-上部密集圆形/椭圆形气孔构造-中部流纹构造/稀疏圆形气孔构造-下部变形流纹构造-玻璃质结构的组构序列。热碎屑流多为高含量碎屑分散物质和动能的火山碎屑密度流，在火山口-近火山口为块状熔结集块岩/角砾岩/凝灰岩，横截面表现为纵横比大的丘状（Fisher and Schmincke，1984；Lockwood and Hazlett，2010）（图5.6b）；近源地区为交错层理发育或流动构造发育的熔结角砾岩/凝灰岩，横截面表现为纵横比中等的丘状-板状；远源区为平行层理发育的（熔结）凝灰岩，横截面表现为纵横比小的板状-席状（图5.6b、v）。

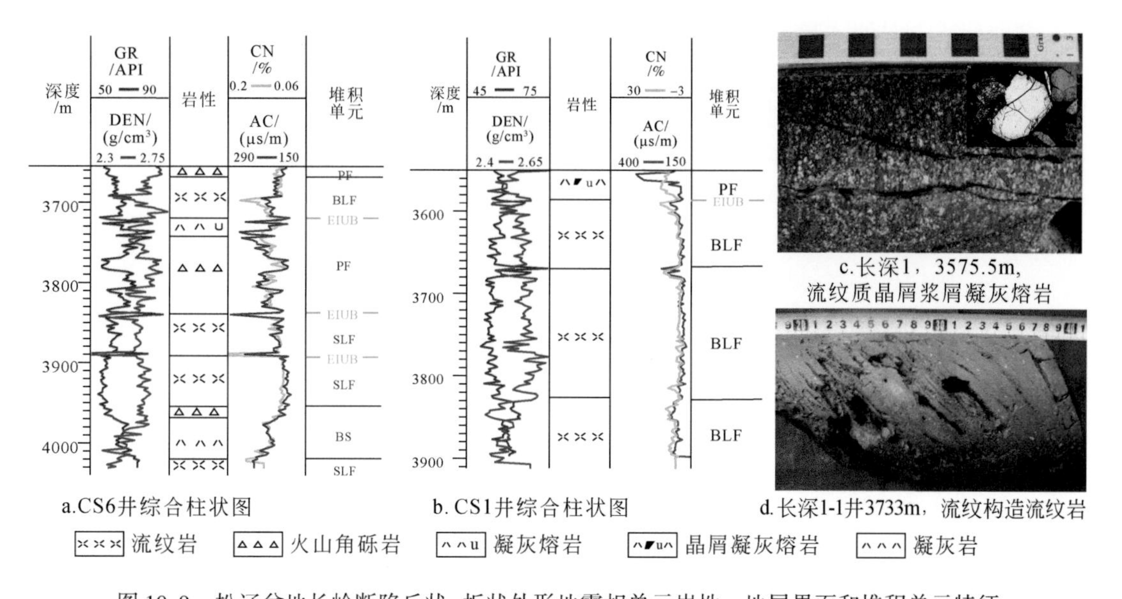

图10.9 松辽盆地长岭断陷丘状-板状外形地震相单元岩性、地层界面和堆积单元特征

Fig. 10.9 Lithologies, stratigraphic boundaries, and deposited unit characteristics of mounded-tabular seismic facies units in the Changling Fault Depression, Songliao Basin

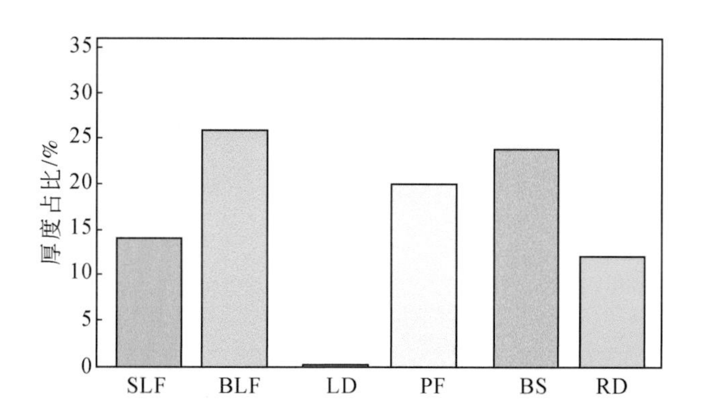

图10.10 松辽盆地长岭断陷丘状-板状外形地震相单元堆积单元构成

Fig. 10.10 Compositions of mounded-tabular seismic facies units in the Changling Fault Depression, Songliao Basin

共10口井，进尺约4500m

10.1.4　典型地震相的储层分布模式

储层的分布包括储层的层数、空间展布特征和储层物性等内容。本节主要关注储层层数和空间展布特征。储层段是指测井解释Ⅰ类、Ⅱ类储层和少量的Ⅲ类储层。

丘状地震相单元发育储层的层数有限，如 CS3 井只发育 2 层储层，分布在喷发间断不整合界面之下和营城组顶面之下（图 10.11a）；CS2 钻井揭示了 1 层，根据堆积单元特征推测总共可发育 4 层，1 层在火山岩顶界面之下，1 层在喷发间断不整合界面之下，2 层在喷发不整合界面之下（图 10.11b）。储层空间分布特征通常与堆积单元类型相关，如在熔岩穹丘单元内从地势高的区域往地势低的区域储层的厚度变薄，储层厚度占地层厚度的比例较小，储层类型可能是Ⅳ类储层。在简单熔岩流单元内储层发育在顶部，可在整个单元的顶部延伸，储层厚度占地层厚度的比例小，储层类型可能为Ⅲ类。

板状地震相单元发育储层层数可以较多，CS41 井揭示了 3 层储层，2 层分布在喷发间断不整合界面之下，1 层分布在喷发不整合界面之下（图 10.11c）。CS17 井揭示了 6 层储层，1 层在火山顶界面之下，2 层在喷发间断不整合界面之下，3 层在喷发不整合界面之下（图 10.11d）。储层空间分布特征通常与堆积单元相关，如在简单熔岩流的顶部和基浪单元的底部，应该可以随界面延伸，在简单熔岩流中储层可能为Ⅲ类，在基浪单元中储层可能为Ⅰ类和Ⅱ类。

丘状-板状地震相单元发育储层层数可以较多，CS6 井揭示了 7 层储层，2 层与喷发间断不整合界面相关，5 层与喷发不整合界面相关（图 10.11e）。CS1 井揭示了 2 层储层，根据地震资料推测往下还要发育储层，特征与钻井揭示的类似；钻井揭示的 2 层储层可能

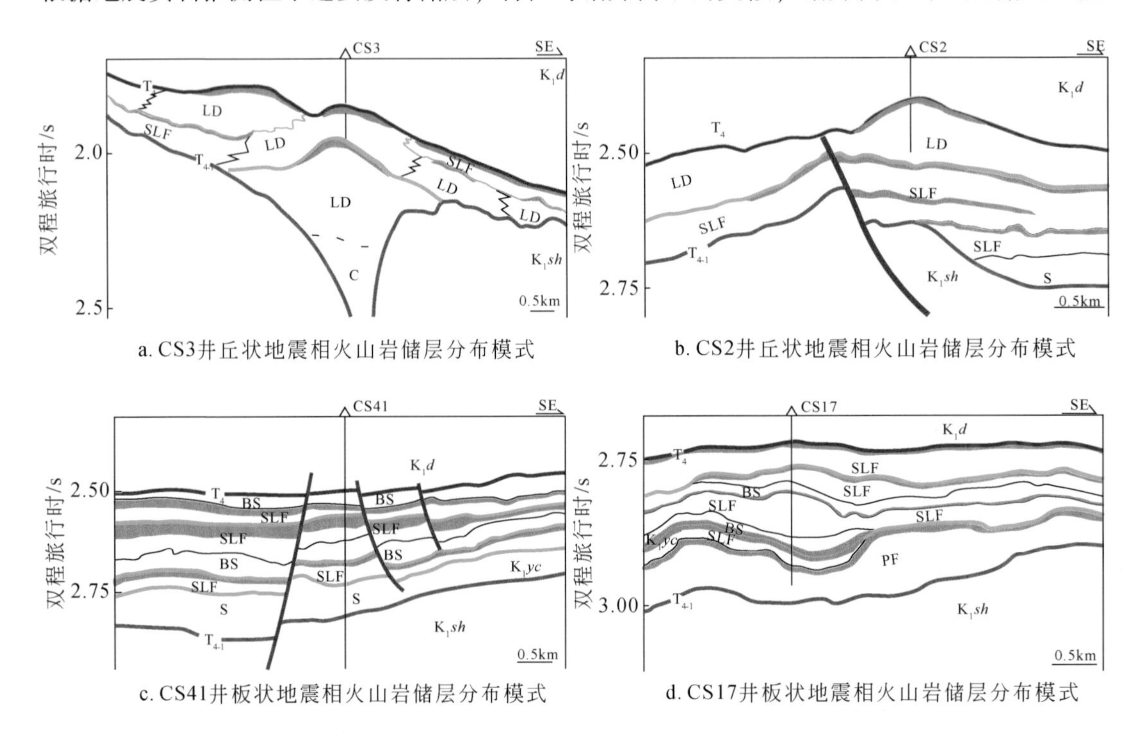

a. CS3井丘状地震相火山岩储层分布模式　　b. CS2井丘状地震相火山岩储层分布模式

c. CS41井板状地震相火山岩储层分布模式　　d. CS17井板状地震相火山岩储层分布模式

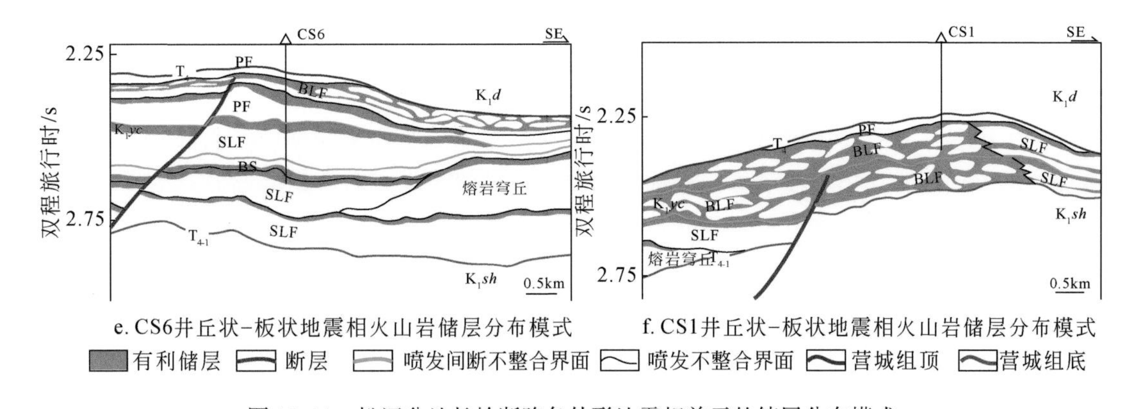

e. CS6井丘状-板状地震相火山岩储层分布模式　　f. CS1井丘状-板状地震相火山岩储层分布模式

图 10.11　松辽盆地长岭断陷各外形地震相单元的储层分布模式

Fig. 10.11　Reservoir distribution patterns in various seismic facies units in the Changling Fault Depression, Songliao Basin

C-火山通道

是同一个辫状熔岩流的储层（图 10.11f）。储层层数的多少与堆积单元的多少可能呈正相关关系。储层空间分布特征与堆积单元类型相关，简单熔岩流和基浪的储层与前述两类地震相单元一致；辫状熔岩流可形成网状交错连通的储层，储层类型可能为Ⅰ类和Ⅱ类，内部有致密核心透镜体；热碎屑流储层分布在顶部，储层可能为Ⅱ类和Ⅲ类储层，离喷出口近的区域储层厚度大，储层品质更好，离喷出口远的地方储层厚度变小，储层品质稍差。

综上所述，丘状-板状地震相单元储层层数多，储层物性好，储层延伸规模大；板状地震相单元储层层数较多，储层物性好-中，储层延伸规模大；丘状地震相单元储层层数少，储层物性中-差，储层延伸规模较小。所以在长岭断陷最有利的勘探目标是丘状-板状地震相单元。

10.2　地层结构对波阻抗反演的约束

储层地震预测的一个重要方法就是储层反演。储层反演是在明确储层分布规律后，利用数学方法根据钻井地震资料去模拟和逼近储层的真实分布规律。储层分布规律与地层结构密切相关，在相同资料的情况下储层反演结果取决于数学算法，所以地层结构和数学算法是储层反演的两个关键因素。关于数学算法已有大量的成果，如模拟退火算法（Ouenes et al., 1993）、改进的模拟退火算法（路鹏飞 等，2008）、迭代算法（Chu，2000）和非线性算法（吴媚 等，2008）等，为反演计算提供了依据，并取得了良好效果。关于地层结构则是以层状结构模型为基础，可满足多数沉积岩储层反演的需求，对于火山岩复杂地层结构则存在巨大的不适应性。主要原因是火山岩的层形态、层结构变化多样，岩层产状变化迅速，与单纯的层状结构存在显著差别（Single and Jerram，2004；唐华风 等，2007；王璞珺 等，2011）。这也是目前火山岩储层预测和描述过程中需要解决的关键问题。所以火山地层结构模型的建立对其储层地震预测具有重要的指导意义。

10.2.1　似层状结构特征

图 10.12a、b 是大比例尺地质填图成果，两个掌子面所处位置是近源相带，掌子面中部揭示的方向多为火山岩流动方向的横截面，掌子面两端为火山岩流动方面。掌子面是采石场人工剖面，掌子面的顶部是经过长期剥蚀后的残余部分。图 10.12c 所示火山岩体是经过多期多中心喷发叠加而成。由图 10.12a、b 可知，在横向上岩层厚度变化大，并且形状与层状结构的透镜、席状、板状、楔状、丘状等均有差异，岩层外表面的产状变化范围大，变化迅速，特别是倾角变化尤为明显，九台露头区测量的倾角为 25°～70°，与该区营城组区域地层倾角 15°相差较大，可形成大角度斜交的关系。虽然似层状结构的岩层倾角变化大，但属于同一喷发中心的堆积物从中心向远端过渡过程中其倾角多呈逐渐变小的趋势，所以根据其顶面或底面的趋势进行内插可以得到其地层结构模型，这为似层状地层的结构模拟提供了依据。

10.2.2　层状结构特征

层状结构地层具有四个特征：①岩层呈层状，原始产状多为水平或近水平；②内部岩层与地层顶底界面多为平行-近平行关系；③地质体等时界面在横向上可追踪性好（地球科学大辞典编委会，2006）；④改造后的产状变化主要受构造控制。

图 10.13a、b 是大比例尺地质填图成果。其中图 10.13a 所示的掌子面位于火山口近火山口相带，揭示的方向为火山岩流动方向的横截面；图 10.13b 所示的掌子面位于火山机构近源相带，揭示的方向为火山岩流动方向的纵截面。两个掌子面均是采石场人工剖面，该火山未经严重的构造改造。图 10.13c 揭示该火山也是由多期次多中心喷发叠加而成，两个掌子面揭示的是不同喷发中心的地层结构。由图 10.13a、b 可知，该类火山岩的岩层产状变化较小，岩层呈席状或板状产出；倾角测量结果为 1°～4°，多为 2°，呈水平-近水平产出；岩层的厚度在横向上变化小，且岩层倾角和厚度的变化多与下伏岩层形态或地形相关。整体上该类火山岩从火山喷发中心向远端过渡的同一方向上各岩层厚度变化小，倾角变化微小，各岩层与地层顶底面多为平行关系或微小角度斜交。该类地层结构与沉积岩的结构具有良好的可对比性，其地层结构模型可沿用沉积岩的研究方法。

松辽盆地长岭断陷查干花地区营城组的区域倾向主体方位是 270°，营城组内部的地层倾向是多方向的，与构造改造方向有一致和不一致的区域。一致的区域表现为层状结构的特征，不一致的区域在整体上火山岩产状变化与喷发中心有较好的对应关系，即以喷发中心作圆周或扇形规律变化；地层内部岩层的倾角变化较快，范围为 20°～60°。整体上岩层产状与营城组顶底面产状常常为规律性斜交。从单个火山机构来看，从中心向远端任一方向上的倾向具有一致性，倾角均具有由大变小的规律，表现为似层状结构的特征。

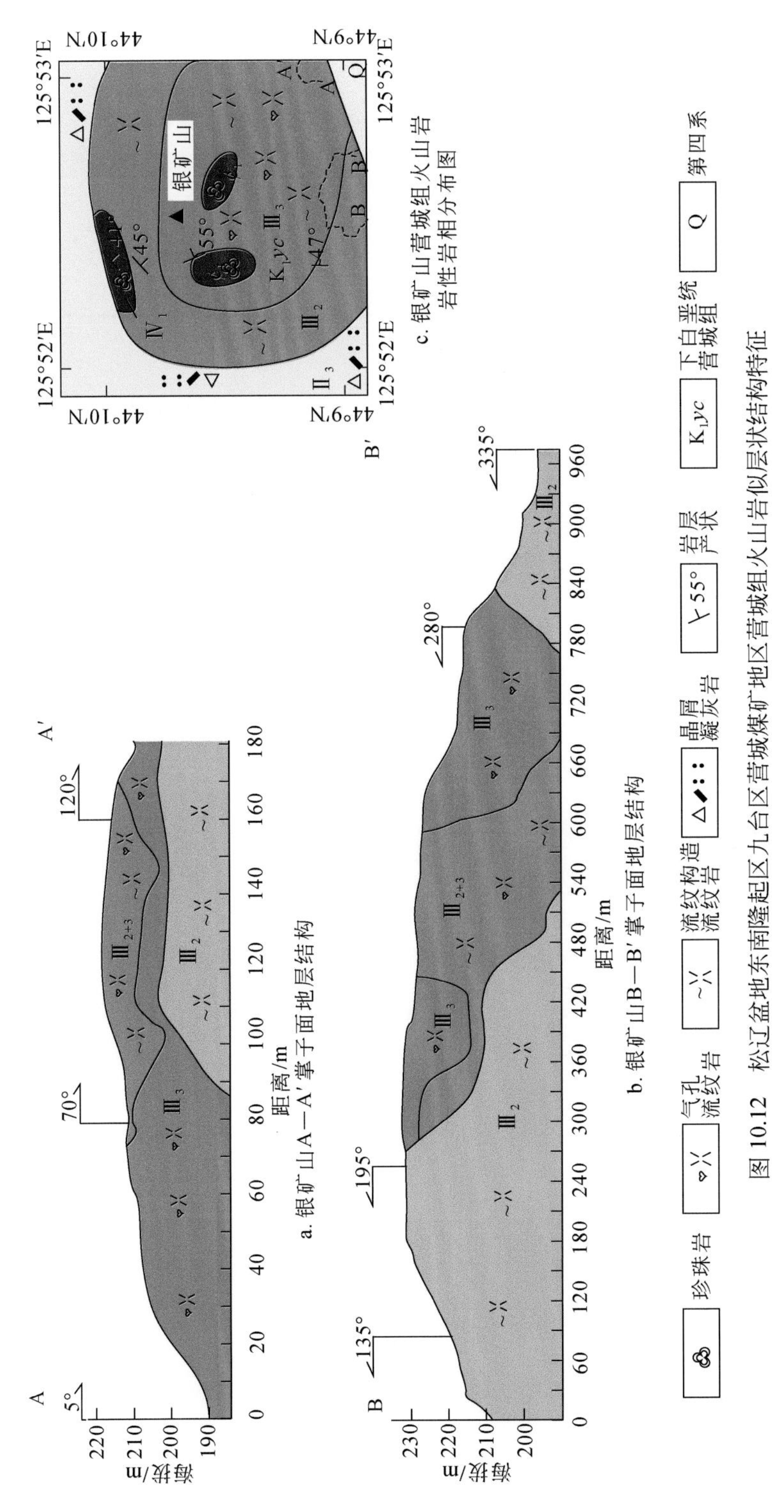

a. 银矿山A—A′掌子面地层结构

b. 银矿山B—B′掌子面地层结构

c. 银矿山营城组火山岩岩性岩相分布图

图 10.12 松辽盆地东南隆起区九台区营城煤矿地区营城组火山岩似层状结构特征

Fig.10.12 Characteristics of pseudostratified structure in volcanic rocks of the Yingcheng Formation (K_1y), Jiutai City (SE uplift region of Songliao Basin)

$Ⅱ_3$-热碎屑流亚相；$Ⅲ_2$-中部亚相；$Ⅲ_3$-上部亚相；$Ⅳ_1$-内带亚相

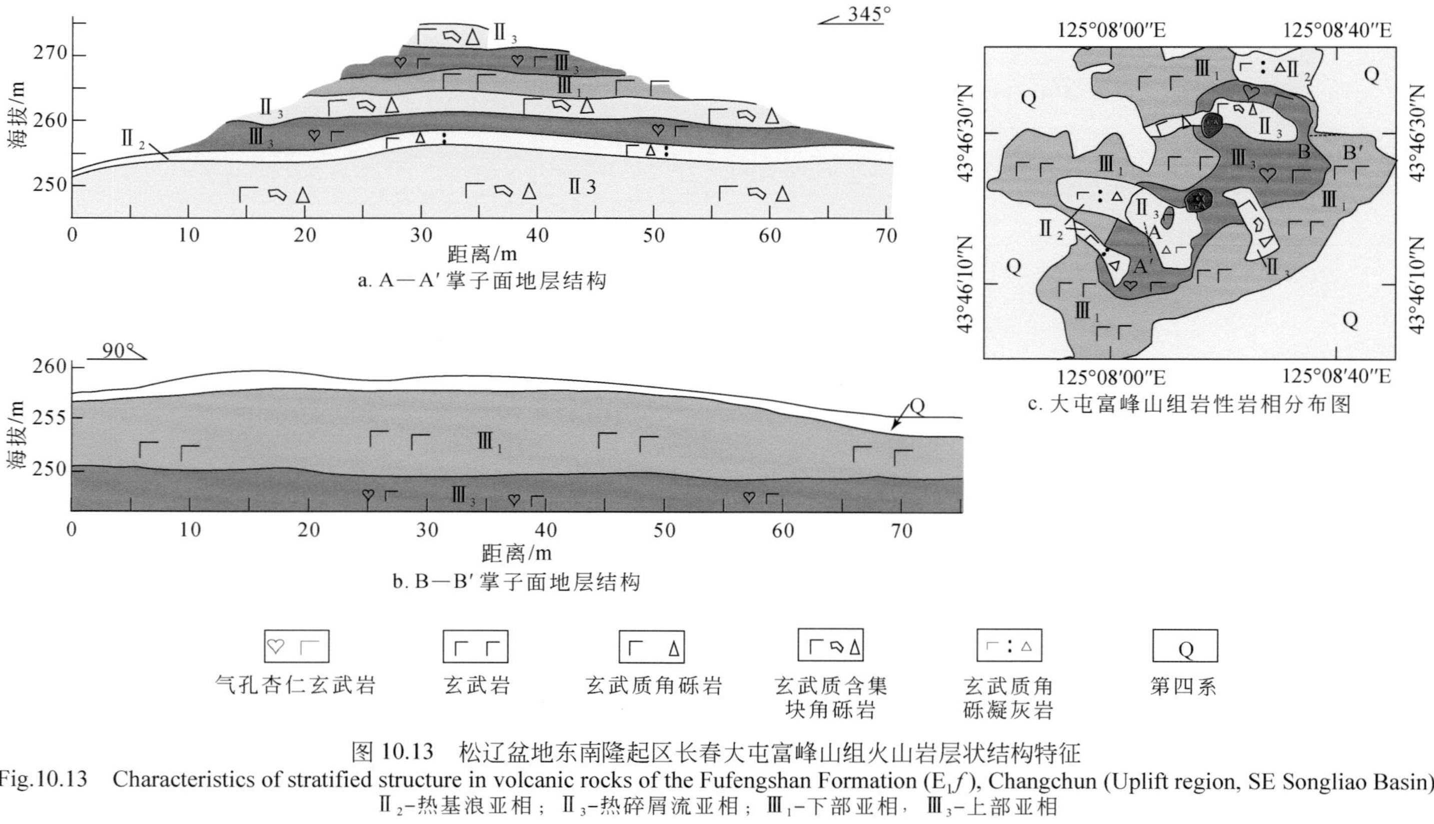

图 10.13　松辽盆地东南隆起区长春大屯富峰山组火山岩层状结构特征

Fig.10.13　Characteristics of stratified structure in volcanic rocks of the Fufengshan Formation (E_1f), Changchun (Uplift region, SE Songliao Basin)

Ⅱ$_2$-热基浪亚相；Ⅱ$_3$-热碎屑流亚相；Ⅲ$_1$-下部亚相，Ⅲ$_3$-上部亚相

10.2.3　地层结构对波阻抗反演的约束

火山岩与沉积岩地层结构主要差别是似层状结构、块状结构与层状结构的差别，松辽盆地火山岩中又以似层状结构最为发育。本节选取 YS2 井进行似层状结构与层状结构约束下的波阻抗反演，探讨两种结构模型约束下反演结果的差异特征。图 10.14a 是以 T_4 和 T_{4-1} 为顶底界，中间以解释的 $T_h^{\ 1}$、$T_h^{\ 2'}$（$T_h^{\ 2'}$ 是以 $T_h^{\ 2}$ 为基础，在与 $T_h^{\ 3}$ 交叉部分用 $T_h^{\ 3}$ 替换 $T_h^{\ 2}$）内部控制界面为基础进行层状地层结构模拟的结果；图 10.14b 是以 T_4 和 $T_4^{\ 1}$ 为顶底界，内部以解释的 $T_h^{\ 1}$、$T_h^{\ 2}$、$T_h^{\ 3}$、$T_h^{\ 4}$ 控制界面为基础进行似层状结构模拟的结果；模拟约束条件详见表 10.1。图 10.14c 和图 10.14d 是分别以图 10.14a 和图 10.14b 为基础进行稀疏脉冲波阻抗反演的结果。可明显看出，图 10.14c 的 A、B、C 处波阻抗与图 10.14d 的 A′、B′、C′处存在明显差异。相比较而言，利用层状地层模型反演的结果将 A、B 处的波阻抗缩小，可能会夸大该处的储层分布范围；而 C 处情况则正好与 A、B 处相反，可能会缩小该处的储层分布范围。这都是因为层状结构模型将原本是火山岩的 A、B 区域均当成沉积岩，沿袭了井上的低阻抗特征。C 处则是沿袭了井上沉积岩的高阻抗特征。可见地层结构对火山岩储层反演具有十分重要的约束作用。

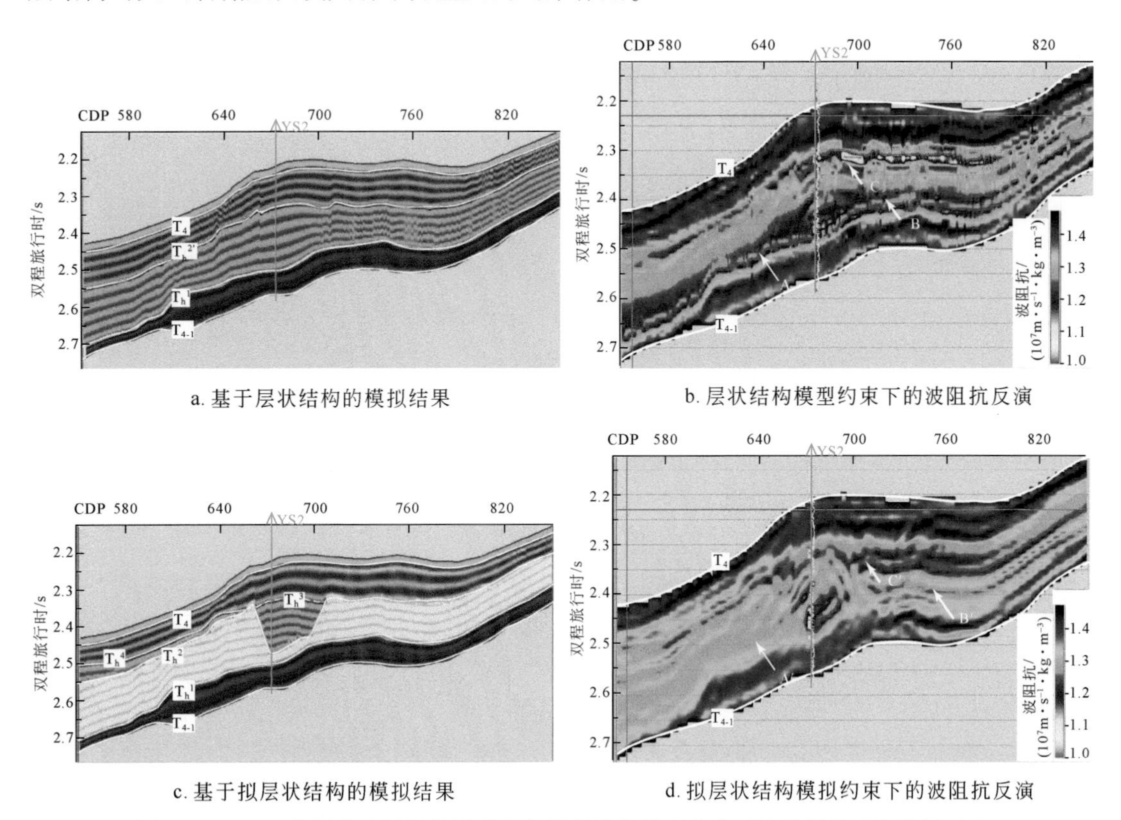

图 10.14　YS2 井层状地层结构模型和似层状结构模型约束下的波阻抗反演结果对比

Fig. 10.14　Impedance inversion constrained by stratified structure model and pseudostratified structure model of Well YS2, respectively.

表 10.1　YS2 井火山岩地层结构模拟约束条件

Table 10.1　Simulation conditions for volcanostratigraphic structures of Well YS2

层状模型的地层结构模拟约束条件				似层状模型的地层结构模拟约束条件				
地层界面序号	层界面	插值方式	趋势界面	地层界面序号	层界面	插值方式	主趋势界面	次趋势界面
3	T_4	平行于顶底面	无	5	T_4	平行于顶底面	T_h^{2}	T_h^{3}
				4	T_h^{4}	平行于底面	无	无
				3	T_h^{3}	平行于顶底面	无	无
2	$T_h^{2'}$	平行于顶底面	无	2	T_h^{2}	平行于底面	无	无
1	T_h^{1}	平行于顶底面	无	1	T_h^{1}	平行于顶面	无	无
0	T_{4-1}	平行于顶底面	无	0	T_{4-1}	平行于顶面	无	无

注：$T_h^{2'}$是以T_h^{2}为基础，在与T_h^{3}交叉部分用T_h^{3}替换T_h^{2}。

上述实验结果表明，当火山岩具有似层状结构和块状结构时，利用层状结构去代替进行反演，其结果会与实际效果存在巨大的差异。该差异主要表现为低波阻抗分布的纵向和横向位置偏差。目前储层反演时对地层结构的刻画，可满足整合和不整合沉积地层，对整合地层主要根据平行于顶面、平行于底面或将地层按等厚度比例划分的方式来实现地层结构的模拟。对于削截不整合地层，以平行于底界面的方式来模拟地层结构；对于超覆地层采用平行于顶面或水平面的方式来模拟地层结构（Haouesse，2009）。对于具有层状结构的火山岩，利用上述方法进行火山岩地层结构模拟是可行的。但遇到火山岩复杂地层结构时就不适应。图 10.15 的地层结构是根据 YS2 井解释的似层状结构模型，如图 10.15a 所示，不考虑火山机构叠加的影响，单纯利用平行于地层顶面、底面（水平层）或顶底面的拟合方式均不能有效逼近真实情况，模拟地层结构与实际地层结构不具可比性，如果以此为基础进行储层预测就会出现上述偏差。这种差别在火山岩勘探阶段矛盾还不是十分突出，在开发阶段会带来不可挽回的损失。因为在勘探阶段钻井的目标层精度要求低，预测储层在深度上虽有错误，只要钻遇到真正的目标层在录井和测井方面有响应就可以进行补救，从而发现油气层。而在开发阶段钻井只针对目的层，预测的目标层如果比实际埋深浅，就会导致开发井失利率高的后果。这也是目前松辽盆地火山岩气藏开发过程中遇到的难题，究其根本原因是对火山岩地层结构认识不清，导致储层空间分布规律不明确。这也提出了火山岩储层地震预测中需要在正确的地层结构约束下进行要求。解决的办法是首先刻画出火山机构，然后在机构内部根据结构特征分别选取平行于顶面或/和底面的方式进行插值得到地层结构模型（图 10.15b）。如对于下部未被改造的火山机构以平行于顶面来拟合，对于上部遭受不均匀改造的火山机构以平行于底面来拟合。但对于小规模的岩墙或次火山岩体（岩浆通道）的模拟，该方法还存在一定的局限性，还需要探索其他方法。

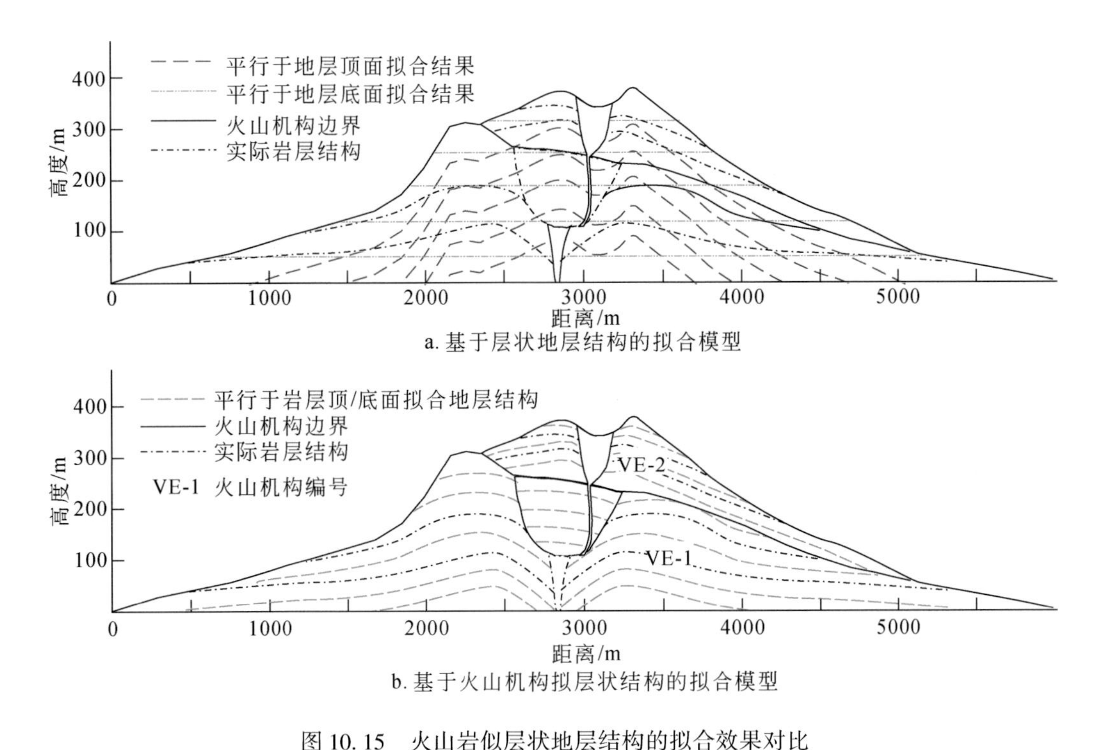

图 10.15　火山岩似层状地层结构的拟合效果对比

Fig. 10.15　Comparison of fitting effects of pseudostratified structure in volcanic rocks

10.3　小　　结

根据火山岩顶面的平均坡度峰值可将火山岩地震相划分为丘状、板状、丘状-板状 3 类。丘状地震相的堆积单元从多到少依次为熔岩穹丘、简单熔岩流、热基浪、再搬运火山碎屑、辫状熔岩流和热碎屑流，以熔岩穹丘为主。板状地震相单元的堆积单元从多到少依次为简单熔岩流、热基浪、辫状熔岩流、热碎屑流、再搬运火山碎屑流和熔岩穹丘，以简单熔岩流和热基浪单元为主。丘状-板状地震相的堆积单元从多到少依次为辫状熔岩流、热基浪、热碎屑流、简单熔岩流和再搬运火山碎屑流，各类堆积单元占比差别较小。丘状-板状地震相单元储层层数多、储层物性好、储层延伸规模大；板状地震相单元储层层数较多、储层物性好-中、储层延伸规模大；丘状地震相单元储层层数少、储层物性中-差、储层延伸规模较小。所以在火山地层最有利的勘探目标是丘状-板状地震相单元。

火山岩地层是由似层状、层状和块状结构组成的复合体，似层状结构的岩层地层倾角变化大，与地层顶底面常为规律性斜交。火山机构内从中心向远端过渡的任一方向上具有倾向相同、倾角逐渐变小的趋势，根据其顶面或底面的趋势进行内插可以得到其地层结构模型，这为似层状地层的结构模拟提供了依据。针对火山岩地层的特殊性，首先刻画出火山机构，然后在机构内部根据结构特征分别选取平行于火山机构顶面或/和底面的方式进行插值得到地层结构模型，才能使反演结果更接近真实情况。

参 考 文 献

白志达，孙善平，李家振，等，1999. 五大连池新期火山锥体结构及喷发过程．地质论评，45（S1）：369-377.

蔡东梅，孙立东，齐景顺，等，2010. 徐家围子断陷火山岩储层特征及演化规律．石油学报，31（3）：400-407.

操应长，姜在兴，邱隆伟，1999. 山东惠民凹陷商741块火成岩油藏储集空间类型及形成机理探讨．岩石学报（1）：130-137.

巢志明，王环玲，徐卫亚，等，2016. 柱状节理岩体渗透性模型试验研究．岩土工程学报，38（8）：1407-1416.

陈洪洲，吴雪娟，2003. 五大连池火山1720—1721年喷发观测记录．地震地质，25（3）：491-500.

陈欢庆，2012. 火山岩储层层内非均质性定量评价——以松辽盆地徐东地区营城组一段为例．中国矿业大学学报，41（4）：641-649，685.

陈欢庆，胡永乐，赵应成，等，2012. 火山岩储层地质研究进展．断块油气田，19（1）：75-79.

陈欢庆，胡永乐，闫林，等，2016. 徐东地区营城组一段火山岩储层综合定量评价．特种油气藏，23（1）：21-24.

陈庆，钱根宝，党艳，等，2008. 克92井区火山岩地层格架与岩相研究．西南石油大学学报（自然科学版），30（4）：48-50.

陈庆春，朱东亚，胡文瑄，等，2003. 试论火山岩储层的类型及其成因特征．地质论评，49（3）：286-291.

陈业全，李宝刚，2004. 塔里木盆地中部二叠系火山岩地层的划分与对比．石油大学学报（自然科学版），28（6）：6-10.

程日辉，李飞，沈艳杰，等，2011. 火山岩地层地震反射特征和地震-地质联合解释：以徐家围子断陷为例．地球物理学报，54（2）：611-619.

程日辉，任延广，沈艳杰，等，2012. 松辽盆地营城组火山岩冷却单元及地层结构分析．吉林大学学报（地球科学版），42（5）：1338-1347.

迟唤昭，单玄龙，刘财，2015. 松辽盆地徐家围子断陷营城组火山岩风化壳识别．中国矿物岩石地球化学学会第15届学术年会论文集：5.

崔鑫，李江海，姜洪福，等，2016. 海拉尔盆地苏德尔特构造带火山岩基底储层特征及成藏模式．天然气地球科学，27（8）：1466-1476.

地球科学大辞典编委会，2006. 地球科学大辞典．北京：地质出版社．

董雪梅，查明，蒋宜勤，等．2013. 新疆北部石炭系火山岩储层特征、演化及成因模式．西安石油大学学报：自然科学版，28（4）：8-16.

杜金虎，赵泽辉，焦贵浩，等，2012. 松辽盆地中生代火山岩优质储层控制因素及分布预测．中国石油勘探，17（4）：1-8.

顿铁军，1995. 中国稠油能源的开发与展望．西北地质，16（1）：32-35.

樊祺诚，刘若新，张国辉，等，1998. 长白山望天鹅火山双峰式火山岩的成因演化．岩石学报，14（3）：305-316.

范存辉，周坤，秦启荣，等，2014. 基底潜山型火山岩储层裂缝综合评价——以克拉玛依油田四2区火山岩为例. 天然气地球科学，25（12）：1925-1932.

范存辉，吴强，邓玉森，等，2017. 火山岩风化壳储层特征及分布规律——以准噶尔西北缘中拐凸起石炭系火山岩为例. 现代地质，31（5）：1046-1058.

方世明，李江风，伍世良，等，2011. 中国香港大型酸性火山岩六方柱状节理构造景观及其地质成因意义. 海洋科学，35（5）：89-94.

冯玉辉，于小健，黄玉龙，等，2015. 辽河盆地新生界火山喷发旋回和期次及其油气地质意义. 中国石油大学学报（自然科学版），39（5）：50-57.

付长亮，孙德有，魏红艳，等，2009. 伊通新生代玄武岩地球化学成分差异性研究. 吉林大学学报：地球科学版，39（3）：446-460.

傅树超，卢清地，2010. 陆相火山岩区填图方法研究新进展——"火山构造-岩性岩相-火山地层"填图方法. 地质通报，29（11）：1640-1648.

甘学启，秦启荣，姜懿洋，等，2013. HC断裂带石炭系火山岩储层非均质性特征. 油气藏评价与开发，3（4）：1-7.

高危言，李江海，毛翔，等，2010. 五大连池火山群喷气锥成因机制探讨. 岩石学报，26（1）：309-317.

葛文春，林强，孙德有，等，2000. 大兴安岭中生代两类流纹岩成因的地球化学研究. 地球科学：中国地质大学学报，25（2）：172-178.

龚一鸣，张克信，2016. 地层学基础与前沿（第二版）. 武汉：中国地质大学出版社，1-7.

韩登林，李忠，李双应，等，2007. 鲁西隆起北侧博兴洼陷古近系泥岩地球化学特征及其构造意义. 地质科学，42（4）：678-689.

何斌，徐义刚，肖龙，等，2006. 峨眉山地幔柱上升的沉积响应及其地质意义. 地质论评，（1）：30-37.

何登发，陈新发，况军，等，2010. 准噶尔盆地石炭系油气成藏组合特征及勘探前景. 石油学报，31（1）：1-11.

何松林，2016. 玄武岩储层特征及气源分析——以川西南上二叠统峨眉山玄武岩为例. 资源信息与工程，31（1）：1-5.

何贤英，刘勇，许学龙，等. 2017. 西泉地区石炭系火山岩储层主控因素及有利储层预测. 岩性油气藏，29（3）：42-51.

何琰，伍友佳，吴念胜，1999. 火山岩油气藏研究. 大庆石油地质与开发，18（4）：8-10，16.

侯贵廷，冯大晨，王文明，等，2004. 松辽盆地的反转构造作用及其对油气成藏的影响. 石油与天然气地质，25（1）：49-53.

侯贵廷，李江海，钱祥麟，2005. 岩墙群圆柱状节理的发现和成因机制探讨. 北京大学学报（自然科学版），41（2）：235-239.

侯连华，邹才能，匡立春，等，2009. 准噶尔盆地西北缘克-百断裂带石炭系油气成藏控制因素新认识. 石油学报，30（4）：513-517.

侯连华，王京红，邹才能，等，2011. 火山岩风化体储层控制因素研究——以三塘湖盆地石炭系卡拉岗组为例. 地质学报，2011，85（4）：557-568.

侯连华，邹才能，刘磊，等，2012. 新疆北部石炭系火山岩风化壳油气地质条件. 石油学报，33（4）：533-540.

侯连华，罗霞，王京红，等，2013. 火山岩风化壳及油气地质意义——以新疆北部石炭系火山岩风化壳为例. 石油勘探与开发，40（3）：257-265.

胡勇，朱华银，韩永新，等，2006. 大庆火山岩储层物性特征系统实验研究. 新疆石油天然气，2（1）：18-21.

户景松，唐华风，余雪英，等，2022. 断陷盆地火山地层构成要素特征及地质意义——以吉林省九台全取心井下白垩统营城组为例．地球科学：1-26.
黄思静，武文慧，刘洁，等，2003. 大气水在碎屑岩次生孔隙形成中的作用——以鄂尔多斯盆地三叠系延长组为例．地球科学，28（4）：419-424.
黄思静，黄可可，冯文立，等，2009. 成岩过程中长石、高岭石、伊利石之间的物质交换与次生孔隙的形成：来自鄂尔多斯盆地上古生界和川西凹陷三叠系须家河组的研究．地球化学，38（5）：498-506.
黄玉龙，王璞珺，舒萍，等，2010. 松辽盆地营城组中基性火山岩储层特征及成储机理．岩石学报，26（1）：82-92.
黄志龙，柳波，罗权生，等，2012. 三塘湖盆地马朗凹陷石炭系火山岩系油气成藏主控因素及模式．地质学报，86（8）：1210-1216.
黄玉龙，单俊峰，边伟华，等，2014. 辽河坳陷中基性火成岩相分类及储集意义．石油勘探与开发，41（6）：671-680.
黄玉龙，刘春生，张晶晶，等，2017. 松辽盆地白垩系火山岩气藏有效储层特征及成因．天然气地球科学，28（3）：420-428.
姜传金，陈树民，初丽兰，等，2010. 徐家围子断陷营城组火山岩分布特征及火山喷发机制的新认识．岩石学报，26（1）：63-72.
蒋宜勤，罗静兰，王乃军，等，2012. 歧口凹陷新生界火山岩储层特征及储层发育的控制因素．北京大学学报（自然科学版），48（6）：902-912.
金伯禄．1992. 吉林省延边中生代火山岩型金矿地质特征及成矿条件．吉林地质，(2)：20-28.
金伯录，张希友．1994. 吉林省长白山全新世火山喷发期及火山活动特征．吉林地质，(2)：1-12.
金成志，杨双玲，舒萍，等，2007. 升平开发区火山岩储层孔隙结构特征与产能关系综合研究．大庆石油地质与开发，26（2）：38-41，45.
金强，2001. 裂谷盆地火山活动与油气藏的形成．石油大学学报（自然科学版），24（1）：27-29，33-37.
莱伊尔，1959. 地质学原理．徐韦曼，译．北京：科学出版社．
李春光，1997. 东营、惠民凹陷与火山岩相关的油气藏．勘探家，2（1）：29-33.
李洪革，林心玉，2006. 长岭断陷深层构造特征及天然气勘探潜力分析．石油地球物理勘探，41：33-36.
李家珍，丁晓亚，章靖君，等，1988. 锰蔷薇辉石的合成及其在酸中的溶解性．北京钢铁学院学报，10（1）：113-118.
李军，邵龙义，时林春，等，2013. 辽河坳陷东部凹陷辉绿岩油气藏储集特征．地质科技情报，32（1）：119-124.
李兰斌，朱卡，李华明，等，2014. 三塘湖盆地石炭系火山岩储集空间类型及储层特征．地质科技情报，33（3）：71-77.
李珉，牛志军，赵小明，等，2011. 鄂西地区泥盆系-石炭系泥质岩沉积地球化学特征及沉积环境研究．华南地质与矿产，27（3）：238-249.
李齐，陈文寄，李大明，等，1999. 五大连池地区火山岩年代学研究．地质论评，45（S1）：393-399.
李启涛，2012. 惠民凹陷商河地区沙一段火山岩储层成因及分布．断块油气田，19（1）：80-83.
李全海，张环，2013. 象山县花岙岛柱状节理群特征及成因初探．资源环境与工程，27（5）：640-655.
李双建，王清晨，2006. 库车坳陷第三系泥岩地球化学特征及其对构造背景和物源属性的指示．岩石矿物学杂志，25（3）：219-229.
李亚辉，2000. 高邮凹陷北斜坡辉绿岩与油气成藏．地质力学学报，6（2）：17-22.
廖瑞君，衷存堤，肖晓林，2001. 江西陆相红色盆地区域地质填图工作中岩石地层序列界面的研究．中国地质，28（10）：16-21，26.

林向洋，苏玉平，郑建平，等，2011. 准噶尔盆地克拉美丽气田复杂火山岩储层特征及控制因素. 地质科技情报，30（6）：28-37.

刘成林，杜蕴华，高嘉玉，等，2008. 松辽盆地深层火山岩储层成岩作用与孔隙演化. 岩性油气藏，20（4）：33-37.

刘纯青，刘富呈，张甲，2009. 吉林省近代火山的特征及成因讨论. 吉林地质，28（1）：12-17.

刘国平，曾联波，雷茂盛，等，2016. 徐家围子断陷火山岩储层裂缝发育特征及主控因素. 中国地质，43（1）：329-337.

刘惠民，肖焕钦，韩荣花，2000. 临邑洼陷商741火成岩油藏岩相及储集层研究. 地质论评，46（4）：425-430.

刘嘉麒，1987. 中国东北地区新生代火山岩的年代学研究. 岩石学报，3（4）：21-31.

刘嘉麒，买买提，依明，1990. 西昆仑山第四纪火山的分布与K-Ar年龄. 中国科学（B辑 化学 生命科学 地学），20（2）：180-187.

刘嘉麒，孟凡超，崔岩，等，2010. 试论火山岩油气藏成藏机理. 岩石学报，26（1）：1-13.

刘俊田，刘媛萍，郭沫贞，等，2009. 三塘湖盆地牛东地区石炭系火山岩相储层特征及其成因机理. 岩性油气藏，21（2）：64-69.

刘林玉，陈刚，柳益群，等，1998. 碎屑岩储集层溶蚀型次生孔隙发育的影响因素分析. 沉积学报，16（2）：5.

刘万洙，王璞珺，门广田，等，2003. 松辽盆地北部深层火山岩储层特征. 石油与天然气地质，24（1）：28-31.

刘为付，朱筱敏，2005. 松辽盆地徐家围子断陷营城组火山岩储集空间演化. 石油实验地质，27（1）：44-49.

刘为付，刘双龙，孙立新，1999. 莺山断陷侏罗系火山岩储层特征. 大庆石油地质与开发，18（4）：11-13.

刘祥，向天元，王锡魁. 1989. 长白山地区新生代火山活动分期. 吉林地质，（1）：30-41.

卢清地，2014. 陆相火山地层研究方法——“火山构造-岩性岩相-火山地层”三位一体. 福建地质，33（4）：251-261.

卢双舫，孙慧，王伟明，等，2010. 松辽盆地南部深层火山岩气藏成藏主控因素. 大庆石油学院学报，34（5）：42-47，166-167.

路鹏飞，杨长春，郭爱华，等，2008. 改进的模拟退火算法及其在叠前储层参数反演中的应用. 地球物理学进展，23（1）：104-109.

罗静兰，邵红梅，张成立，2003. 火山岩油气藏研究方法与勘探技术综述. 石油学报，24（1）：31-38.

罗静兰，侯连华，蒋宜勤，等，2012. 陆东地区火成岩形成时代与构造背景及火山岩储层成因. 石油学报，33（3）：351-360.

罗静兰，邵红梅，杨艳芳，等，2013. 松辽盆地深层火山岩储层的埋藏-烃类充注-成岩时空演化过程. 地学前缘，20（5）：175-187.

罗权生，聂朝强，文川江，等，2009. 新疆三塘湖盆地牛东地区卡拉岗组火山旋回和期次的划分与对比. 现代地质，23（3）：515-522.

马尚伟，罗静兰，陈春勇，等，2017. 火山岩储层微观孔隙结构分类评价——以准噶尔盆地东部西泉地区石炭系火山岩为例. 石油实验地质，39（5）：647-654.

马尚伟，陈春勇，罗静兰，等，2019. 准噶尔盆地西泉地区石炭系火山岩有利储层主控因素研究. 高校地质学报，25（2）：197-205.

马晓峰，王琪，史基安，等，2012. 准噶尔盆地陆西地区石炭—二叠系火山岩岩性岩相特征及其对储层的控制．特种油气藏，19（1）：54-57.
孟凡超，路玉林，刘嘉麒，等，2013. 松辽盆地营城组两类酸性火山岩地球化学特征与成因．岩石学报，29（8）：2731-2745.
孟万斌，吕正祥，刘家铎，等，2011. 川西中侏罗统致密砂岩次生孔隙成因分析．岩石学报，27（8）：2371-2380.
孟元林，胡越，李新宁，等，2014. 致密火山岩物性影响因素分析与储层质量预测——以马朗-条湖凹陷条湖组为例．石油与天然气地质，35（2）：244-252.
牛嘉玉，张映红，袁选俊，等，2003. 中国东部中、新生代火成岩石油地质研究、油气勘探前景及面临问题．特种油气藏，10（1）：7-12，21-112.
庞军刚，杨友运，李文厚，等，2013. 陆相含油气盆地古地貌恢复研究进展．西安科技大学学报，33（4）：424-430.
庞彦明，章凤奇，邱红枫，等，2007. 酸性火山岩储层微观孔隙结构及物性参数特征．石油学报，28（6）：72-77.
彭彩珍，郭平，苏萍，等，2004. 流纹岩类火山岩储层物性特征研究．西南石油学院学报，26（3）：12-15.
蒲仁海，党晓红，许璟，等，2011. 塔里木盆地二叠系划分对比与火山岩分布．岩石学报，27（1）：166-180.
秦海鹏，2009. 五大连池老黑山西部熔岩流的张裂特征及其成因分析．北京：首都师范大学．
邱隆伟，姜在兴，席庆福，2000. 欧利坨子地区沙三下亚段火山岩成岩作用及孔隙演化．石油与天然气地质，21（2）：139-143，147.
任战利，萧德铭，迟元林，2001. 松辽盆地古地温恢复．大庆石油地质与开发，20（1）：13-14.
任作伟，金春爽，1999. 辽河坳陷洼609井区火山岩储集层的储集空间特征．石油勘探与开发，26（4）：54-56，5.
单玄龙，刘青帝，任利军，等，2007. 松辽盆地三台地区下白垩统营城组珍珠岩地质特征与成因．吉林大学学报（地球科学版），37（6）：1146-1151.
石油地质勘探专业标准化委员会，2011. 油气储层评价方法：SY/T 6285-2011. 北京：石油工业出版社．
时应敏，何登发，石胜群，2011. 松辽盆地长岭断陷东部营城组火山岩储层特征．石油实验地质，33（2）：171-176.
史艳丽，侯贵廷，2005. 辽河油田黄于热地区火山岩储层物性评价．北京大学学报：自然科学版，41（4）：577-585.
宋海远，王德斌，赵魁义．1985. 西藏高原泥炭地的形成与演化．地理科学，5（2）：173-178.
孙昂，黄玉龙，李军，等，2016. 辽河盆地东部凹陷渐新统辉绿岩：特征、识别与成藏规律．石油与天然气地质，37（3）：372-380.
孙善平，刘永顺，钟蓉，等，2001. 火山碎屑岩分类评述及火山沉积学研究展望．岩石矿物学杂志，20（3）：313-317.
孙中春，蒋宜勤，查明，等，2013. 准噶尔盆地石炭系火山岩储层岩性岩相模式．中国矿业大学学报，42（5）：782-789.
汤良杰，黄太柱，邱海峻，等，2012. 塔里木盆地塔河地区海西晚期火山岩构造特征与油气成藏．地质学报，86（8）：1188-1197.
汤小燕，2011. 克拉玛依九区火山岩储层主控因素与物性下限．西南石油大学学报（自然科学版），33（6）：7-12.
唐华风，王璞珺，姜传金，等，2007. 松辽盆地白垩系营城组隐伏火山机构物理模型和地震识别．地球物理学进展，22（2）：530-536.
唐华风，庞彦明，边伟华，等，2008. 松辽盆地白垩系营城组火山机构储层定量分析．石油学报，29（6）：841-845.
唐华风，徐正顺，吴艳辉，等，2010. 松辽盆地营城组火山岩储层流动单元特征和控制因素．岩石学报，26（1）：55-62.
唐华风，李瑞磊，吴艳辉，等，2011. 火山地层结构特征及其对波阻抗反演的约束．地球物理学报，54（2）：620-627.
唐华风，赵密福，单玄龙，等，2012a. 松辽盆地营城组火山地层单元和地震地层特征．石油地球物理勘探，47（2）：323-330，186.
唐华风，白冰，边伟华，等，2012b. 松辽盆地营城组火山机构地层结构定量模型．石油学报，33（4）：541-550.
唐华风，孙海波，高有峰，等，2013. 火山地层界面的类型、特征和储层意义．吉林大学学报（地球科学版），43（5）：1320-1329.
唐华风，张元高，刘仲兰，等，2015. 松辽盆地庆深气田营城组火山地层格架特征及储层地质意义．石油地球物理勘探，50（4）：730-741.
唐华风，杨迪，邵明礼，等，2016. 火山地层就位环境对储集层分布的约束——以松辽盆地王府断陷侏罗系火石岭组二段流纹质火山地层为例．石油勘探与开发，43（4）：573-579.
唐华风，赵鹏九，高有峰，等，2017. 盆地火山地层时空属性和岩石地层单位．吉林大学学报（地球科学版），47（4）：949-973.
唐华风，胡佳，李建华，等，2018. 松辽盆地断陷期火山岩典型地震相的地质解译．石油地球物理勘探，53（5）：1075-1084，885.
唐华风，王璞珺，边伟华，等，2020a. 火山岩储层地质研究回顾．石油学报，41（12）：1744-1773.
唐华风，戴岩林，郭天婵，等，2020b. 侵出式火山机构储层的分布模式——以伊通火山群为例．石油学报，41（7）：809-820.
田丰，汤德平，1989. 吉林省长白山地区新生代火山岩的特点及其成因．岩石学报，5（2）：49-64.
王成，马明侠，张民志，等，2006. 松辽盆地北部深层天然气储层特征．天然气工业，26（6）：25-28.
王宏语，樊太亮，肖莹莹，等，2010. 凝灰质成分对砂岩储集性能的影响．石油学报，31（3）：432-439.
王洪江，吴聿元，2011. 松辽盆地长岭断陷火山岩天然气藏分布规律与控制因素．石油与天然气地质，32（3）：360-367.
王慧芬，1988. 中国东部新生代火山岩 K-Ar 年代学及其演化．地球化学，17（1）：1-12.
王建伟，鲍志东，陈孟晋，等，2005. 砂岩中的凝灰质填隙物分异特征及其对油气储集空间影响——以鄂尔多斯盆地西北部二叠系为例．地质科学，（3）：429-438.
王金友，张世奇，赵俊青，等，2003. 渤海湾盆地惠民凹陷临商地区火山岩储层特征．石油实验地质，25（3）：264-268.
王京红，邹才能，靳久强，等，2011a. 火成岩储集层裂缝特征及成缝控制因素．石油勘探与开发，38（6）：708-715.
王京红，靳久强，朱如凯，等，2011b. 新疆北部石炭系火山岩风化壳有效储层特征及分布规律．石油学报，32（5）：757-766.
王连根，1984. 青海鄂拉山地区古火山群陆相喷发特征及地层划分．西北地质（3）：1-9.
王鹏，罗明高，杜洋，等，2010. 北三台地区石炭系火山岩储层控制因素研究．特种油气藏，17（3）：41-44，122.
王璞珺，杜小弟，王俊，等，1995. 松辽盆地白垩纪年代地层研究及地层时代划分．地质学报，69（4）：

372-381.
王璞珺，迟元林，刘万洙，等，2003. 松辽盆地火山岩相：类型、特征和储层意义．吉林大学学报（地球科学版），32（4）：449-456.
王璞珺，吴河勇，庞颜明，等，2006. 松辽盆地火山岩相：相序、相模式与储层物性的定量关系．吉林大学学报（地球科学版），36（5）：805-812.
王璞珺，侯启军，刘万洙，等，2007a. 松辽盆地深层火山岩储层岩相特征和天然气的来源．世界地质，26（3）：319-325.
王璞珺，郑常青，舒萍，等，2007b. 松辽盆地深层火山岩岩性分类方案．大庆石油地质与开发，26（4）：17-22.
王璞珺，张功成，蒙启安，等，2011. 地震火山地层学及其在我国火山岩盆地中的应用．地球物理学报，54（2）：597-610.
王璞珺，陈崇阳，张英，等，2015. 松辽盆地长岭断陷火山岩储层特征及有效储层分布规律．天然气工业，35（8）：10-18.
王仁冲，徐怀民，邵雨，等，2008. 准噶尔盆地陆东地区石炭系火山岩储层特征．石油学报，29（3）：350-355.
王小军，赵飞，张琴，等，2017. 准噶尔盆地金龙油田佳木河组火山岩储层孔隙类型及特征．石油与天然气地质，38（1）：144-151.
王允鹏，1996. 五大连池火山活动规律及特征．黑龙江地质，7（4）：64-70.
王振中，1994. 吉林省伊通火山群．吉林地质，13（2）：29-41.
文龙，李亚，易海永，等，2019. 四川盆地二叠系火山岩岩相与储层特征．天然气工业，39（2）：17-27.
吴昌志，顾连兴，任作伟，等，2005. 中国东部中、新生代含油气盆地火成岩油气藏成藏机制．地质学报，79（4）：522-530.
吴磊，徐怀民，季汉成，等，2005. 松辽盆地杏山地区深部火山岩有利储层的控制因素及分布预测．现代地质，25（4）：585-595.
吴媚，符力耘，李维新，2008. 高分辨率非线性储层物性参数反演方法和应用．地球物理学报，51（2）：546-557.
吴颜雄，王璞珺，吴艳辉，等，2011a. 火山岩储层储集空间的构成——以松辽盆地为例．天然气工业，31（4）：28-33，124-125.
吴颜雄，王璞珺，宋立忠，等，2011b. 松辽盆地营城组火山机构相带地震-地质解译．地球物理学报，54（2）：545-555.
武殿英，1989. 吉林伊通新生代玄武岩的岩浆起源．岩石学报，5（2）：65-75.
夏景生，赵忠新，王政军，等，2017. 南堡5号构造带沙河街组火山岩储层特征及气藏勘探潜力分析．东北石油大学学报，41（2）：74-84，9.
肖莹莹，樊太亮，王宏语，2011. 贝尔凹陷苏德尔特构造带南屯组火山碎屑沉积岩储层特征及成岩作用研究．沉积与特提斯地质，31（2）：91-98.
谢国梁，沈玉林，赵志刚，等，2013. 西湖凹陷平北地区泥岩地球化学特征及其地质意义．地球化学，42（6）：599-610.
谢继容，李亚，杨跃明，等，2021. 川西地区二叠系火山碎屑岩规模储层发育主控因素与天然气勘探潜力. 天然气工业，41（3）：48-57.
谢家莹，1994. 冷却单元，流动单元与堆积单元．火山地质与矿产，15（1）：74-75.
谢家莹，陈鹤年，郑惠文，等，1994. 福建浦城—三都澳火山喷发带早白垩世火山地层划分对比．福建地质，13（1）：26-36.

修立君，邵明礼，唐华风，等，2016. 松辽盆地白垩系营城组火山岩孔缝单元类型和特征. 吉林大学学报（地球科学版），46（1）：11-22.
徐松年. 1980. 玄武岩双层柱状节理的形态特征及其形成机理的探讨. 地质评论，26（6）：510-515.
闫伟林，覃豪，李洪娟，2011. 基于导电孔隙的中基性火山岩储层含气饱和度解释模型. 吉林大学学报（地球科学版），41（3）：915-920.
杨辉，文百红，张研，等，2009. 准噶尔盆地火山岩油气藏分布规律及区带目标优选——以陆东—五彩湾地区为例. 石油勘探与开发，36（4）：419-427.
叶龙，2014. 王府断陷火山岭组天然气分布规律研究. 大庆：东北石油大学.
衣健，王璞珺，唐华风，等，2015. 火山地层界面的地质属性、地质内涵和储层意义——以中国东北地区中生代—新生代火山岩为例. 石油学报，36（3）：324-336.
于红娇，关平，潘文庆，等，2009. 塔北隆起西部火山岩储集层空间格架的地球物理响应. 石油勘探与开发，36（5）：562-568.
于洪洲，2019. 准西北缘哈山地区石炭系火山岩储层特征及影响因素. 地质力学学报，25（2）：206-214.
袁晓光，李维锋，董宏，等，2015. 克百地区二叠系火山岩储层特征及其控制因素分析. 断块油气田，22（4）：445-449.
袁祖贵，2005. 用地层元素测井（ECS）资料研究沉积环境. 核电子学与探测技术，25（4）：347-352.
袁祖贵，楚泽涵，2003. 一种新的测井方法（ECS）在王庄稠油油藏中的应用. 核电子学与探测技术，23（5）：417-423.
袁祖贵，成晓宁，孙娟，2004. 地层元素测井（ECS）——一种全面评价储层的测井新技术. 原子能科学技术，38（S1）：208-213.
张斌，2013. 松辽盆地南部张强凹陷义县组火山岩储层特征及成藏规律. 石油与天然气地质，34（4）：508-515.
张功成，朱德丰，周章保，1996. 松辽盆地伸展和反转构造样式. 石油勘探与开发，23（2）：16-20.
张洪，罗群，于兴河，2002. 欧北—大湾地区火山岩储层成因机制的研究. 地球科学，27（6）：763-766.
张辉煌，徐义刚，葛文春，等，2006. 吉林伊通-大屯地区晚中生代-新生代玄武岩的地球化学特征及其意义. 岩石学报，22（6）：1579-1596.
张炬，2013. 王府断陷深层天然气成藏条件研究. 大庆：东北石油大学.
张藜，徐长贵，王国强，等，2018. 渤中8-A构造火山岩岩相识别及有利储层预测. 石油钻采工艺，40（S1）：24-27.
张丽媛，纪友亮，刘立，等，2012. 火山碎屑岩储层异常高孔隙成因——以南贝尔凹陷东次凹北洼槽为例. 石油学报，33（5）：814-821.
张琴，钟大康，朱筱敏，等，2003. 东营凹陷下第三系碎屑岩储层孔隙演化与次生孔隙成因. 石油与天然气地质，24（3）：281-285.
张守信，2006. 理论地层学与应用地层学：现代地层学概念. 北京：高等教育出版社.
张雄华，黄兴，陈继平，等，2012. 东天山觉罗塔格地区石炭纪火山-沉积岩地层序列及地质时代. 地球科学（中国地质大学学报），37（6）：1305-1314.
张元高，陈树民，张尔华，等，2010. 徐家围子断陷构造地质特征研究新进展. 岩石学报，26（1）：142-148.
张兆辉，杜社宽，陈华勇，等，2018. 基于电成像测井的火山岩裂缝分布定量表征——以准噶尔盆地滴西地区石炭系为例. 石油学报，39（10）：1130-1140.
张震，徐国盛，袁海锋，等，2013. 准噶尔盆地哈山地区石炭系火山岩储层特征及控制因素. 东北石油大学学报，37（4）：39-46，120-121.

赵澄林，1996. 火山岩储层储集空间形成机理及含油气性. 地质论评，42（S1）：37-43.
赵国泉，李凯明，赵海玲，等，2005. 鄂尔多斯盆地上古生界天然气储集层长石的溶蚀与次生孔隙的形成. 石油勘探与开发，32（1）：53-55.
赵海玲，黄微，王成，等，2009. 火山岩中脱玻化孔及其对储层的贡献. 石油与天然气地质，30（1）：47-52，58.
赵宁，石强，2012. 裂缝孔隙型火山岩储层特征及物性主控因素——以准噶尔盆地陆东—五彩湾地区石炭系火山岩为例. 天然气工业，32（10）：14-23，108-109.
赵然磊，王璞珺，赵慧，等，2016. 火山地层界面的储层意义——以松辽盆地南部火石岭组为例. 石油学报，37（4）：454-463.
赵文智，汪泽成，王红军，等，2008. 中国中、低丰度大油气田基本特征及形成条件. 石油勘探与开发，35（6）：641-650.
赵文智，邹才能，李建忠，等，2009. 中国陆上东、西部地区火山岩成藏比较研究与意义. 石油勘探与开发，36（1）：1-11.
赵玉琛，1990. 宁芜地区中生代火山岩地层划分及其特征. 地质科学，25（3）：243-258.
郑浚茂，应凤祥，1997. 煤系地层（酸性水介质）的砂岩储层特征及成岩模式. 石油学报，18（4）：19-24.
郑克丽，2012. 福建晚中生代火山地层研究新进展. 福建地质，31（4）：325-335.
钟大康，朱筱敏，周新源，等，2006. 次生孔隙形成期次与溶蚀机理——以塔中地区志留系沥青砂岩为例. 天然气工业，26（9）：21-25.
钟辉，韩彦东，付俊彧，等，2008. 大兴安岭北段早白垩世光华期火山地层格架控制因素及意义——以根河市库西火山构造洼地为例. 地质与资源，17（1）：1-8.
周路，靳利超，雷德文，等，2008. 北三台凸起石炭系火山岩地震响应及分布规律. 西南石油大学学报（自然科学版），30（6）：5-10，201.
朱华银，胡勇，韩永新，等，2007. 大庆深层火山岩储层应力敏感性研究. 天然气地球科学，18（2）：197-234.
朱如凯，毛治国，郭宏莉，等，2010. 火山岩油气储层地质学——思考与建议. 岩性油气藏，22（2）：7-13.
朱筱敏，米立军，钟大康，等，2006. 济阳坳陷古近系成岩作用及其对储层质量的影响. 古地理学报，8（3）：295-305.
朱筱敏，王英国，钟大康，等，2007. 济阳坳陷古近系储层孔隙类型与次生孔隙成因. 地质学报，81（2）：197-205.
邹才能，赵文智，贾承造，等，2008. 中国沉积盆地火山岩油气藏形成与分布. 石油勘探与开发，35（3）：257-271.
邹才能，侯连华，陶士振，等，2011. 新疆北部石炭系大型火山岩风化体结构与地层油气成藏机制. 中国科学：地球科学，41（11）：1613-1626.
邹瑜，陈振林，苗洪波，等，2011. 伊通盆地基底火成岩的LA-ICP-MS锆石U-Pb定年及其地质意义. 岩性油气藏，23（6）：73-78.
Ablay G J，Kearey P，2000. Gravity constraints on the structure and volcanic evolution of Tenerife，Canary Islands. Journal of Geophysical Research：Solid Earth，105（B3）：5783-5796.
Ablay G J，Marti J，2000. Stratigraphy，structure，and volcanic evolution of the Pico Teide Pico Viejo formation，Tenerife，Canary Islands. Journal of Volcanology and Geothermal Research，103（1-4）：175-208.
Aiello G，Giordano L，Giordano F，2016. High-resolution seismic stratigraphy of the Gulf of Pozzuoli（Naples

Bay) and relationships with submarine volcanic setting of the Phlegrean Fields volcanic complex. Rendiconti Lincei-Scienze Fisiche E Naturali, 27 (4): 775-801.

Andrews G D M, Branney M J, Bonnichsen B, et al., 2008. Rhyolitic ignimbrites in the Rogerson Graben, southern Snake River Plain volcanic province: volcanic stratigraphy, eruption history and basin evolution. Bulletin of Volcanology, 70 (3): 269-291.

Avellan D R, Macias J L, Pardo N, et al., 2012. Stratigraphy, geomorphology, geochemistry and hazard implications of the Nejapa Volcanic Field, western Managua, Nicaragua. Journal of Volcanology & Geothermal Research, 213-214 (1): 51-71.

Batiza R, White J D L, 2000. Submarine lava and hyaloclastite//Sigurdsson H. Encyclopedia of volcanoes. New York: Academic Press: 627-642.

Battaglia S, 2004. Variations in the chemical composition of illite from five geothermal fields: a possible geothermometer. Clay Minerals, 39 (4): 501-510.

Beard C N, 1959. Quantitative study of columnar jointing. Geological Society of America Bulletin, 70 (3): 379-382.

Berger A, Gier S, Krois P, 2009. Porosity- preserving chlorite cements in shallow- marine volcaniclastic sandstones: evidence from Cretaceous sandstones of the Sawan gas field, Pakistan. AAPG Bulletin, 93 (5): 595-615.

Bergman S C, Talbot J P, Thompson P R, 1992. The kora miocene submarine andesite stratovolcano hydrocarbon reservoir, Northern Taranaki Basin. 1991 New Zealand Oil Exploration Conference: 178-206.

Bischoff A, 2019. Architectural elements of buried volcanic systems and their impact on geoenergy resources. Britain: University of Canter bury.

Bischoff A, Nicol A, Beggs M, 2017. Stratigraphy of architectural elements in a buried volcanic system and implications for hydrocarbon exploration. Interpretation-a Journal of Subsurface Characterization, 5 (3): SK141-SK159.

Blum A E, Stillings L L, 1995. Feldspar dissolution kinetics, 7. Chemical Weathering Rates of Silicate Minerals: 291-352.

Calder E S, Lavallée Y, Kendrick J E, et al., 2015. Lava dome eruptions//Sigurdsson H. Encyclopedia of volcanoes. New York: Academic Press: 343-362.

Cant J L, Siratovich P A, Cole J W, et al., 2018. Matrix permeability of reservoir rocks, ngatamariki geothermal field, Taupo Volcanic Zone, New Zealand. Geothermal Energy, 6 (1): 2.

Carey S, 2000. Volcaniclastic sedimentation around island arcs//Sigurdsson H. Encyclopedia of volcanoes. New York: Academic Press: 627-642.

Cas R, Wright J V, 1987. Volcanic successions, modern and ancient : a geological approach to processes, products, and successions. London: Chapman & Hall: 96.

Cathelineau M, Izquierdo G, 1988. Temperature — composition relationships of authigenic micaceous minerals in the Los Azufres geothermal system. Contributions to Mineralogy and Petrology, 100 (4): 418-428.

Chang X C, Wang Y, Shi B B, et al., 2019. Charging of Carboniferous volcanic reservoirs in the eastern Chepaizi uplift, Junggar Basin (northwestern China) constrained by oil geochemistry and fluid inclusion. AAPG Bulletin, 103 (7): 1625-1652.

Chen Z, Liu W, Zhang Y, et al., 2016. Characterization of the paleocrusts of weathered Carboniferous volcanics from the Junggar Basin, western China: significance as gas reservoirs. Marine and Petroleum Geology, 77: 216-234.

Chu L F, 2000. Efficient technique for inversion of reservoir properties using iteration method. SPE Journal, 5 (1): 71-81.

Clavijo E G, Silva I D D, Catalan J R M, et al., 2021. A tectonic carpet of Variscan flysch at the base of a rootless accretionary prism in northwestern Iberia: U-Pb zircon age constrains from sediments and volcanic olistoliths. Solid Earth, 12 (4): 835-867.

Dai X, Tang H, Zhang T, et al., 2019. Facies architecture model of the shimentan formation pyroclastic rocks in the Block-T Units, Xihu Sag, East China Sea Basin, and its exploration significance. Acta Geologica Sinica-English Edition, 93 (4): 1076-1087.

David F, Walker L, 1990. Ion microprobe study of intragrain micropermeability in alkali feldspars. Contributions to Mineralogy and Petrology, 106 (1): 124-128.

Davies A G, Matson D L, Veeder G J, et al., 2005. Post-solidification cooling and the age of Io's lava flows. Icarus, 176 (1): 123-137.

Dellino P, De Astis G, La Volpe L, et al., 2011. Quantitative hazard assessment of phreatomagmatic eruptions at Vulcano (Aeolian Islands, Southern Italy) as obtained by combining stratigraphy, event statistics and physical modelling. Journal of Volcanology and Geothermal Research, 201 (1-4): 364-384.

Dimitriadis I, Karagianni E, Panagiotopoulos D, et al., 2009. Seismicity and active tectonics at Coloumbo Reef (Aegean Sea, Greece): monitoring an active volcano at Santorini Volcanic Center using a temporary seismic network. Tectonophysics, 465 (1-4): 0-149.

Downs D T, Rowland J V, Wilson C J N, et al., 2014. Evolution of the intra-arc Taupo-Reporoa Basin within the Taupo Volcanic Zone of New Zealand. Geosphere, 10 (1): 185-206.

Du J H, Zhao Z H, Jiao G H, et al., 2012. Controlling factors and distribution prediction of high-quality reservoir of Mesozoic volcanic rocks in Songliao Basin. China Petroleum Exploration, 17 (4): 1-8.

Dzierma Y, Wehrmann H, 2010. Eruption time series statistically examined: probabilities of future eruptions at Villarrica and Llaima Volcanoes, Southern Volcanic Zone, Chile. Journal of Volcanology and Geothermal Research, 193 (1-2): 82-92.

Einsele G, 2000. Special depositional environments and sediments. Heidelberg: Springer-Verlag.

Entwisle D C, Hobbs P R N, Jones L D, et al., 2005. The relationships between effective porosity, uniaxial compressive strength and sonic velocity of intact Borrowdale Volcanic Group core samples from Sellafield. Geotechnical And Geological Engineering, 23 (6): 793-809.

Fan C H, Dun Y H, Zhang W, et al., 2017. Comprehensive evaluation of fractures in volcanic reservoirs of Zhongguai Swell, Junggar Basin. Xinjiang Petroleum Geology, 38 (6): 1.

Fan C H, Qin Q R, Liang F, et al., 2018. Fractures in volcanic reservoir: a case study of Zhongguai uplift in Northwestern Margin of Junggar Basin, China. Earth Sciences Research Journal, 22 (3): 169-174.

Feng Q L, 2002. Stratigraphy of volcanic rocks in the Changning-Menglian Belt in southwestern Yunnan, China. Journal of Asian Earth Sciences, 20 (6): 657-664.

Feng Z Q, 2008. Volcanic rocks as prolific gas reservoir: a case study from the Qingshen gas field in the Songliao Basin, NE China. Marine and Petroleum Geology, 25 (4-5): 416-432.

Fisher R V, 1984. Submarine volcaniclastic rocks. Geological Society, London, Special Publications, 16 (1): 5-27.

Fisher R V, Schmincke H U, 1984. Pyroclastic Rocks. Heidelberg: Springer-Verlag.

Gaonac'h H, Lovejoy S, Schertzer D, 2005. Scaling vesicle distributions and volcanic eruptions. Bulletin of Volcanology, 67 (4): 350-357.

Giannetti B, Casa G D, 2000. Stratigraphy, chronology, and sedimentology of ignimbrites from the white trachytic tuff, Roccamonfina Volcano, Italy. Journal of Volcanology & Geothermal Research, 96 (3): 243-295.

Gogoi B, Chauhan H, Saikia A, 2021. Understanding mafic-felsic magma interactions in a subvolcanic magma chamber using rapakivi feldspar: a case study from the Bathani volcano-sedimentary sequence, Eastern India. Chemie der Erde Geochemistry, 81 (2): 125730.

Gu L X, Ren Z W, Wu C Z, et al., 2002a. Hydrocarbon reservoirs in a trachyte porphyry intrusion in the Eastern depression of the Liaohe basin, Northeast China. AAPG Bulletin, 86 (10): 1821-1832.

Gu X, Liu J, Zheng M, et al., 2002b. Provenance and tectonic setting of the Proterozoic turbidites in Hunan, South China: geochemical evidence. Journal of sedimentary Research, 72 (3): 393-407.

Guillou H, Carracedo J C, Torrado F P, et al., 1996. K-Ar ages and magnetic stratigraphy of a hotspot-induced, fast grown oceanic island: El Hierro, Canary Islands. Journal of Volcanology & Geothermal Research, 73 (1): 141-155.

Haouesse A, 2009. Model behavior. Oil & gas of Middle East, 3 (10): 54-57.

Heap M J, Reuschle T, Farquharson J I, et al., 2018. Permeability of volcanic rocks to gas and water. Journal of Volcanology & Geothermal Research, 354: 29-38.

Herzer R H, 1995. Seismic stratigraphy of a buried volcanic arc, Northland, New Zealand and implications for Neogene subduction. Marine and Petroleum Geology, 12 (5): 511-531.

Hetényi G, Taisne B, Garel F, et al., 2012. Scales of columnar jointing in igneous rocks: field measurements and controlling factors. Bulletin of Volcanology, 74 (2): 457-482.

Holt W E, Stern T A, 1994. Subduction, platform subsidence, and foreland thrust loading: the late Tertiary development of Taranaki Basin, New Zealand. Tectonics, 13 (5): 1068-1092.

Huang S C, Vollinger M J, Frey F A, et al., 2016. Compositional variation within thick (> 10 m) flow units of Mauna Kea Volcano cored by the Hawaii Scientific Drilling Project. Geochimica et Cosmochimica Acta, 185: 182-197.

Huang Y X, Hu W S, Yuan B T, et al., 2019. Evaluation of pore structures in volcanic reservoirs: a case study of the Lower Cretaceous Yingcheng Formation in the Southern Songliao Basin, NE China. Environmental Earth Sciences, 78 (4): 1-14.

Huertas M J, Arnaud N O, Ancochea E, et al., 2002. Ar-40/Ar-39 stratigraphy of pyroclastic units from the Canadas Volcanic Edifice (Tenerife, Canary Islands) and their bearing on the structural evolution. Journal of Volcanology & Geothermal Research, 115 (3-4): 351-365.

Infante-Paez L, Marfurt K J, 2017. Seismic expression and geomorphology of igneous bodies: a Taranaki Basin, New Zealand, case study. Interpretation, 5 (3): SK121-SK140.

Infante-Paez L, Marfurt K J, 2018. In-context interpretation: avoiding pitfalls in misidentification of igneous bodies in seismic data. Interpretation, 6 (4): SL29-SL42.

Jerram D A, 2002. Volcanology and facies architecture of flood basalts. Special Paper of the Geological Society of America, 362: 119-132.

Jerram D A, Single R T, Hobbs R W, et al., 2009. Understanding the offshore flood basalt sequence using onshore volcanic facies analogues: an example from the Faroe-Shetland Basin. Geological Magazine, 146 (3): 353-367.

Jmab C, Jma D, Cma D, et al., 2010. Volcano-stratigraphic and structural evolution of Brava Island (Cape Verde) based on $^{40}Ar/^{39}Ar$, U-Th and field constraints. Journal of Volcanology and Geothermal Research, 196

(3-4): 219-235.

Jurado-Chichay Z, Walker G P L, 2000. Stratigraphy and dispersal of the Mangaone Subgroup pyroclastic deposits, Okataina Volcanic Centre, New Zealand. Journal of Volcanology & Geothermal Research, 104 (1-4): 383.

Kamp P J J, 1984. Neocene and Quaternary extent and geometry of the subducted Pacific Plate beneath North Island, New Zealand: implications for Kaikoura tectonics. Tectonophysics, 108 (3): 241-266.

Karaoui A, Breitkreuz C, Karaoui B, et al., 2021. The Ediacaran volcano-sedimentary succession in the Western Skoura inlier (Central High Atlas, Morocco): facies analysis, geochemistry, geochronology and geodynamic implications. International Journal of Earth Sciences, 110 (3): 889-909.

Kawamoto T, 2001. Distribution and alteration of the volcanic reservoir in the Minami-Nagaoka gas field. Sekiyu Gijutsu Kyokaishi, 66 (1): 46-55.

Keating G N, Valentine G A, 1998. Proximal stratigraphy and syn-eruptive faulting in rhyolitic Grants Ridge Tuff, New Mexico, USA. Journal of Volcanology & Geothermal Research, 81 (1-2): 37-49.

Khalaf E E D A H, 2010. Stratigraphy, facies architecture, and palaeoenvironment of Neoproterozoic volcanics and volcaniclastic deposits in Fatira area, Central Eastern Desert, Egypt. Journal of African Earth Sciences, 58 (3): 405-426.

Khalaf E E D A H, Sano T, 2020. Petrogenesis of Neogene polymagmatic suites at a monogenetic low-volume volcanic province, Bahariya depression, Western Desert, Egypt. International Journal of Earth Sciences, 109 (3): 995-1027.

King P R, Thrasher G P, 1996. Cretaceous-Cenozoic geology and petroleum systems of the Taranaki Basin, New Zealand. Institute of Geological & Nuclear Sciences Monograph, 13: 1-191.

Kuritani T, Yoshida T, Nagahashi Y, 2010. Internal differentiation of Kutsugata lava flow from Rishiri Volcano, Japan: Processes and timescales of segregation structures' formation. Journal of Volcanology and Geothermal Research, 195 (1): 57-68.

Kutovaya A, Kroeger K F, Seebeck H, et al., 2019. Thermal effects of magmatism on surrounding sediments and petroleum systems in the Northern Offshore Taranaki Basin, New Zealand. Geosciences, 9 (7): 288.

Lamur A, Lavallee Y, Iddon F E, et al., 2018. Disclosing the temperature of columnar jointing in lavas. Nature Communications, 9: 1-7.

Laubach S E, Ward M E, 2006. Diagenesis in porosity evolution of opening-mode fractures, Middle Triassic to Lower Jurassic La Boca Formation, NE Mexico. Tectonophysics, 419 (1-4): 75-97.

Le Pennec J L, Temel A, Froger J L, et al., 2005. Stratigraphy and age of the Cappadocia ignimbrites, Turkey: reconciling field constraints with paleontologic, radiochronologic, geochemical and paleomagnetic data. Journal of Volcanology & Geothermal Research, 141 (1-2): 45-64.

Lindsay J M, de Silva S, Trumbull R, et al., 2001. La Pacana caldera, N. Chile: a re-evaluation of the stratigraphy and volcanology of one of the world's largest resurgent calderas. Journal of Volcanology and Geothermal Research, 106 (1-2): 145-173.

Liu Y S, Hu Z C, Gao S, et al., 2008. In situ analysis of major and trace elements of anhydrous minerals by LA-ICP-MS without applying an internal standard. Chemical Geology, 257 (1-2): 34-43.

Lockwood J P, Hazlett R W, 2010. Volcanoes: global perspectives. New Jersey: Wiley-Blackwell.

Lovejoy S, Gaonac'h H, Schertzer D, 2004. Bubble distributions and dynamics: the expansion-coalescence equation. Journal of Geophysical Research-Solid Earth, 109 (B11).

Lowe D J, 2011. Tephrochronology and its application: a review. Quaternary Geochronology, 6 (2): 107-153.

Lucchi F, Tranne C A, De Astis G, et al., 2008. Stratigraphy and significance of Brown Tuffs on the Aeolian Islands (southern Italy). Journal of Volcanology and Geothermal Research, 177 (1): 49-70.

Luetzner H, Tichomirowa M, Kaessner A, et al., 2021. Latest Carboniferous to early Permian volcano-stratigraphic evolution in Central Europe: U-Pb CA-ID-TIMS ages of volcanic rocks in the Thuringian Forest Basin (Germany). International Journal of Earth Sciences, 110 (1): 377-398.

Luo J L, Zhang C L, Qu Z H, 1999. Volcanic reservoir rocks: a case study of the Cretaceous Fenghuadian Suite, Huanghua Basin, eastern China. Journal of Petroleum Geology, 22 (4): 397-415.

Ma S, Luo J, He X, et al., 2019. The influence of fracture development on quality and distribution of volcanic reservoirs: a case study from the carboniferous volcanic reservoirs in the Xiquan area, eastern Junggar Basin. Arabian Journal of Geosciences, 12 (4): 1-15.

Madeira J, Mata J, Mourao C, et al., 2010. Volcano-stratigraphic and structural evolution of Brava Island (Cape Verde) based on Ar-40/Ar-39, U-Th and field constraints. Journal of Volcanology & Geothermal Research, 196 (3): 219-235.

Miyaji N, Kan'No A, Kanamaru A, et al., 2011. High-resolution reconstruction of the Hoei eruption (AD 1707) of Fuji volcano, Japan. Journal of Volcanology And Geothermal Research, 207 (3-4): 113-129.

Moreno-Alfonso C S, Sanchez J J, Murcia H, 2021. Evidences of an unknown debris avalanche event (<0.58 Ma), in the active Azufral Volcano (Narino, Colombia). Journal of South American Earth Sciences, 107: 103-138.

Murcia H, Németh K, Moufti M R, et al., 2014. Late Holocene lava flow morphotypes of northern Harrat Rahat, Kingdom of Saudi Arabia: implications for the description of continental lava fields. Journal of Asian Earth Sciences, 84: 131-145.

Neuendorf K, Mehl J, J Ac Kson J A, 2011. Glossary of Geology. Heidelberg: Springer-Verlag.

Nicol A, Campbell J K, 1990. Late Cenozoic thrust tectonics, Picton, New Zealand. New Zealand Journal of Geology & Geophysics, 33 (3): 485-494.

Noguera C, Fritz B, Clément A, 2011. Simulation of the nucleation and growth of clay minerals coupled with cation exchange. Geochimica et Cosmochimica Acta, 75 (12): 3402-3418.

Othman R, Ward C R, 2002. Thermal maturation pattern in the southern Bowen, Northern Gunnedah and Surat Basins, Northern New South Wales, Australia. International Journal of Coal Geology, 51 (3): 145-167.

Ouenes A, Brefort B, Meunier G, et al., 1993. A new algorithm for automatic history matching: application of simulated annealing method (SAM) to reservoir inverse modeling. Society of Petroleum Engineers of AIME: 1-29.

Philippi N, Rodrigo C, 2020. Re-interpretation of volcanic units from San Ambrosio Island and Gonzalez Islet, Southeast Pacific, Chile: using new textural and geochemical data. Journal of South American Earth Science, 98 (2): 102475.

Phillipson S E, Romberger S B, 2004. Volcanic stratigraphy, structural controls, and mineralization in the san cristobal Ag-Zn-Pb deposit, southern Bolivia. Journal of South American Earth Science, 16 (8): 667-683.

Planke S, Symonds P A, Alvestad E, et al., 2000. Seismic volcanostratigraphy of large-volume basaltic extrusive complexes on rifted margins. Journal of Geophysical Research-Solid Earth, 105 (B8): 19335-19351.

Pola A, Crosta G, Fusi N, et al., 2012. Influence of alteration on physical properties of volcanic rocks. Tectonophysics, 566-567 (2012): 67-86.

Quiroz-Valle F R, Basei M A S, Lino L M, 2019. Petrography and detrital zircon U-Pb geochronology of sedimentary rocks of the Campo Alegre Basin, Southern Brazil: implications for Gondwana assembly. Brazilian

Journal of Geology, 49 (1): e20180080.

Ranlei Z, Pujun W, Hui Z, et al., 2016. Reservoir significance of volcanostratigraphic boundary: a case study of Huoshiling Formation, Southern Songliao Basin. Acta Petrolei Sinica, 37 (4): 454.

Rey S S, Planke S, Symonds P A, et al., 2008. Seismic volcano stratigraphy of the Gascoyne Margin, Western Australia. Journal of Volcanology and Geothermal Research, 172 (1-2): 112-131.

Rita D D, Giordano G, Milli S, 1998. Forestepping-backstepping stacking pattern of volcaniclastic successions: Roccamonfina volcano, Italy. Journal of Volcanology & Geothermal Research, 78 (3-4): 267-288.

Rohrman M, 2007. Prospectivity of volcanic basins: trap delineation and acreage de-risking. AAPG Bulletin, 91 (6): 915-939.

Rosenstengel L M, Hartmann L A, 2012. Geochemical stratigraphy of lavas and fault-block structures in the Ametista do Sul geode mining district, Parana volcanic province, Southern Brazil. Ore Geology Reviews, 48: 332-348.

Rudnick R L, Shan G, Ling W L, et al., 2004. Petrology and geochemistry of spinel peridotite xenoliths from Hannuoba and Qixia, North China craton. Lithos, 77 (1-4): 609-637.

Salvador A, 1987. Late Triassic-Jurassic paleogeography and origin of Gulf of Mexico Basin. AAPG Bulletin, 71 (4): 419-451.

Schutter S R, 2003. Occurrences of hydrocarbons in and around igneous rocks. Geological Society, 214 (1): 35-68.

Scott C R, Mueller W U, Pilote P, 2002. Physical volcanology, stratigraphy, and lithogeochemistry of an Archean volcanic arc: evolution from plume-related volcanism to arc rifting of SE Abitibi Greenstone Belt, Val d'Or, Canada. Precambrian Research, 115 (1-4): 223-260.

Scott K M, 1988. Origins, behaviour and sedimentology of lahars and lahar-runout flows in the Toutle-Coulitz River system. Center for Integrated Data Analytics Wisconsin Science Center.

Seebeck H, Nicol A, Villamor P, et al., 2014. Structure and kinematics of the Taupo Rift, New Zealand. Tectonics, 33 (6): 1178-1199.

Sheth H C, Melluso L, 2008. The Mount Pavagadh volcanic suite, Deccan Traps: geochemical stratigraphy and magmatic evolution. Journal of Asian Earth Sciences, 32 (1): 5-21.

Shun C, Wu Z, Peng X, 2014. Experimental study on weathering of seafloor volcanic glass by bacteria (Pseudomonas fluorescens) —Implications for the contribution of bacteria to the water-rock reaction at the Mid-Oceanic Ridge setting. Journal of Asian Earth Sciences, 90: 15-25.

Siebert L, Simkin T S, Kimberly P, 2011. Volcanoes of the World. Berkeley: University of California Press.

Sieron K, Siebe C, 2008. Revised stratigraphy and eruption rates of Ceboruco stratovolcano and surrounding mono-genetic vents (Nayarit, Mexico) from historical documents and new radiocarbon dates. Journal of Volcanology & Geothermal Research, 176 (2): 241-264.

Sigurdsson H, Houghton B F, Mcnutt S R, et al., 2000. Encyclopedia of Volcanoes. Physics Today, 53 (10): 84-85.

Silva S L, 1989. Geochronology and stratigraphy of the ignimbrites from the 21°30′S to 23°30′S portion of the Central Andes of northern Chile. Journal of Volcanology and Geothermal Research, 37 (2): 93-131.

Simkin T, Siebert L, Sigurdsson H, 2000. Earth's volcanoes and eruptions: An overview//Sigurdsson H. Encyclopedia of volcanoes. New York: Academic Press: 249-262.

Single R T, Jerram D A, 2004. The 3D facies architecture of flood basalt provinces and their internal heterogeneity: examples from the Palaeogene Skye Lava Field. Journal of the Geological Society, 161 (6):

911-926.

Sohn Y K, Park J B, Khim B K, et al., 2003. Stratigraphy, petrochemistry and Quaternary depositional record of the Songaksan tuff ring, Jeju Island, Korea. Journal of Volcanology & Geothermal Research, 119 (1): 1-20.

Soloviev S G, Kryazhev S G, Shapovalenko V N, et al., 2021. The Kirganik alkalic porphyry Cu-Au prospect in Kamchatka, Eastern Russia: a shoshonite-related, silica-undersaturated system in a Late Cretaceous island arc setting. Ore Geology Reviews, 128: 103893.

Spieler O, Kennedy B, Kueppers U, et al., 2004. The fragmentation threshold of pyroclastic rocks. Earth and Planetary Science Letters, 226 (1-2): 139-148.

Sruoga P, Rubinstein N, 2007. Processes controlling porosity and permeability in volcanic reservoirs from the Austral and Neuquen basins, Argentina. AAPG Bulletin, 91 (1): 115-129.

Sruoga P, Rubinstein N, Hinterwimmer G, 2004. Porosity and permeability in volcanic rocks: a case study on the Serie Tobífera, South Patagonia, Argentina. Journal of Volcanology and Geothermal Research, 132 (1): 31-43.

Stix J, Lucia C V M, Williams S N, 1997. Galeras volcano, Colombia Interdisciplinary study of a Decade Volcano. Journal of Volcanology & Geothermal Research, 77 (1-4): 1-4.

Sturkell E, Ágústsson K, Linde A T, et al., 2013. New insights into volcanic activity from strain and other deformation data for the Hekla 2000 eruption. Journal of Volcanology and Geothermal Research, 256: 78-86.

Sun S S, McDonough W F, 1989. Chemical and isotopic systematics of oceanic basalts: implications for mantle composition and processes. Geological Society of London Special Publications, 42: 313-345.

Sutherland R, 1995. The Australia- Pacific Boundary and Cenozoic Plate Motions in the SW Pacific: some constraints from Geosat Data. Tectonics, 14 (4): 819-831.

Suzuki K, Kurihara T, 2021. U-Pb ages and sandstone provenance of the Permian volcano-sedimentary sequence of the Hida Gaien belt, Southwest Japan: implications for Permian sedimentation and tectonics in Northeast Asia. Journal of Asian Earth Sciences, 219: 104-888.

Tan M, Zhu X, Wei W, et al., 2021. Characteristics and implications of Albian volcanism in a magma-rich rift basin: Seismic volcano stratigraphic and geomorphological evidence from the Upper Suhongtu Member in the Chagan Sag, China-Mongolia border region. Marine & Petroleum Geology, 131: 105164.

Tang H F, Pang Y M, Bian W H, et al., 2008. Quantitative analysis on reservoirs in volcanic edifice of Early Cretaceous Yingcheng Formation in Songliao Basin. Acta Petrolei Sinica, 29 (6): 841-845.

Tang H F, Li R L, Wu Y H, et al., 2011. Textural characteristics of volcanic strata and its constraint to impedance inversion. Chinese Journal of Geophysics, 54 (2): 620-627.

Tang H F, Sun H B, Gao Y F, et al., 2013. Types and characteristics of volcanostratigraphic boundary and its signification of reservoirs. Journal of Jilin University (Earth Science Edition), 43 (5): 1320-1329.

Tang H F, Cryton P, Gao Y F, et al., 2015. Types and Characteristics of Volcanostratigraphic Boundaries and Their Oil-Gas Reservoir Significance. Acta Geologica Sinica-English Edition, 89 (1): 163-174.

Tang H F, Kong T, Wu C Z, et al., 2017a. Filling pattern of volcanostratigraphy of cenozoic volcanic rocks in the Changbaishan Area and Possible Future Eruptions. Acta Geologica Sinica- English Edition, 91 (5): 1717-1732.

Tang H F, Zhao X Y, Shao M L, et al., 2017b. Reservoir origin and characterization of gas pools in intrusive rocks of the Yingcheng Formation, Songliao Basin, NE China. Marine and Petroleum Geology, 84: 148-159.

Tang H F, Zhao X Y, Liu X, et al., 2020. Filling characteristics, reservoir features and exploration significance of a volcanostratigraphic sequence in a half- graben basin—A case analysis of the Wangfu Rift Depression in

Songliao Basin, NE China. Marine and Petroleum Geology, 113 (C): 1-17.

Tominaga A, Kato T, Kubo T, et al., 2009. Preliminary analysis on the mobility of trace incompatible elements during the basalt and peridotite reaction under uppermost mantle conditions. Physics of the Earth and Planetary Interiors, 174 (1-4): 50-59.

Tomkeieff S I, 1940. The basalt lavas of the Giant's Causeway district of Northern Ireland. Bulletin of Volcanology, 6 (1): 89-143.

Ui T, Takarada S, Yoshimoto M, 2000. Debris avalanches//Sigurdsson H. Encyclopedia of volcanoes. New York: Academic Press: 617-626.

Uliana M A, Biddle K T, Cerdan J, 1989. Mesozoic extension and the formation of Argentine sedimentary basins. Extensional Tectonics and Stratigraphy of the North Atlantic Margins: 599-614.

Vallance J W, 2000. Lahars//Sigurdsson H. Encyclopedia of volcanoes. New York: Academic Press: 601-616.

van Leeuwen T M, 2005. Stratigraphy and tectonic setting of the Cretaceous and Paleogene volcanic-sedimentary successions in northwest Sulawesi, Indonesia: implications for the Cenozoic evolution of Western and Northern Sulawesi. Journal of Asian Earth Sciences, 25 (3): 481-511.

Vazquez R, Capra L, Caballero L, et al., 2014. The anatomy of a lahar: deciphering the 15th September 2012 lahar at Volcan de Colima, Mexico. Journal of Volcanology & Geothermal Research, 272: 126-136.

Volk H, Horsfield B, Mann U, et al., 2002. Variability of petroleum inclusions in vein, fossil and vug cements—a geochemical study in the Barrandian Basin (Lower Palaeozoic, Czech Republic). Organic Geochemistry, 33 (12): 1319-1341.

Waichel B L, de Lima E F, Viana A R, et al., 2012. Stratigraphy and volcanic facies architecture of the Torres Syncline, Southern Brazil, and its role in understanding the Parana – Etendeka Continental Flood Basalt Province. Journal of Volcanology & Geothermal Research, 215: 74-82.

Walker G P L, 1971. Grainsize characteristics of pyroclastic deposits. Geology, 79 (6): 696-714.

Wang C Z, Xing G F, Yu M G, 2015. Timing and tectonic setting of the NE Jiangxi ophiolite: Constraints from zircon U-Pb age, Hf isotope and geochemistry of the Zhangshudun gabbro. Acta Petrologica et Mineralgica, 34 (3): 309-321.

Wang J H, Zou C N, Jin J Q, et al., 2011. Characteristics and controlling factors of fractures in igneous rock reservoirs. Petroleum Exploration and Development, 38 (6): 708-715.

Wang P J, Chen S M, 2015. Cretaceous volcanic reservoirs and their exploration in the Songliao Basin, northeast China. AAPG Bulletin, 99 (3): 499-523.

Wang P, Liu W, Wang S, et al., 2002. $^{40}Ar/^{39}Ar$ and K/Ar dating on the volcanic rocks in the Songliao basin, NE China: constraints on stratigraphy and basin dynamics. International Journal of Earth Sciences, 91 (2): 331-340.

Wang Y, Cao Y, Xi K, 2013. New view on the concept of secondary pore developing zones and its significance of petroleum geology. Journal Jilin University (Earth Science Edition), 43 (3): 659-683.

Watton T J, Wright K A, Jerram D A, et al., 2014. The petrophysical and petrographical properties of hyaloclastite deposits: implications for petroleum exploration. AAPG Bulletin, 98 (3): 449-463.

Wei H, Liu G, Gill J, 2013. Review of eruptive activity at Tianchi volcano, Changbaishan, northeast China: Implications for possible future eruptions. Bulletin of Volcanology, 75 (4): 1-14.

Wei H Q, Hong H J, Sj R, et al., 2004. Potential Hazards of Eruptions around the Tianchi Caldera Lake, China. Acta Geologica Sinica (English Edition), 78 (3): 790-794.

White J D L, Houghton B F, 2000. Surtseyan and related eruptions//Sigurdsson H. Encyclopedia of volcanoes.

New York: Academic Press: 495-512.

Wu C Z, Gu L X, Zhang Z Z, et al., 2006a. Formation mechanisms of hydrocarbon reservoirs associated with volcanic and subvolcanic intrusive rocks: examples in Mesozoic – Cenozoic basins of eastern China. AAPG Bulletin, 90 (1): 137-147.

Wu F Y, Yang Y H, Xie L W, et al., 2006b. Hf isotopic compositions of the standard zircons and baddeleyites used in U-Pb geochronology. Chemical Geology, 234 (1-2): 105-126.

Wu X Y, Liu T Y, Su L P, et al., 2010. Lithofacies and reservoir properties of Tertiary igneous rocks in Qikou Depression, East China. Geophysical Journal International, 181 (2): 847-857.

Xie Q, He S L, Pu W F, 2010. The effects of temperature and acid number of crude oil on the wettability of acid volcanic reservoir rock from the Hailar Oilfi eld. Petroleum Science, 7 (1): 93-99.

Yang X N, Chen H D, Shou J F, et al., 2004. Mechanism of the formation of secondary porosity in clastic rock. Journal of Daqing Petroleum Institute, 28 (1): 4-6. (in Chinese with English abstract) .

Zhang G F, Yan D C, Zhu Y G, et al., 2011. Influence of pH on adsorption of sodium oleate on surface of ilmenite and titanaugite. Journal of Central South University (Science and Technology), 42 (10): 2898-2904.

Zheng J, Ying F, 1997. Reservoir characteristic and diagenetic model of sandstone intercalated in coal-bearing strata (acid water medium) . Acta Petrolei Sinica, 18 (4): 19-24.

Zhong D K, Zhu X M, Zhang Z H, et al., 2003. Origin of secondary porosity of Paleogene sandstone in the Dongying Sag. Petroleum Exploration and Development, 30 (6): 51-53.

Zimmerman R W, Bodvarsson G S, 1996. Hydraulic conductivity of rock fractures. Transport in Porous Media, 23 (1): 1-30.

Zou C N, Tao S Z, Yang Z, et al., 2013. Development of petroleum geology in China: discussion on continuous petroleum accumulation. Journal of Earth Science, 24 (5): 796-803.

词目汉语拼音索引

英文摘要

Introduction to basin volcanostratigraphy and its applications

Chapter 1 Introduction to volcanic reservoir exploration and volcanostratigraphy

1.1 Advances in volcanic reservoir exploration

Volcanic reservoirs are widely distributed in more than 40 basins in 13 countries and have become an important target of oil and gas exploration. Volcanic reservoirs are becoming a focal point of research. After decades of research, and especially within the last 20 years, substantial progress has been made in reservoir space, petrophysical characteristics, distribution patterns, and reservoir origins. Research shows that volcanic reservoir space can be divided into 11 types and 27 subtypes. Volcanic rocks can be rich in primary vesicles, cracks, and quench fractures, which are found only in volcanic rocks. Generally, volcanic rocks have low porosity and permeability and tiny pore throats, although sweet spots may occasionally occur. Volcanic reservoirs correlate with burial depth. The porosity and permeability of pyroclastic rock and tuffite at burial depths above 3 km are higher than that of lava and welded pyroclastic rocks. The reverse is the case at burial depths greater than 3 km. In general, a variety lithologies in basin can bear hydrocarbons, but only certain lithologies can bear oil and/or gas in specific blocks.

Volatile release, cooling and quenching, pre-burial weathering, and devitrification are types of diagenesis unique to volcanic rocks. While the deformation of lava during compaction is minor, the deformation of pyroclastic rock is substantial. The high concentration of unstable components in acidic fluids can facilitate alteration and/or dissolution. Volcanic reservoirs in basins record these diagenetic processes and have complicated origins. Evaluating reservoir evolution is particularly challenging when volcanostratigraphy have undergone stages of uplift and re-burial. With increased burial depth, the original structure of lava, including its vesicles, molds, and sieve porosities, is likely to be preserved. For pyroclastic rock, as the burial depth increases, the increased pressure may lead to displacement or crushing of particles; intergranular pore diameters may decrease significantly, although the number of pores may increase slightly. The primary and secondary porosity generated during the eruptive, weathering, and shallow burial stages may be damaged during particle adjustment.

1.2 Advances in volcanostratigraphy research

The origins of volcanostratigraphy can be traced back to Reyer's study of the Quaternary volcanoes in Europe, including Vesuvius, between 1830 and 1866. The study of volcanostratigraphy encompasses modern volcanoes and geological mapping of volcanic outcrops. This discipline focuses on volcanostratigraphy, filling units (mapping units), and overlapping relationships. Research on basin volcanostratigraphy, which began following the study of volcanostratigraphy, is limited by the number of boreholes, the amount of coring data, and the accuracy of seismic data. Basin research necessitates the identification of boundaries and volcanostratigraphic mapping units via outcrop data, thereby promoting the development of volcanostratigraphy and seismic volcanostratigraphy.

Seismic volcanostratigraphy methods are based primarily on seismic facies analysis, i. e., the geological interpretation of reflection boundaries and seismic facies based on seismic data. Volcanic sequences are usually difficult to image using seismic reflection data because they are heterogeneous on a seismic scale; moreover, reflections within rock units mostly represent interference phenomena or noise, such as converted waves and multiple waves. Therefore, it is difficult to directly interpret internal volcanostratigraphic structures and textures using conventional methods. Fortunately, the outer shape of seismic facies can provide information about internal geological bodies and properties.

Seismic volcanostratigraphy seeks to establish a relationship between volcanic deposits and seismic facies. Seismic and geological interpretations are then based on the reflected profiles of seismic phase units. Thus, to some extent, poor imaging can be avoided in the study of volcanic rocks. Under ideal conditions, the relationships between seismic units and the geological attributes of volcanic rocks can be established by drilling into typical seismic facies. Isochronous stratigraphic frameworks and correlations of volcanic genetic sequences can be established according to this relationship. However, regardless of the degree of exploration within a basin, it is not possible to penetrate all seismic facies. Therefore, in practical studies, it is necessary to use process analyses of volcanostratigraphic origins and development (including modern volcanic knowledge), outcrop profiles, and regional studies to improve the accuracy of volcanostratigraphic interpretations of a seismic unit.

Ahigh- resolution volcanostratigraphic basin framework can be established via boundary constraints. In the absence of boreholes, a stratigraphic framework can be established at the scale of a volcanic edifice. At a deposit unit scale, a stratigraphic framework can be established using short-distance wells. Geological models can constrain the interpretation of deposits and volcanic edifices.

Chapter 2 Applicability of classic principles of stratigraphy in volcanostratigraphy

The principle oforiginal horizontality: Volcanostratigraphy is controlled by topography. For example, the dip of volcanostratigraphy may be relatively steep near the crater and comparatively gentle in distal belts. In most cases, distal volcanostratigraphy generally exemplifies the principle of original horizontality, while proximal volcanostratigraphy may not.

The principle of lateral continuity: This principle should only be applied in small areas. Because the vent controls volcanic construction, only products of the same vent can be correlated.

Principle of superposition: Volcanostratigraphy exhibits both vertical and lateral aggradation. Volcanostratigraphy can be divided into three types, stratified, pseudostratified, and massive. The principle of superposition applies to the first two types of strata but may not be applicable to massive structures.

Principle of cross- cutting relationships: Volcanostratigraphy are commonly penetrated by abundant hypabyssal dykes as well as syn- and post- eruptive faults, attributes to which the principle of cross-cutting relationships applies.

Principle of inclusions: Volcanostratigraphy often contain inclusions of country rock and the magma source region. These inclusions are trapped during magmatic ascent and are thus older than the volcanic host rocks. In addition, volcanic rocks may later serve as sediment sources for sedimentary rocks. Sedimentary rocks contain abundant volcanic debris, which is older than the sedimentary rock-forming.

Principle of fossil correlation: Fossils can be preserved in volcanostratigraphy, but the fossil record likely reflects syn- eruptive periods. Because eruption periods are relatively short, fossil continuity may be limited. The principle of fossil correlation is partially applicable to volcanostratigraphy. Isotopic dating of volcanic rocks may provide accurate ages of formation as well as absolute fossil ages.

Theory of catastrophism: Volcanic activity can trigger catastrophes such as global temperature changes and extinctions. Modern volcanoes can cause temperature changes over short periods of time, although whether these changes could lead to a global extinction requires further study. Nevertheless, the erosion of the underlying strata is evident. At the same time, the volcanic material deposited in a volcano-adjacent basin will fill the available space, resulting in rapid changes to the sedimentary environment and possibly sedimentary interruption.

Principle of metamorphism: Magma erupts at high temperatures and with abundant hydrothermal fluids. Country rock in the contact zone will undergo thermal metamorphism. Contact metamorphism occurs after the formation of the country rock.

Ofthe eight stratigraphic principles described above, all but the principle of fossil correlation apply to volcanostratigraphy and can facilitate research on relative geologic time. Due to the unique processes by which volcanic rocks form, the minerals within a rock can accurately record the cooling time of the magma. One advantage of volcanostratigraphy is that absolute geological ages can be determined using isotope dating. In conclusion, conventional stratigraphic principles are applicable to volcanostratigraphy, which has the additional advantage of permitting absolute age analyses.

Chapter 3 Spatiotemporal attributes and lithostratigraphic units of basin volcanostratigraphy

Volcanostratigraphy has three distinguishing features: temporal attributes characterized by short building times and long erosion times, spatial attributes controlled by eruption style and paleotopography, and changing occurrences that are dependent on vent proximity. The identification of volcanostratigraphic units is based on stratigraphic boundaries (reflecting temporal attributes), lithological successions and geometrical shapes (reflecting spatial attributes), and occurrence characteristics.

3.1 Temporal attributes

According tothe volcanic eruption record of the last 1, 000 years, volcanic eruption times are variable. The uneven eruption distribution indicates that eruptions are relatively concentrated in certain periods and sporadic in others. Approximately 70% of the 3, 301 volcanic eruptions considered lasted only six months. A study measuring the time interval between the initial eruption stage and the peak eruption stage for 252 volcanoes found that 42% of the volcanoes had an interval of less than one day, 63% had an interval of less than one month, 84% had an interval of less than one year, and only 3% had an interval of more than 20 years. Thus, eruptive periods may represent only discrete points in geological history. Erosion occurs during 99.9% of geologic time, allowing the reworking of volcanic rocks and the formation of sedimentary rocks. Evidence of eruptive intervals can be found in the volcanic record. Discontinuities may represent periods of hundreds to millions of years. In most cases, when there was no evidence of an eruptive interval, the entire volcanic succession formed in less than a few years. Thus, volcanostratigraphy is characterized by high time resolution.

3.2 Spatial attributes

Volcanoes form over such short time periods that there should be no long time intervals within the product of a single eruption. However, a single eruption may also be associated with a variety of eruptive modes and emplacement environments.

Volcanostratigraphy may have complex textures, structures, and overlapping relationships.

Central magmatic eruptions form mounds or shield volcanoes. Fissure eruptions form sheet or shield volcanoes. Extrusion eruptions form lava domes. In flat terrain, the volcano may form a circular or oval shape. In valleys, volcano may form a linear or lingual shape. Due to the large amount of eruptive material dispersed in a small area, deposits up to several hundred meters in thickness can be generated even during short eruptions. Lava in the crater can flow in all directions, but there are no distinct discontinuities between the lava flows; their boundaries are unclear.

Eruptive products from the same vent may include lava flows, pyroclastic flows, and base surges with continuously varying and coordinated occurrences. Mound, cone, and shield volcanoes are inclined to all sides along the vent. The layers ‘dips and the geologic bodies’ slopes decrease from the vent to distal areas in all directions. In most cases, geological features formed by the same vent can be correlated, and their temporal and spatial attributes can be synthesized. Therefore, the temporal and spatial attributes of stratigraphic units should be emphasized in the study of volcanostratigraphy.

Chapter 4 Volcanostratigraphic boundary systems

As in sedimentary stratigraphy, volcanostratigraphic boundaries are crucial to constructing a volcanostratigraphic framework. The fundamental approach to identifying volcanostratigraphic boundaries is to classify their types and define their characteristics. Based on field investigations and cross-sectional well analyses of Mesozoic volcanostratigraphy in northeastern China, five types of volcanostratigraphic boundaries have been recognized: eruptive conformity boundaries (ECBs), eruptive unconformity boundaries (EUBs), eruptive interval unconformity boundaries (EIUBs), tectonic unconformity boundaries (TUBs), and intrusive contact boundaries (ICBs). Except for ICBs, the unconformity boundaries can be classified as angular unconformities or paraconformities.

Eruptive (un) conformity boundary (ECB or EUB): Boundaries exist between lava flows, pyroclastic flows, airfalls, and lahars, which are generated during eruptive pulses or phases with time intervals ranging from seconds to years. An ECB can form during repeated eruptions within a short period of time (Table 2). Depending on the velocity and viscosity of a magmatic e-ruption, multiple lava flows may occur. ECBs and EUBs record time intervals ranging from several minutes to years. In lava flows, cooling crust is distributed above and below the ECB and EUB; in pyroclastic flows, airfalls, and lahars, a fine layer below these boundaries lacks discernable erosion along every part of the boundary. An EUB may be curved and jagged. The scale of an ECB or EUB is dependent on the scale of the lava flow or pyroclastic flow.

Eruptive interval unconformity boundary (EIUB): Some boundaries between volcanoes or parts of volcanoes form during eruption phases or epochs over intervals of years to thousands of years. EIUBs can be subdivided into eruptive interval parallel unconformity boundaries (EIPBs) and eruptive interval angular unconformity boundaries (EIAUBs). EIUBs represent time spans ranging from decades to thousands of years. Weathered crust underlies EIUBs, while sedimentary rocks overlie EIUBs. In most instances, weathered crust and thin sedimentary beds are laterally associated. The boundary is a smooth, curved plane. The scale of an EIUB is dependent on the scale of the volcano or volcanic group.

Tectonic unconformity boundary (TUB): TUBs are also volcanostratigraphic boundaries between volcanoes or volcanic fields and regions that form during eruptive periods or epochs over tens of thousands to millions of years. TUBs have characteristics similar to EIUBs. TUB time intervals range from tens of thousands to millions of years. The scale of a TUB depends on the scale of the basin or volcanic field.

Intrusive contact boundary (ICB): ICBs occur between intrusive rocks and subvolcanic, volcanic, or sedimentary rocks; these boundaries are commonly associated with sills, dykes, laccolites, or stocks. ICBs may be concordant or discordant.

Chapter 5 Volcanostratigraphic units

Terms are selected based on standard stratigraphic unit nomenclature (i. e., bed, deposit unit, volcanic edifice, member, formation, and group, in ascending order) . This manuscript provides a detailed introduction to the classification and identification of beds, deposit units, and volcanic edifices. A bed is identified by differences in rock color, chemical composition, and fabric. There are seven typical rock structures. Based on the formation style, deposit units are divided into three types: lavatic, volcaniclastic, and reworked volcaniclastic. Occurrence changes are continuous in deposit units, which typically exhibit EUBs or ECBs. Volcanic edifices are produced by the ordered overlapping of deposit units. Volcanostratigraphy occur at an angle along the vent; the dip angle gradually decreases from the vent to the distal regions. The volcanic edifice is often divided by an EIUB. Spatial attributes should be considered once the volcanostratigraphic framework has been established. The burial history should be based on volcanostratigraphic analyses at the vent and at distal outcrops. Reasonable reservoir distribution patterns can be discerned according to the volcanostratigraphic unit framework.

5.1 Beds

A bed is a unit that can be clearly distinguished from a continuous stratum by a unique textural, structural, or compositional property. A layer is traditionally defined as the smallest lithostratigraphic unit below a member. In pyroclastic rocks, a bed can be defined by a layer with a thickness greater than 1 cm and a thin layer with a thickness less than 1 cm. In a lava formation, beds can be more than 100 m thick. Beds must be visible enough to be measured and described. The field definition of a layer may be more straight forward and may be based on the presence of internal structures or distinct bedding boundaries that constrain strata boundaries. In pyroclastic strata, a bed can be classified according to color, chemical composition, bedding, flow structure, and clastic particle characteristics (i. e., composition, shape, and sorting) . In lava-based strata, beds can be classified according to features such as color, chemical composition, degree of crystallization, stomatal structure, rhyolite structure, joints, and other primary fabrics. In reworked volcanostratigraphy, beds can be classified according to color, bedding, grain rounding, particle composition, and particle sorting. Eight types of texture and structure can be observed in volcanostratigraphy: (1) bedding structure (B), (2) massive structure (M), (3) rhyolite structure (R), (4) vesicle and stomatal structure (V), (5) joint structure (J), (6) crystalline structure (C), (7) auto breccia structure (A), and (8) pillow structure (P) .

5.2 Deposit units

Adeposit unit usually refers to a volcanic deposit generated by a continuous eruption along a vent or a deposit formed by reworked volcaniclastic materials. Deposit units can be divided into three types according to eruption mode and emplacement environment: lava flows, pyroclastic flows, and re-transported volcaniclastic flows.

5.2.1 Lava deposit units

A lava deposit unit is generated by the continuous and quiet eruption of a distinct vent (either a central eruption or a fissure eruption) . These deposit units usually form via cooling and solidification, and textures, structures, and occurrences vary. The confining boundary is usually an eruptive unconformity or an eruptive conformity. Based on texture, structure, and overall configuration, lava deposit units can be divided into two types: lava flows and lava domes.

A lava flow can be classified as basic, intermediate, or acidic, depending on its cheimical composition. It may also be described as a sheet, plate, shield, or mound, depending on its morphology. Eruptions may occur in water- based or underwater environments. Furthermore, lava deposit units may be classified as simple lava flows or braided lava flows based on overlapping relationships. Simple lava flows are characterized by orderly sequences of lava beds, whereas braided lava flows are characterized by the disordered overlapping of lava lobes. In contrast, lava domes consist of mounds of viscous lava that accumulate around the crater.

5.2.2 Pyroclastic deposit units

A pyroclastic deposit unit is a pyroclastic density flow deposit formed by the continuous and violent eruption of a distinct vent. Through condensation consolidation or compaction cementation diagenesis, the rock fabric and stratum occurrence change continuously. A pyroclastic density current is characterized by the gravity-controlled lateral movement of pyroclastic material and gas/water mixtures. The boundaries of these units are usually EUBs or ECBs.

Based on composition, pyroclastic deposit units can be classified as basic, intermediate, or acidic detrital deposit units. These units can also be divided into three categories according to the emplacement environment: eruption and emplacement in a subaerial environment, eruption in a subaerial environment and emplacement in an underwater environment, and eruption and emplacement in an underwater environment. Finally, these units may also be classified as pyroclastic flows, base surges, and block or ash falls, depending on the transport mechanism.

5. 2. 3 Reworked volcaniclastic deposit units

Reworked volcaniclastic deposit units form via the remobilization of volcanic material during a geologic event. This book discusses reworked deposit units consisting of more than 50% (by volume) of volcaniclastic debris, including lahar (volcanic debris flow) and debris avalanche units.

"Lahar" is an Indonesian term that most commonly refers to a debris flow, transitional flow, or hyper-concentrated flow originating at a volcano. Muddy streamflows and floods have lower sediment concentrations than hyper-concentrated flows and essentially transport sediments as normal streams do, with fine-grained sediments in suspension and coarse-grained sediments moving along the stream bed.

A debris avalanche unit is the product of the large-scale collapse of part of a volcanic edifice under water-undersaturated conditions. This type of unit is characterized by two depositional facies: block facies and matrix facies. Characteristic topographic features of a debris avalanche include an amphitheater at the source and hummocky topography on the surface of the deposit.

5. 3 Volcanic edifices

Avolcanic edifice, also known as a volcanic body, refers to the variety of volcanic terrain that may characterize the surface of a volcano, including craters, calderas, volcanic cones, volcanic domes, and lava plateaus. A volcanic edifice may also include the volcanic conduit and volcanic neck. Considering the unity of stratigraphic occurrence and stratigraphic units, the volcanic edifice is defined as a volcanic body formed by the overlap of volcanic products from a distinct eruption vent. The timespan over which a volcanic edifice forms can range from months to hundreds of thousands of years. Different studies offer different classification schemes for volcanic edifices. They are divided into three types and nine subtypes, based on composition, structure, and lithology.

The dip of volcanostratigraphy gradually decreases from the proximal belt to distal areas. Based on their occurrence characteristics, volcanostratigraphy can generally be divided into three facies belts: the crater/near-crater facies belt, the proximal belt, and the distal belt.

5. 4 Members

A member is a stratigraphic unit that is part of a formation. Beds are subdivisions of members. Members are sub- units of formations that contain at least two types of lithology. A member represents a typical lithology. The members described in this paper are not entirely consistent with this description and are classified according to the characteristics of volcanic eruptions.

5.5 Formations

A formation is traditionally defined as the basic unit of lithostratigraphy. It may be characterized by its lithology, lithofacies, or degree of metamorphism and may consist of two or more types of interbedded rock. Formation thicknesses can range from several meters to more than kilometers. The groups described in this paper are not entirely consistent with this definition; groups may sometimes refer to volcanic products.

Chapter 6 Reservoir space and associated assemblages

6.1 Reservoir space

Based on formation processes and geometric characteristics, reservoir space can be divided into primary pores and fractures and secondary pores and fractures. Taking into consideration genesis and distribution characteristics, reservoir space can be divided into 11 types and 27 subtypes, including three types and five subtypes of primary pores, two types and nine subtypes of primary fractures, three types and eight subtypes of secondary pores, and three types and six subtypes of secondary fractures. See Table 6.1 and Figure 6.1 for details. Primary pores consist of intergranular pores and vesicles (including amygdules), while secondary pores include moldic pores, sieve pores, and sponge pores. Primary fractures can be subdivided into shrinkage fractures (e.g., quench fractures, columnar joints, platy fractures, suture-like fractures, macro tortoise shell joints, and micro tortoise shell joints), explosive fractures (e.g., intraparticle explosive cracks within minerals and lithics and cryptoexplosive cracks that form during late stages of magmatic activity), and secondary fractures (e.g., tectonic fractures, weathering fractures, and dissolution fractures). Tectonic fractures are related to stress properties: reticular cracks can form in tensile environments, while high- angle conjugated joints can form in compressive environments. Weathering fractures include unloaded joints and spherical weathering fractures. Dissolution joints may be associated with any cracks. When primary pores are superimposed on secondary pores, the identification of pore types becomes more difficult; similarly, primary and secondary fractures can be affected by dissolution and filling, which increases the complexity of fracture morphology.

6.2 Reservoir space assemblages

Reservoir space, which controls porosity and permeability, is often ignored because it hampers the research on volcanic reservoirs. Various types of pore- fracture units and their porosities and permeabilities were analyzed using cores from wells Y1D1 and Y3D1 in the Early Cretaceous Yingcheng Formation of the Songliao Basin. These analyses revealed five kinds of primary pores, three kinds of secondary pores, three kinds of primary fractures, and three kinds of secondary fractures. Most of the pores and fractures have been altered by compaction and dissolution. Based on formation processes and distribution patterns, the reservoir space consists of seven kinds of pore groups and two kinds of fracture groups. On the basis of combined pore and fracture group characteristics, the volcanic reservoirs were divided into seven types of pore-fracture units.

Additionally, the analyses showed that the pore-fracture units had high porosities and permeabilities, with the exception of units ② and ⑦. The porosity and permeability correlation slopes of the pore-fracture units (compared to the slope of the total sample) revealed three distinct groups. Group 1 has a slope smaller than the total and includes units ① and ②. Group 2 has a slope greater than the total and includes units ③, ④, ⑤, and ⑥. Group 3 has a slope far greater than the total and consists of unit ⑦. Furthermore, the analyses revealed that the pore throat sorting coefficient of the pore- fracture units exhibits a positive correlation with the pore throat average radius, meaning that the reservoir has strong heterogeneity. Most pore- fracture units consist of complex lithologies and lithofacies. The distribution characteristics of the pore- fracture units correlate with the types and facies belts of the volcanic edifices. Finally, evaluations of these reservoirs must consider pore-fracture units with respect to porosity, permeability, and correlation function. Although units ① and ② bear in lava, they have distinctive porosities and permeabilities. To fully evaluate volcanic reservoirs, it is necessary to treat each unit individually.

Chapter 7 Relationships between eruptive interval unconformity/tectonic unconformity boundaries and reservoirs

Volcanostratigraphic boundaries can be divided into eruptive conformities, eruptive unconformities, eruptive interval unconformities, and tectonic unconformities. The development of secondary pores in volcanic rocks is closely related to fluid pathways. The presence of eruptive interval unconformity boundaries or tectonic unconformity boundaries can indicate active fluid areas in an open system when exposed and fluid migration pathways when buried. Therefore, these two kinds of boundaries are closely related to the spatial distribution of secondary porosity.

An eruptive interval unconformity is denoted by the contact between overlying rock and underlying volcanic rock after erosion or denudation during the eruption interval (a time span of decades to thousands of years). In the horizontal direction, this kind of boundary combines features of weathered crust (relatively positive terrain) and tuffite or sedimentary rocks (relatively negative terrain) with lithics of the underlying pre-existing rock. A tectonic unconformity boundary refers to the contact between volcanic basin rocks or sub-tectonic units after overall uplift and denudation or differential burial and the overlying stratum. When the structure is uplifted, the volcanic rocks undergo long-term denudation and planation, leading to the development of extensively weathered crust with a relatively flat morphology. The scale of the weathered crust and sedimentary rocks is often greater than that of eruptive interval unconformity.

The weathered crust that underlies eruptive interval unconformity and tectonic unconformity boundaries exhibits stratification (Fig. 7.4a). From top to bottom, these strata include a soil layer, a hydrolysis zone, a dissolution zone, a disintegration zone, and the parent rock. The hydrolysis and dissolution zones are favorable reservoir targets. Drilling has revealed that the most favorable reservoirs are located 200 m below the eruption disconformity and tectonic unconformity boundaries; in a few cases, these reservoirs can extend to depths of 500 m. Reservoir depth ranges vary among different basins, within different blocks in the same basin, and between different wells in the same block (Fig. 7.4b).

Studies have shown that favorable reservoirs below the eruptive interval unconformity and tectonic unconformity boundaries in the Junggar, Hailar, and Songliao basins are zonal. The thicknesses and vertical distribution ranges of favorable reservoirs are controlled by many factors. For example, in the paleogeomorphic zone of weathered crust, the residual hill and its marginal zone are more favorable than the gentle slope, channel, and depression zones. Lithologic and lithofacies characteristics are also important factors that affect reservoir distribution ranges. For example, if the rock under the Carboniferous unconformity boundary in the Dixi area of Junggar is pyroclastic, the reservoir may extend to 400 m below the boundary; if the rock consists of lava, the reservoir may extend to 250 m below the boundary. The presence of fault zones can also expand areas of weathering.

The development of favorable reservoirs also promotes the deposit unit of oil and gas. As revealed by drilling, most of the oil/gas/gas-water/oil-water plays are located up to 150 m below eruptive interval unconformity and tectonic unconformity boundaries (Fig. 7.5a). In contrast, oil/gas/oil-gas plays tend to be concentrated at depths of up to 100 m below these boundaries (Fig. 7.5b). This depth range should be an important zone for oil and gas exploration.

Chapter 8 Relationships between deposited units and reservoirs

8.1 Lava flows

Based on overlapping relationships, lava flows can be divided into simple lava flows and braided lava flows. Simple lava flows are characterized by the orderly stacking of platy lava, while braided lava flows are characterized by the staggered and disorderly overlapping of lava lobes. A lava lobe can be divided into the top vesicle zone, the middle dense zone (or sparse vesicle zone), and the bottom pipe vesicle zone. The top vesicle zone serves as the primary reservoir within the lava flow. This zone has a thickness of 0.5–39m, accounting for 6%–23% of the total lava flow unit thickness, and its porosity can be as high as 35%.

Lava flows are widely distributed in the Junggar, Santanghu, Songliao, Erlian, and Bohai Bay basins and comprise basic, intermediate, and acidic compositions. According to statistical analyses of cores and outcrops in the Songliao and Hailar basins, vesicles developed within the top 30 m of the acidic lava flows and within the top 2 – 15 m of the basic lava flows. The ratio of favorable reservoir thickness to total thickness is higher in intermediate-basic braided lava flows than in simple lava flows. Vesicle layers in simple lava flows have extensive lateral continuity, while vesicle layers in braided lava flows can form reticular connective bodies through the cross-overlap of lava lobes.

8.2 Lava domes

Vesicles do not occur in lava domes, but shrinkage fractures, including suture-like fractures and columnar joints, are common. The thickness of favorable reservoirs in the trachytic lava dome of the Xujiaweizi fault depression in the Songliao Basin ranges from 70 m to 200 m. The ratio of the favorable reservoir thickness to the total thickness of lava dome is 7%–60% (Fig. 8.37). In the dacite lava dome of the Dehui fault depression, reservoirs occur only at the top of the dome and have thicknesses of approximately 70 m; the ratio of reservoir thickness to unit thickness is small. In the Paleogene basaltic dome of the Yitong Basin in Jilin Province, reservoirs occur within 60 m of the top of the done. The average porosities of the lava domes in the Dehui fault depression and the Yitong Basin are 7.6% and 5.0%, respectively. Lava domes usually have lower porosities than lava flows.

8.3 Intrusive bodies

8.3.1 Hypabyssal sills

Intrusive rock reservoirs with hydrocarbon exploration potential are widely distributed in many basins worldwide. To date, the study of reservoir patterns of dykes with primary porosities has been inadequate. This manuscript offers a case study of hypabyssal dykes in the northwest sector of the Lyttelton volcano. The pore compositions, reservoir distribution patterns, and control factors of these dykes were analyzed using field surveys, porosity tests, image analyses, and empirical formulas.

The results of this research show that the hypabyssal intrusive rocks can be characterized as a pore-fracture reservoir, and the reservoir space is dominated by vesicles, followed by shrinkage fractures. The vesicles can be classified as directionally elongated, elliptical vesicles with large diameters or as discrete circular vesicles with small diameters; the former serves as the main contributor to porosity. Columnar joints can be divided into regular and irregular types. The irregular joints have a higher surface density than the regular joints. Most of the reservoir is characterized by medium porosity and medium permeability, although localized areas of high porosity and high permeability have also been observed. The uniformity of the cylinder cross-section is the key factor affecting formation permeability. From the lower to upper sections of the dykes, porosity increases, and the columnar joints become more irregular. Vesicles are connected through the columnar joints; their connectivity is controlled by fracture spacing, slot width, and the angle between the elongated direction of the vesicles and the columnar joints. In the hypabyssal dykes of Lyttelton volcano, the initial connectivity of the vesicles can be as high as 35% during condensation and consolidation. Thus, the hypabyssal dykes have good reservoir performance and high initial vesicle connectivity, making them favorable targets for exploration.

8.3.2 Laccoliths

Based on integrated coring, logging, seismic, and oil test methods, the gas pool in well LS208 is characterized as low abundance, high temperature, normal pressure, methane rich, and lithologic. The intrusive rocks in well LS208 exhibit primary and secondary porosity, including shrinkage fractures (SFs), spongy pores (SPs), secondary sieve pores (SSPs), and tectonic fractures (TFs). The reservoir is classified as a fracture - pore type with low porosity and permeability. A capillary pressure curve for mercury intrusion indicates small pore-throat size, negative skewness, medium-high displacement pressure, and medium to low mercury saturation. Fractures developed due to the quenching effects of emplacement and tectonic inversion during the middle to late Campanian. SPs and SSPs formed in two phases. The first phase occurred during the emplacement of the intrusive rock in the late Albian, when the intrusive rocks underwent alteration by organic acid. The second phase occurred between the early Cenomanian and middle Campanian, when the intrusive rocks underwent alteration by carbonic acid. The SFs formed prior to oil charging, the SSPs+SPs formed during oil charging, and the TFs formed during the middle to late Campanian, facilitating the distribution of gas throughout the reservoir.

8.4 Avalanche debris flows

In a study of the Shahezi Formation (well block CS6, Wangfu faulted depression), the reserving space, reservoir properties, pore throats, and pore diameters were examined using thin section casting, helium intrusion porosimetry, mercury intrusion porosimetry (MIP), and nuclear magnetic resonance (NMR). The formation mechanisms and primary controlling factors of high-quality reservoirs were also considered. The results showed that these reservoirs consist of reworked volcaniclastic agglomerate and reworked volcaniclastic breccia with coarsening-upward characteristics. Furthermore, three types (seven subtypes) of reserving spaces were identified. Of these, intraclastic vesicles with primary abundant pores are uniquely developed in the high-quality, reworked volcaniclastic rock reservoirs, indicating that these reservoirs are characterized by large pores and small throats. Porosity and permeability are slightly higher in the reworked volcaniclastic agglomerate than in the reworked volcaniclastic breccia; furthermore, both are significantly higher than the porosity and permeability of sedimentary rock in the Shahezi Formation. The porosity is closely associated with burial depth. The mechanisms of reworked volcaniclastic rock formation include the escape of volatile components in parent rocks, grain support, dissolution, and tectonic modification; the first two mechanisms were found to be the main controlling factors. High-quality reservoirs within the study area are mainly concentrated in the central part of the reworked volcaniclastic rock fan. The development of high-quality reservoirs is most likely to occur within grain-supported, coarse-grained reworked volcaniclastic rocks with high concentrations of intraclastic vesicular detritus and burial depths of less than 3000 m.

Chapter 9　High-resolution volcanostratigraphic frameworks

9.1　Changbai area volcanoes

The Changbaishan area has a complex history of volcanic eruptions. Based on isotope dating, sedimentary stratigraphy, and studies on crustal weathering, the volcanostratigraphy in this area can be divided into 22 periods. From bottom to top, these periods include the Ma'anshan period, the Zengfengshan period, the Changbai period, the Naitoushan period, the Wangtian'e period, the Hongtoushan period, the Quanyang period, the Touxi period, the Yanjiangcun period, the Pingdingshan period, the Junjianshan period, the Lingguangta period, the Banshan period, the Tumenjiang period, the Baitoushan period, the Shuangfeng period, the Laohudong period, the Guangping period, the Qixiangzhan period, the Bingchang period, the Baiyunfeng period, and the Baguamiao period. Analyses indicate that some of these periods have similar ages. For example, the Zengfengshan, Changbai, and Naitoushan periods have similar ages and lithologies, indicating that they represent eruptions that occurred in different areas over the same timeframe. The Yanjiangcun and Pingdingshan periods and the Lingguangta, Baishan, and Tumenjiang periods also have similar ages. Thus, the Changbaishan area records 15 eruptive periods.

Cross-sections were constructed by integrating data from geological maps, topographic maps, and maps of volcanic rock thickness. These cross-sections show that Wangtiane volcano, Touxi volcano, and Changbaishan volcano have the same lithologic successions. Among them is a succession of basic, intermediate, and acidic rocks as well as calc-alkaline to alkaline rocks.

Differences in the volumes and proportions of various lithologies are evident in different volcanoes, especially with respect to the eruptive periods.

Volcanostratigraphic correlation depends on more than the correlation of similar lithologies.

9.2 The Qingsheng gas field

As in sedimentary stratigraphy, volcanostratigraphy requires a high-resolution framework for the reservoirs study. Volcanostratigraphy have unique temporal and spatial attributes that differ from those of sedimentary strata. The development of a framework requires the analysis of boundary characteristics and volcanostratigraphic units. The volcanostratigraphic framework of the Yingcheng Formation was constructed using closely spaced wells and high-resolution 3D seismic data from the QS gas field. Boundary systems were established by overlapping key EIUBs, EUBs, a few ECBs, and ICBs. The EIUBs likely include the volcanic edifices, and the ECBs and EUBs likely include the cooling units, flow units, and deposit units. The marker bed indicates that there are three EIUBs, such as sedimentary rock and weathered crust. Five volcanic edifices are constrained by the three EIUBs as well as the bottom and top boundaries of the volcanic rocks of the Yingcheng Formation. Furthermore, 13 cooling units have been identified based on boundary system constraints.

The volcanostratigraphy initially shifts from the southeast to the northwest and then to the northeast. The early-stage volcanic edifices are generally thick and cone-shaped and occur within a small area; for example, VE-1, VE-2, and VE-3 consist primarily of lava flows. The middle- and late-stage volcanic edifices are thin; these cover a large area and have sheet or shield configurations that lack obvious eruptive centers. For instance, VE-4 and VE-5 consist primarily of deposit units. The boundaries, lava flows, and deposit units control the distribution of high porosity and permeability zones. The lava flows and deposit units control the types and scales of high porosity and permeability zones. Volcanostratigraphic boundaries are ideal locations for further exploration.

9.3 Kora Volcano

For buried volcanoes, the development of high-resolution volcanostratigraphic frameworks (HRVFs) is important for understanding the evolution of volcanic systems and their potential to generate volcanic reservoirs. However, complex contact relationships and internal architectures can complicate the reconstruction of HRVFs. In this paper, we present the HRVF for Kora Volcano, an andesitic submarine composite volcano active during the Miocene and now buried by ~1000 m of sedimentary strata offshore of the Taranaki Basin, New Zealand. We used a dataset of 3D seismic lines and data from five boreholes to analyze the eruptive evolution of Kora Volcano and the unconformities that limit the identification of genetically related volcanic and sedimentary units. We mapped 22 units, including pyroclastic eruption deposits and debris flow deposits.

Kora Volcano can be divided into five parts according to major unconformities related to active eruptions and quiescent periods. These unconformities are also associated with the formation and migration of distinct eruptive centers. The construction of HRVFs for buried volcanoes is difficult to accomplish using absolute geological ages; in these instances, relative ages are more useful. This approach should serve as a general principle for buried polygenetic volcanoes. Normal 3D seismic data can be used to develop a basic framework. Wells and normal 3D seismic data can then be used to establish the HRVF. The findings presented in this work can provide insights into the evolution of other volcanic systems and facilitate the discovery of natural resources, such as hydrocarbons and geothermal energy.

9.4 A framework for sub-seismic resolution volcanostratigraphy

Due to the limitations of seismic resolution, it is difficult to use seismic data to constrain overlapping relationships in areas of thin volcanostratigraphy (thickness < 20 m). For example, the rhyolitic volcanic rocks of the Huoshiling Formation in the Wangfu Fault depression of the Songliao Basin are thin and have complicated lithologies and lithofacies. In the seismic data, overlapping relationships are unclear, and the GR log is not suitable for correlating stratigraphic units. Therefore, it is impossible to correlate rhyolitic volcanic strata using conventional methods.

As magma evolves within a magma chamber, processes such as separation and crystallization gradually enrich the magma in incompatible elements. This enrichment process is irreversible. The higher the concentration of incompatible elements, the later the eruption; the lower the concentration of incompatible elements, the earlier the eruption. Incompatible elements have three characteristics. The concentration of incompatible elements is related to the magmatic source. These elements become further enriched as the magma ascends and evolves. After volcanic eruption and consolidation, the incompatible elements maintain their stability; they are generally not affected by burial, alteration, and epimetamorphism. Therefore, volcanostratigraphic units can be correlated according to incompatible element concentrations. Within a given unit, incompatible element features should be consistent. In contrast, different units should have different incompatible element features. The eruptive time can be further distinguished based on concentrations. Incompatible elements Gd and Ti are available from ECS logging data. This book uses these two incompatible elements to correlate volcanostratigraphic units. This method is effective for the correlation of sub-seismic resolution stratigraphy.

Chapter 10 Interpretation of seismic facies units and reservoir inversions constrained by volcanostratigraphic elements

10.1 Interpretation of seismic facies units

In frontier basin exploration, the integrated interpretation of seismic facies of volcanic rocks is a mark of success. The elements of volcanostratigraphy differ from those of traditional sedimentary stratigraphy. However, during the seismic stratigraphic interpretation of volcanic rocks, key information from boundary systems and deposited volcanostratigraphic units have attracted insufficient attention.

Using the volcanic rocks of the Yingcheng Formation in the Changling Fault Depression of the Songliao Basin as an example, this paper classifies the seismic facies units according to shape, stratigraphic boundaries, and deposited units. Based on the maximum average slope of the top boundary of the volcanic rocks, the volcanic seismic facies of the Yingcheng Formation were divided into three types: MSFU, TSFU, and M-TSFU. MSFU refers to the maximum average slope greater than 5 ms/25 m. TSFU refers to the maximum average slope less than 3 ms/25 m. M-TSFU refers to the maximum average slope of 3–5ms/25m.

The lithologies, porosities, and permeabilities of the deposited units, the thickness ratio of the reservoir layer to the deposited units, and the spatial distribution patterns of the reservoir in each type of seismic unit were analyzed. The results indicate that the mounded-tabular facies units are potentially favorable exploration targets in the Songliao Basin. This paper provides a technical approach for the seismic facies interpretation of volcanic rocks and the analysis of favorable volcanic exploration targets in graben basins. The relationships between seismic facies units and the facies architecture of the volcanic rocks in the Changling Fault Depression have been established.

10.2 Reservoir inversion

Volcanostratigraphy have complex stratigraphic structures that make the accurate prediction of volcanic reservoirs difficult and impede exploration and development. This study examined the volcanostratigraphic structures of the Jiutai and Datun volcanic outcrops in Jilin Province. In an effort to establish an appropriate reservoir prediction method, the study considered the geological and geophysical characteristics of volcanostratigraphy by selecting units with pseudostratified structures in the southern part of the Songliao Basin. Impedance inversion was constrained by pseudostratified and stratified structures models, and the effect of wave impedance inversion on the result was examined.

First, large-scale geological mapping was used to obtain stratigraphic structural measurements and statistical analyses of volcanic outcrops on the southeastern margin of the Songliao Basin and to further establish a volcanostratigraphic structural model. Second, sparse-spike wave impedance inversion was constrained by simulating stratigraphic structures using pseudostratified and stratified structure models consistent with typical volcanic rocks (other conditions were constant). Contrastive analyses were then conducted for the inversion results.

The acidic volcanic rocks of the Lower Cretaceous Yingchegn Formation in Jiutai City and the intermediate to basic volcanic outcrops of the Paleocene Fufengshan Formation in Datun (southeastern margin of the Songliao Basin) revealed that these volcanic strata represent a complex consisting of pseudostratified, stratified, and massive structures. The acidic volcanics are generally pseudostratified and have massive structures. The internal beds of the pseudostratified strata show substantial variability in dipping direction and angles; their contacts are oblique to the strata above and below. The dip angles and thicknesses of the volcanic rocks decrease from crater-near crater to distal areas along the limb of each edifice. The strata exhibit various geometric shapes, including lens, sill, platy, wedge, and mound shapes.

The characteristics described above differ significantly from the stratified structure of sedimentary rocks. The intermediate to basic rocks generally possess stratified structures, and their original internal strata are largely horizontal or approximately horizontal. The internal layers are parallel (or approximately parallel) to the top and bottom boundaries of the strata; the dip direction and angle of the stratum exhibit little variation, and the stratum thickness is laterally uniform. Additionally, the strata have sill-like and platy geometric shapes. These characteristics are consistent with the stratigraphy of sedimentary rock.

Well YS2 in the Changling fault depression (southern Songliao Basin) was selected for the identification of volcanostratigraphic structural units. These rocks can be divided into five units. Lithologies, lithofacies, and attitude characteristics are the same within each unit. The volcanic body exposed in well YS2 has a pseudostratified texture. Wave impedance inversions were constrained by the pseudostratified and stratified models. This investigation found that the low-impedance dimension and thickness are less consistent with the former stratified model than with the pseudostratified model. Thus, the reservoir distribution may be omitted or exaggerated.